简明自然科学向导丛书

国防科技奥秘

主　编　王超英　祝志春

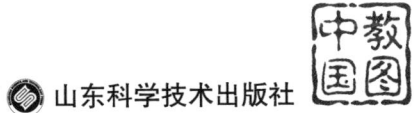

山东科学技术出版社

主　编　王超英　祝志春
副主编　张　波　王楗夫

前言

历史的脚步将人类带入21世纪。站在新起点上,回眸20世纪的峥嵘岁月,人类经历了两次世界大战和多次局部战争的重大灾难,战争与和平编织出一幅波澜壮阔的历史画卷。为争取和平,捍卫和平,消除战争,人类借助国防科技的推动,不断进行武器装备的发明创造。飞机、坦克、导弹、原子弹及智能武器等一系列武器装备纷纷亮相在人类战争舞台上,从而使战争理论、战争样式、战争形态和战争面貌发生了重大而深刻的变化。

进入新世纪,和平与发展仍然是时代的主题。世界要和平,人民要合作,国家要发展,社会要进步,人类顺应时代潮流,展现出共同创造繁荣稳定新世纪的美好愿望和光明前景。然而,局部地区冲突像阴霾一样笼罩着人类的家园。"兵者,国之大事,死生之地,存亡之道,不可不察也。"当前,世界军事变革方兴未艾,各主要军事大国正加紧推进国防科技工业转型升级,高新武器装备飞速发展,成为军事变革的重要物质基础和最活跃因素。正视世界军事变革,关注武器装备发展,关心国防科技事业,维护国家安全统一,不仅是国防科技工业战线的历史使命,也是包括广大青少年在内的全体公民的神圣责任。

为普及国防科技知识,推动国防教育深入开展,促进《科普法》、《科普条例》的贯彻落实,培养公众特别是广大青少年的科学思想、国防意识,我们组织有关专家,历时一年多,终于完成了《国防科技奥秘》

的编写工作。

  本书是一本融科学性、知识性、趣味性、可读性于一体的科普读物。与其他兵器类科普读物不同的是，本书不是泛泛阐述武器装备的发展历史，也不是单纯介绍国防科技知识，而是精心选取一些对世界军事发展产生重大影响、富有探索意义、深受世人瞩目的武器装备，多角度诠释武器装备的科学原理、性能特征、技术水平和军事用途，试图通过武器装备的演变，揭示国防科技的发展进程及其对军事变革的深刻影响。为满足读者更高层次的阅读需要，本书精心配插了部分图片，或营造氛围，或揭示内涵，或提供佐证，或辅助解读，力求给人以直观、形象的视觉感受，增强生动性和感染力，符合现代读者的审美要求。

  本书共分为七部分。第一、二部分主要介绍近现代战争史上涌现出的名枪、名炮、名弹、名舰、名机等常规武器装备及技术。第三部分侧重介绍大规模杀伤性武器，如核武器、生化武器等。第四部分重点介绍信息技术条件下产生的几种具有代表性的武器装备。第五部分介绍当代最受人们关注的新概念武器装备。第六部分介绍侦察与反侦察技术。第七部分重点介绍现代战争常见的几种支援保障装备。

  由于编写水平所限，加之国防科技发展历史漫长，涉及领域广泛，时间紧迫，难免存在一些不足之处，恳请广大读者批评指正。

编 者

目录

一、战车、战舰、战机

战车/1

"威风八面的陆战之王"——主战坦克/1

"现代陆军机动灵活的依靠"——步兵战车/5

"全能冠军"——两栖装甲车/6

其他装甲车/7

坦克装甲车辆展望/9

战舰/11

"水中蛟龙"——潜艇/12

"海上霸主"——航母/14

"海上八臂哪吒"——巡洋舰/17

发展最活跃的驱逐舰/19

数量最多的护卫舰/22

"近海防御轻骑兵"——导弹快艇/24

战机/26

"空战主角"——战斗机/26

"空军对地、对海攻击的铁拳"——战斗轰炸机/35

"死而复生"的近距离支援飞机/40

"空军战略攻击的威慑力量"——轰炸机/45

"高技术战争的尖兵"——特种军用飞机和军用直升机/51

二、枪、弹、炮

枪/64

战争年代大众的"梦中情人"——手枪/65

争奇斗艳数步枪/68

怎一个"酷"字了得——冲锋枪/71

制造弹雨是机枪/74

弹/77

指哪打哪的枪弹/77

"多面手"——榴弹/80

花样百出的炮弹/81

种类庞杂的航空炸弹/83

功能走向专一的火箭弹/87

高科技含量越来越多的导弹/89

炮/98

老兵新传——迫击炮/98

删繁就简——加农炮、榴弹炮及加农榴弹炮/99

多管齐射威力猛的火箭炮/102

陆战之王的克星——反坦克炮/103

达·芬奇参与设想的无坐力炮/104

峰回路转的高射炮/104

近战不可或缺的航炮/105

退居二线但依然举足轻重的舰炮/106

三、核武器和生化武器

"人类可自我毁灭多次"——核武器/108

"实战震撼人类"——原子弹/110

"威力登峰造极"——氢弹/112

"似乎讲人道"——中子弹/114

"穷国的核武器"——生物武器/115

武器化生物战剂/117

潜在性生物战剂/122

未来生物战剂/127

"小人的搏杀利器"——化学武器/128

神经性毒剂/129

糜烂性毒剂/133

全身中毒性毒剂/134

窒息性毒剂/135

失能性毒剂/137

刺激剂/138

四、军用信息装备

军用卫星/141

"环球顺风耳"——军用通信卫星/141

"太空千里眼"——侦察卫星/142

军用气象卫星/146

"人造北斗"——导航卫星/147

军用雷达/148

警戒雷达/149

引导雷达/149

有源相控阵雷达/150

稀布阵综合脉冲孔径雷达/150

超视距雷达/151

脉冲多普勒雷达/151

合成孔径雷达/152

无源雷达/152

预警飞机/152

大型预警机/154

小型预警机/155

五、新概念武器装备

激光武器/158
激光武器的功用及组成/159
激光武器的发展现状及趋势/161

微波武器/162
微波武器的功用及关键技术/163
微波武器的发展现状及趋势/166

动能拦截弹/168
动能拦截弹的组成/169
动能拦截弹的功用/170
动能拦截弹的发展现状及趋势/172

电炮/173
电磁轨道炮/173
电热化学炮/175
电炮的发展现状及趋势/176

非致命武器/177
非致命武器的功用及组成/177
非致命武器的发展现状及趋势/182

宇宙飞船和空间站/183
俄罗斯"联盟"号系列飞船/184
美国"阿波罗"登月飞船/186
俄罗斯"进步"号货运飞船/186
载人飞船的军事用途展望/187
前苏联/俄罗斯"和平"号空间站/187
国际空间站/188
空间站的军事应用前景/189

航天飞机和空天飞机/190
美国的航天飞机/191
俄罗斯的航天飞机/194
航天飞机的军事应用前景/194
英国"霍托尔"单级入轨空天飞机/195
德国"桑格尔"两级入轨空天飞机/196
空天飞机的技术特点/196
空天飞机的军事应用前景/196

六、侦察与反侦察技术

侦察技术/198
雷达侦察技术/198
通信对抗侦察技术/199
光电侦察告警设备/203

反侦察技术/209
有源雷达干扰技术/209
无源雷达干扰技术/210
反辐射攻击技术/211
通信干扰技术/212
光电有源干扰技术/215
光电无源干扰技术/221

七、支援保障装备

运输装备/226
军用运输机/227
运输补给船/227
地面运输车辆/228

工程保障装备/228

渡河桥梁器材/229

军用工程机械/230

工程伪装器材/230

地雷爆破器材/231

野战修理装备/231

野战修理装备的功用及组成/232

野战修理装备的发展趋势/233

战场抢救装备/233

典型战场抢救装备的功用及组成/234

战场抢救装备的发展趋势/234

一、战车、战舰、战机

战　车

　　提到战车,也许人们会想到古战场上战马嘶鸣、车轮滚滚、烟尘弥漫的战争场景。然而,这里提到的现代意义上的战车,则是指在作战行动中用以实施地面突击、火力支援和指挥控制的装甲车辆。用于地面突击的车型主要有坦克、步兵战车、装甲输送车等;用于火力支援的有各种自行压制武器、自行反坦克武器和自行防空武器;用于指挥控制的有各种装甲侦察车、装甲指挥车、装甲通讯车、装甲情报/信息处理车和电子对抗装甲车辆等。装甲战斗车辆分别编配在装甲部队或机械化步兵部队的坦克分队、装甲步兵分队、炮兵与防空兵部(分)队和侦察、通信、电子对抗分队中,以完成协同作战任务。装甲战斗车辆集火力、装甲防护力、越野机动能力和指挥控制能力于一体,形成进攻和防御的整体合力,是装甲机械化部队突击力的集中体现。随着信息化战争形态的出现和发展,装甲战斗车辆体系中的电子信息装备品种呈增多趋势,用数字化技术"武装"各类装甲战斗车辆将成为21世纪装甲装备发展的一个重要特征。

"威风八面的陆战之王"——主战坦克

　　第一次世界大战期间,坦克首次走上了战争的舞台。1916年9月15日,英国首先将其生产的Ⅰ型坦克投入索姆河战斗。该坦克总质量约28吨,发动机功率77千瓦,时速为6千米,两门口径为57毫米的火炮安装在车体两侧的炮架上,两条履带从车顶绕过车体,外廓呈菱形,刚性悬挂,车后伸出一对转向轮。这就是世界上第一批用于实战的坦克。第一次世界大战期间,英、法、德共生产了近万辆坦克,主要有英国的IV、法国的雷诺FT-17、德国的A7V等坦克。其中,法国的雷诺FT-17坦克生产数量达3 187辆,是世界上第一种有旋转炮塔的坦克,具有现代坦克的雏形。

第二次世界大战期间,交战双方生产了约30万辆各种坦克和自行火炮。大战初期,法西斯德国使用大量坦克,实施闪电战;大战中后期,在苏德战场上曾多次发生有数千辆坦克参加的大会战;在北非战场、诺曼底战役及远东战役中也使用了大量坦克。与坦克作战已成为坦克的首要任务。坦克与坦克、坦克与反坦克武器的对抗,促进了中、重型坦克的发展。这一时期的坦克主要有前苏联的T-34中型坦克,德国的T-V"豹"式中型坦克、T-VI"虎"式重型坦克,美国的M4中型坦克等。这些坦克普遍采用安装1门大口径火炮的单个旋转炮塔,发动机多为大功率的汽油机。前苏联坦克采用了高速柴油机;出现了双流传动装置及扭杆式独立悬挂装置;为提高车体和炮塔的抗弹能力,又改进了外形,增大了装甲倾角。车体和炮塔分别采用装甲钢板焊接和整体铸造。第二次世界大战中的坦克,已形成现代坦克的基本结构形式,成为地面作战的主要突击兵器。

第二次世界大战结束以来,坦克的发展大体经历了三个阶段:20世纪40年代末至50年代,苏、美、英、法等国借鉴了大战的使用经验,设计制造了战后第一代坦克;60年代,出现了战后第二代坦克;70年代中期以来研制了第三代坦克。随着高新技术的飞速发展,坦克的科技水平及性能指标得到了大幅度的提高。20世纪90年代,出现了一批有别于传统意义上的新型主战坦克,如法国的"勒克莱尔",俄罗斯的T-80、T-90,日本的90式等主战坦克。同时,对现役的三代坦克继续进行改进,出现了如美国的M1A2、英国的"挑战者"2、德国的"豹"2A5、以色列的"梅卡瓦"3等主战坦克。这批主战坦克在技术性能上有了新的提高。其突出的技术特点主要有:一是提出了主动防护要求并开始应用在主战坦克上。俄罗斯称为"窗帘"I和"竞技场"的对抗系统,对来袭的弹丸进行探测,并在极短的时间内做出反应,予以干扰和破坏,达到自身防护的目的。二是提高了火控系统的性能,热像仪的广泛应用,使坦克装甲车辆在夜间的观察及瞄准距离大大提高。在日本和以色列的坦克上,首次安装了目标自动跟踪系统,缩短了火控系统反应时间。电子系统的应用,使主战坦克在战场上的态势感知、车际信息传输、指挥控制能

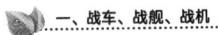
一、战车、战舰、战机

力得到空前提高。

坦克是地面作战的重要突击兵器,装甲兵是地面作战的主要突击力量。在进攻作战中,坦克可以充分利用地面和空中各种火力对敌方实施大纵深压制摧毁的效果,实施迅猛的突击,广泛运用包围、迂回等作战样式,割裂、合围敌军集团,在行进间予以歼灭,或在纵深内对退却的敌人实施追击,不仅有传统的对敌人防御阵地的正面突破,而且可在突破的同时或突破之前,灵活机动地攻击敌方侧翼和后方,也可利用敌之间隙或突破口,插入敌军纵深,攻击各种防御工事和重要目标,并在敌军全纵深实施机动。在防御作战中,装甲部队的主战坦克在各兵种的支援配合下,实施强有力的反冲击和反突击,或对付敌人的空降兵,封闭突破口等多种机动作战任务。现代防御多采取支撑点式的防御,利用坦克的交叉火力防止各地段和支撑点之间形成较大的间隙。来自地面和空中的各种反坦克武器对坦克构成了严重威胁,但坦克本身是最好的反坦克武器,利用坦克炮和导弹,可对付4 000米内的装甲目标、反坦克武器和各种野战工事。

主战坦克武器系统是由构成坦克火力的武器及火控系统组成。其功能是迅速、准确地发现和瞄准目标,摧毁敌人的坦克及其他装甲目标,消灭敌人的有生力量,摧毁敌方工事或建筑物等。这是坦克"矛"的功能。坦克武器一般包括1门大威力的坦克炮、数挺机枪及弹药。坦克炮安装在可360°旋转的炮塔内,是坦克的主要武器。主战坦克火炮口径一般为105～125毫米,身管长度为口径的50倍左右,属加农炮。目前,俄、美、德、法、日各国主战坦克采用的是120毫米滑膛炮,英国采用120毫米线膛炮。坦克炮配用的弹种有动能穿甲弹、破甲弹、杀伤爆破弹及碎甲弹等。机枪是坦克的辅助武器,通常有7.62毫米口径的并列机枪和12.7毫米口径的高射机枪,用以歼灭近距离的敌步兵和对付低空目标。

坦克火控系统的功能是:快速搜索、发现和瞄准目标;迅速采集目标、气候等影响射击精度的数据,解算出火炮射击诸元并控制火炮达到正确的位置(方向、高低);然后在炮长的干预和监控下实施射击。具有上述功能的自动化或半自动化装置就是坦克火控系统,通常由观察瞄准仪器、火控计算机、测距仪、火炮稳定器、各种传感器以及车长和炮长操纵机构等部件组成。其一般工作过程是:车长或炮长通过观察瞄准仪器,搜索、发现、瞄准并跟踪目标；测距仪测出坦克与目标之间的距离；各种传感器测出火炮耳轴倾斜、横风、身管磨损、环境温度、发射药温度等弹道修正参数输入计算机；计算机解算出火炮设计诸元（火炮的高低、方向、射角），并通过稳定器或炮控机构驱动火炮，使火炮轴线到达解算出的高低和方向位置，然后由炮长射击。

坦克的推进系统由动力装置、传动装置、操纵装置和行动装置等四部分组成。其功用是将燃料燃烧产生的热能转变为机械能作为输出的动力，经传动装置的传输及控制，变为坦克的驱动力，用以保证坦克获得高的行驶速度、灵活性和通行能力。动力装置是坦克的动力源，有"坦克心脏"之称，由发动机及辅助系统组成。第二次世界大战后研制的坦克，绝大多数安装的是以柴油为燃料的活塞式内燃机和燃气轮机。个别的如 M1 和 T-80 主战坦克采用燃气轮机作为动力。

主战坦克的防护系统由车体和炮塔的装甲防护、三防装置及其他防护器材组成。其功用是保护坦克及其内部成员、弹药和各种设备机件，降低各种反坦克武器击毁坦克的概率，减小命中弹丸的杀伤破坏作用，发挥坦克"盾"的功能。

美国 M1A2 坦克

主战坦克的电子信息系统是以电子技术和信息技术为基础，充分发挥数字化通信快速、准确、容量大的特点，对装甲车辆武器平台上的声、光、电、机、磁等信号或语言、文字、图像等信息进行采集，并将其转化为数字信号进行传输和处理，把装甲兵部队各级指挥控制系统、武器系统、探测系统、保障系统以及战斗车辆有机联系起来，组成战场信息网络，实现单车到各级指挥员之间、本级与上级之间、友邻之间的信息共享，提高战场态势感知能力及指挥效能。这是装甲机械化向信息化迈进的重要步骤。主战坦克电子信息系统包括：车辆综合电子系统、指挥控制系统、车际信息系统、定位导航系统、数字式火控系统、威胁探测报警及防护系统、车辆动力传动电控系统、车内电源分配及管理系统、故障监测诊断系统等。在美国的M1A2、法国的"勒克莱尔"、英国的"挑战者"2等主战坦克上,电子信息系统已得到了应用。

英国"挑战者"2坦克

"现代陆军机动灵活的依靠"——步兵战车

步兵战车是供步兵实施战场机动和作战的装甲战斗车辆,主要用于协同坦克作战,也可独立执行战斗任务。传统的步坦协同是,步兵在坦克保护下,徒步伴随坦克,用自身携带的轻武器射击和攻击敌人。现代战争中的步坦协同,通常是乘坐在步兵战车内的步兵与坦克一起行动,利用步兵战车的火力进行射击,对付敌有生力量和反坦克火力,协同坦克实施突击。当坦克的突进受阻时,步兵可下车战斗,排除坦克前进障碍。在坦克摧毁目标后,下车的步兵可消灭该地域的残敌并占领阵地。步兵战车独立执行战斗任务主要是担任战场侦察和警戒任务。利用步兵战车高机动性特点,可在山地、森林等广阔的地域内进行侦察和警戒,在受到敌人封锁或遇有小股敌步兵时,可乘车实施快速的机动作战。在战术核武器交战的非常规战争条件下、在敌方施放化学毒剂、生物战剂情况下,步兵战车依靠装甲防护能力和高机动性,可实施有效的侦察行动。

步兵战车的性能要素主要包括载员能力、火力、防护性和机动性。乘员有驾驶员、炮长和车长。车长负责指挥战车在战场上的行动;炮长负责车上武器的射击;驾驶员负责步兵战车战场上的机动。载员一般为6～8人。载员舱一般布置在车体的后部。在车内狭小的空间内,除设置载员座椅外,还必须为单兵武器及装备提供存放空间和人员活动空间。同时在车体上设置有舱口、射击孔和球形枪座。为迅速变换人员上下车作战方式,在车后设置尾门。

一般步兵战车都有一个单人或双人炮塔,安装低膛压火炮或20～35毫米机关炮、机枪以及反坦克导弹,其火力通常能毁伤轻型装甲目标、火力点、有生力量及低空目标,并有反坦克作战的能力。车载机关炮可发射穿甲弹、脱壳穿甲弹、杀伤爆破弹等,射速550～1 000发/分钟,最大射程2 000～4 000米。反坦克导弹射程3 000～4 000米,破甲厚度400～800毫米。

步兵战车属轻型装甲车辆,装甲较薄,最大厚度为14～30毫米,通常由高强度合金钢或铝合金材料制成,有的在主要防护部位采用间隔装甲或复合装甲。车体和炮塔的正面可抵御弹径20毫米穿甲弹,侧面可抵御普通枪弹及炮弹破片。车上通常装有抛射式烟幕及三防装置。

步兵战车有履带式和轮式两种。履带式步兵战车越野性能好,生存能力较强,是现代装备的主要车型。轮式步兵战车与履带式步兵战车相比,越野机动性相对较差,但其操纵轻便,易于维修,寿命周期费用低,具有较高的公路速度,战略机动能力高。随着传动装置、悬挂装置和轮胎等技术的发展,其越野能力已有进一步提高。多数国家在履带式战车和轮式战车的采购上趋向于均衡发展。世界范围内的多处维和行动表明,轮式步兵战车更能胜任这种任务。典型的履带式步兵战车有美国的M2/M3战车和俄罗斯的БМП-3步兵战车等。轮式步兵战车的代表有瑞士的"锯脂鲤"。

"全能冠军"——两栖装甲车

两栖装甲车辆是能在水中自身浮渡,有水上推进装置,可在水上和陆上使用的装甲车辆。按作战使命不同,战术技术性能要求也有差异。两栖突击车是供抢滩登陆作战使用,能在海上行驶,抗风浪能力强,以海上使用为主的战斗车辆。这种车辆体积大,动力装置功率大,水中机动性好,有较高的水中行驶速度。

两栖装甲车辆有两大特点:一是在水中能自浮,即具有密封的装甲车体,体积较大,其车体长度与宽度之比比正常车辆大;二是具有水上推进装置。按其水上推进原理可分为三种形式:① 履带划水推进:水上行驶时,依靠下支履带向后划水,产生与车辆行驶一致的反作用力,推动车辆运动。上支履带采用屏蔽方法,消除向前划水产生的负推力。这种推进装置结构简单,但效率很低(小于15%),水上行驶速度通常小于8千米/小时。② 螺旋桨推进:发动机动力经水上传动装置,带动螺旋桨旋转,螺旋桨叶片上作用的推力使车辆在水中行驶。一般在轮式装甲车辆上使用较多。③ 喷水推进:在车体尾部有两个喷水口,每个喷水口有专门设置的喷水管道,内部有专用喷水泵,借助喷水泵从车底部吸水,通过车尾喷水口向后喷水产生的反作用力推动车辆在水中前进。这种推进装置因喷水泵布置在车体内不易损坏,被近代两栖车辆广泛采用,如美国的AAV7A1两栖突击车、前苏联的ПТ-76水陆坦克,均采用喷水推进。

美国的AAV7A1(LVTP7A1)两栖突击车是在LVTP7两栖车基础上改进而成的,其战斗总质量24吨,乘员有驾驶员、车长和炮长3人,可载员25人。发动机功率为294千瓦,公路最大行驶速度可达72千米/小时,最大行程482千米。水上采用喷水推进,两个喷水管布置在车体尾部,水上最大航速为13.5千米/小时;当发动机转速在2 600转/分钟时,水上续航能力为7小时。车体系采用铝合金装甲焊接成的密封结构,能防轻武器射击及炮弹弹片。为提高防护能力,必要时可安装披挂装甲,采用全封闭式炮塔,装有1挺12.7毫米机枪,通用武器支架,也可安装其他轻武器。行动装置中有6对铝合金双缘负重轮及铝合金履带板。该车已装备美军陆战队,并在韩国、巴西等国家军队服役。AAAV是美海军陆战队正在研制的一种新型两栖突击车,战斗总质量32吨。为了提高水上航速,采用大功率发动机,功率达1 911千瓦,同时采用滑行车体,即安装有可收放的前后滑板及侧滑板。在水中行驶时,打开滑板,加大车体的长宽比,同时负重轮及履带提升,大大减小了水中行驶阻力,从而使航速达到35~37千米/小时,比AAV7A1两栖车提高1.6倍,极大地提高了水上机动能力。

其他装甲车

在坦克装甲车辆大家族中,除主战坦克、步兵战车、两栖突击车等战斗车辆以外,还有许多其他种类的装甲车辆,如装甲输送车、装甲指挥车、装甲抢救车以及装甲架桥车、装甲扫雷车等。

装甲输送车是设有乘载室的轻型装甲车辆,具有较高的机动能力、一定的防护能力和火力,主要用于战场上输送步兵,也可输送物资器材,是装甲兵的主要装备之一,装备于装甲机械化部队和摩托化步兵部队。按推进装置结构不同,可分为履带式装甲输送车和轮式装甲输送车。装甲输送车由装甲车体、推进系统(动力、传动、操纵和行动装置)、武器、观察仪器等组成。动力和传动装置通常位于车体前部,后部有一较大的密封载室。为使乘坐舒适、减轻疲劳,乘载室采取降低噪声和减振措施,并装有空调设备。车尾有较宽的车门,以便迅速隐蔽地上下车。车体装甲通常由高强度装甲钢板焊接制成,多数可在水上行驶。有的为减轻重量,采用铝合金装甲。钢或铝合金装甲,均可抵御普通枪弹和炮弹破片。车上通常装有机枪。利用装甲输送车的底盘,可以将其改装成多种用途的变型车。多数装甲输送车的战斗总质量6~16吨,乘员2~3人,载员8~13人。履带式装甲输送车,陆上最大速度55~70千米/小时,最大行程300~500千米;轮式装甲输送车,陆上速度可达100千米/小时,最大行程1 000千米。第二次世界大战后,装甲输送车发展迅速,许多国家把装备这种车的数量作为陆军机械化的主要标志,主要车型有美国的M113A1~M113A3、日本的73式履带式装甲输送车、前苏联的БТР-80、法国的VAB轮式装甲输送车。装甲输送车与步兵战车同属轻型装甲车辆,其主要区别是:输送车配备4.5~12.7毫米小口径的轻武器,其防护性能要求能保护乘/载员免受敌步枪射击,以输送步兵和器材为主要用途;步兵战车配备20~30毫米机关炮和反坦克导弹,可防12.7毫米机枪弹和榴弹破片,能伴随坦克或独立完成作战任务。

装甲指挥车是设有比较宽敞的指挥室,并配备多种无线电台和观察仪器的轻型装甲车辆,主要供装甲兵师、团指挥员和指挥机构使用,作为活动的通信指挥所,可在停止和运动中用于作战指挥。装甲指挥车通常是以装甲输送车或步兵战车的基型车底盘改装而成,所以它与基型车有相近的机动性和装甲防护能力。装甲指挥车有履带式和轮式两种类型。车内有操纵室和指挥室。操纵室内有车长、驾驶员或副驾驶员2~3人;指挥室有较大的空间可乘坐指挥员、作战参谋和电台操作人员2~8人,装有多部无线电话、多功能车内通话器、多种观察仪器及工作台。有的装甲指挥车还装有背负式无线台、有线遥控装置、辅助发电机及附加帐篷等,便于在特殊情况下,指挥人员离开指挥车,在1～2千米范围内遥控使用车上电台,实施通信指挥。无线电台具有较好的抗震、防潮、抗干扰性能,以及操作简便等特点,最大通信距离一般为25～35千米,通常与车内通话器配接使用。车内通话器用于车内人员之间的内部通话,也可控制无线电台对外联系。观察仪器有展望镜、潜望镜、炮对镜等。辅助发电机用于为车上的蓄电池充电,或向专用无线电发信机供电。

装甲抢救车是一种装有专用救援设备的装甲保障车辆,主要用于在野战条件下对淤陷、战伤和失去自行能力的坦克装甲车辆实施拖救、牵引后送;必要时,也可用于协助装甲部(分)队进行道路修整、排除路障和挖掘掩体等工程作业。现代装甲抢救车有履带式和轮式两种,一般采用坦克或其他基型装甲车辆底盘改装而成。其抢救作业装置一般有绞盘牵引设备、支撑推土设备、起吊设备、专用修理工具等。车上通常装有自卫武器。

坦克装甲车辆展望

对坦克装甲车辆进行数字化改造,加装车际信息系统、定位导航系统、指挥员综合显示器、单信道地区机载无线电系统等数字化设备及相应的软件。这些软件有车内指挥、控制及通信软件,通过改进,使之与规定的应用环境具有通用性,确保作战装备的一般通信功能。同时加强战场的侦察探测能力,提高保障设备的数字化水平。通过有线、无线、光纤和卫星通信等信息传输手段及计算机信息处理技术,在每一辆坦克装甲车辆之间、友邻之间、上下级之间,建立起有机的联系,组成分布式的战场信息网络,在整个作战区域内实现信息共享。乘员可通过"车辆综合电子系统"了解车辆的相关信息。

研究和改进高性能的动力传动装置。目前,柴油机与燃气轮机是主战坦克的两种基本动力。作为车辆的动力装置,应尽量减小体积,从而获得较大的车内空间,用以提高火力。其性能将表现为较高的热效率、较低的燃料消耗、较小的红外信号特征,在长期连续工作条件下,具有较高的可靠性和使用寿命。对于液力机械综合传动的要求,和坦克发动机一样,须进一步缩小体积,提高功率密度,减小消耗,提高传动效率,减轻乘员操作的体力消耗,增加自动化程度,提高工作可靠性和使用寿命,减少维护的工作量或做到免维护。电传动是一种有希望代替常规机械或液力机械传动装置的传动方案。预计通过采用永磁电机及微处理器控制技术,未来的电传动技术有可能达到与目前采用的机械传动相同的功率密度、效率、可靠性及寿命周期费用。

提高未来主战坦克火炮的威力。未来主战坦克火炮的穿甲能力应相当于现有120毫米口径动能穿甲能力的两倍,即对均质钢装甲的穿甲厚度可达800~1 000毫米。其发展途径有:把火炮口径增加到135~140毫米,可以获得击穿新型装甲所需的弹丸动能,药室容积为120毫米炮的两倍;改进现有120毫米坦克炮,可通过加长身管和使用高能推进药提高弹丸的初速。

电子技术、计算机技术在坦克火控系统上的应用,已经取得了显著的成效。有效地探测目标是多种火控系统的重要功能,把工作在不同电磁波段的观瞄仪器有效地集成,是增强乘员发现和探测目标能力的重要手段。具有单向或双向稳定的炮长或车长瞄准镜,把白光可视通道、激光测距、热像仪以及电视通道等四套光路综合起来,其中昼间白光通道和热像仪还有可更换的放大倍率,以保证在大小视场条件下观察目标,使车长与炮长具有相同发现目标的能力,其中热像仪和电视通道可传输至共用的显示器上。火控系统不但要求"先敌发现",而且还要求"先敌开火",因此缩短射击准备时间也大有文章可做。借助激光测距仪测量距离,利用弹道计算机计算瞄准角和方位提前角等自动化方法,在"豹"2和"挑战者"坦克得到了应用。另外,自动跟踪系统各类传感器的增加与改进,都将极大地缩短观察、发现目标和射击准备的时间,进一步提高射击精度。

坦克的主动防护系统已安装在部分坦克上,大幅度提高了坦克的生存能力。主动防护是相对采用装甲车体和炮塔这种被动防护而言的,是指采用施放烟幕、诱骗、干扰和拦截等措施,防止被对方瞄准和来袭弹丸击中的一种积极主动的防护。其原理是利用雷达、激光、红外等仪器探测目标信息,经处理如确认是威胁信号,则进行报警,并启动对抗装置实施对抗,从而降低被敌方瞄准和击中的概率,达到防护的目的。根据不同的工作方式,主动防护可分为烟幕遮障式、假目标诱骗式、光电干扰式和拦截式等几种。目前,坦克主动防护仅限于对付常规反坦克导弹和低速的反坦克火箭弹,对高速飞行的非制导弹药还难以发现和拦截。

战　舰

　　战舰即战斗舰艇,它是装备有专门武器,活动于水面或水中,担负直接作战任务的舰艇的统称。根据担负任务不同,分为水面战斗舰艇和潜艇。水面战斗舰艇用于海上机动作战,保护己方和破坏敌方海上交通线,进行封锁和反封锁,参加登陆和抗登陆作战等,主要有航空母舰、直升机母舰、战列舰、巡洋舰、驱逐舰、护卫舰、导弹艇、鱼雷艇、猎潜艇、水雷战舰艇和登陆作战舰艇等。潜艇可单独或与其他兵力协同,完成战略、战役和战术作战任务。潜艇有战略导弹潜艇和攻击潜艇等。战略导弹潜艇用于战略导弹核突击;攻击潜艇用于攻击敌方大中型水面舰船、潜艇以及进行侦察、布雷等。

　　现代海上作战层面多、环境严酷、水文气象复杂,战情瞬息多变,战机稍纵即逝。因此在海战中对作战装备的使用必须根据战斗舰艇的特点,充分发挥其作战效能,适应海上多兵种联合作战的需要,以形成综合作战能力。美国海军制定了9项海战装备使用原则:① 快速反应。即对突发事件快速作出反应。进入实战状态要快;兵力集中和机动的速度要快;采取军事行动要快。② 力争主动。从危机反应开始到形成冲突或进入战争,在整个作战过程中要力争保持主动权,充分利用自己的技术优势和实力优势先机制敌。③ 积极进攻。海军在海上作战的优势在于进攻,只有进攻才能制胜。当自己处于守势时,也要采取多种进攻作战,实施积极防御。④ 灵活机动。海军舰船的特点就是机动性强,海军应要求舰队经常处于机动状态。⑤ 集中火力。因为海军拥有强大的指挥控制、通信和情报获取能力,并具有高技术武器和快速机动的优势,所以越来越强调集中火力而不是集中兵力来击败敌人。⑥ 隐蔽突袭。在联合作战中,海军兵力要充分利用隐蔽突袭的作战原则。一是要从出其不意的时间、地点和方式实施突袭;二是努力发挥潜艇、超低空作战飞机和导弹等的隐蔽攻击能力;三是利用有夜视能力的武器和有夜间搜寻能力的精确制导导弹或炸弹实施夜间袭击;四是要运用隐形舰艇、飞机和导弹进行隐蔽突袭。⑦ 远程打击。充分发挥高技术传感器、远程侦察探测系统、卫星监视系统和先进情报分析传递系统等高技术装备的作用,尽可能避免与敌人直接接触,在敌人的防御作战圈之外,从各种武器发射平台发射远程精确制导武器,对敌目标实施防区外的远距离打击,使敌人难以抗击或无法抗击,从而少冒风险,达到奇袭的最佳效果。⑧ 密切协同。美军特别重视密切协同的作战原则。海军联合远征部队各兵种、各战斗单位密切协同,做好各军种之间的联合作战。此外,海军在接受联合作战司令部统一指挥的同时,还要在联合作战中发挥积极作用,提高各级作战兵力协同作战的综合效能。⑨ 速战速决。在多军种联合作战中,一旦发起进攻,便要求各参战兵力从水下、水面、陆地、空中,甚至太空同时实施连续不断的打击,不给敌人以喘息机会,以达到速战速决的目的。

"水中蛟龙"——潜艇

1624年荷兰发明家科尼利斯·德雷贝尔制成了第一艘潜艇。进入20世纪,潜艇才实际投入两次世界大战使用。潜艇在战争中得到考验,本身发生了几次重大技术革命,现已成为现代海军先进的武器装备之一。

潜艇,又称潜水艇,是一种既能在水面航行,又能在水中一定深度范围内潜航,进行水中活动和作战的舰艇。其最大特点就是隐身性好,机动能力强,突袭威力大。因此,潜艇在各国海军中占有重要地位。

现代潜艇是一个庞大的家族,通常按照用途和动力形式加以分类。按用途划分有:① 攻击型潜艇。它装备有多种武器,除鱼雷、反舰导弹和反潜导弹以外,还可装备巡航导弹,是常规战争中的突击力量。其主要使命是反潜、反舰、突袭、侦察、护航、布雷、海上封锁、运送特种作战部队到局部战争地区,以及对陆上目标进行攻击,是一种实用型多用途潜艇。② 弹道导弹潜艇。装备有远程战略导弹,其主要使命是对敌人重要固定目标实施攻击。目前,世界上潜基弹道导弹的射程已经达到了12 000千米,圆周率偏差90米,不仅可以打击敌方大片纵深国土上的固定目标,如城市、工业区、机场、港口、运输枢纽和兵力集结地等,而且完全能够打击导弹发射井等。弹道导弹潜艇若载有核弹头,在本国海域就能攻击敌方大片国土,甚至在较近距离对目标实施毁灭性的核打击。所以习惯上又把弹道导弹潜艇称为战略性潜艇。③ 巡航导弹潜艇。为俄罗斯所特有,其主要是用巡航导弹攻击航母编队,保卫本国国土不受严重威胁。

按动力装置划分为:① 常规动力潜艇。它是靠柴油机、电动机和蓄电池组组成的动力装置推进的潜艇。常规潜艇在水面和通气管状态航行时,用柴油机作动力航行并且为蓄电池充电,在潜入水中航行时,依靠蓄电池供电驱动电动机,带动螺旋桨航行。现代常规潜艇装备了先进的鱼雷、反舰导弹、反潜导弹和水雷等武器,其主要使命是反潜、反舰、偷袭、布雷、巡逻、侦察、待机、抗登陆作战等,是一种特别有效又十分经济的海上作战工具,因而许多国家都在积极发展常规潜艇。② 核动力潜艇。它是利用艇上反应堆中核燃料原子核裂变提供热能,通过蒸汽轮机将热能转换成动能带动推进器推动航行的潜艇。由于核动力装置工作时不需要氧气,因此核潜艇可以在水中长期连续航行,成为真正的潜艇,实现水下环球连续航行。由于反应堆功率高,核潜艇水下航速可达39节,增大了机动性。核反应堆堆芯寿命30年,使潜艇在整个服役期不用更换核燃料,续航力达100万海里。目前,世界上共有155艘核潜艇,拥有国是美、俄、英、法和中国。此外,潜艇还可按排水量、艇的线型和结构形式等划分。

  潜艇在第一次世界大战期间就充分显示了在战争中的特殊作用,除了可用于反舰外,还有一个突出的作用就是打击海上运输船舶。"二战"期间潜艇作战的许多情况与"一战"时颇为相似,但作战方式有所不同,作战海域更为广阔,更加充分表现了潜艇的战斗作用。整个"二战"期间,世界各国建造的潜艇总数达到了1 600多艘,几乎是战前潜艇总数的2倍,而且潜艇的种类增加,战术技术性能日渐提高,作战用途越来越广。在第二次世界大战期间,潜艇共击沉各种运输船5 000余艘,2 000多万吨,击沉大中型军舰381艘,其中包括航空母舰、战列舰、巡洋舰30余艘。

  "二战"后发生的多次局部战争中,潜艇(尤其是核潜艇)多次参战,并取得了一些重大战果。如1982年英国、阿根廷之间爆发的马岛之战和1991年的海湾战争中,潜艇执行的作战任务为各国在现代海战条件下如何使用潜艇兵力,提供了可借鉴的重要经验。① 隐蔽侦察。在马岛开战前半个月,英国就派出5艘攻击型潜艇进入马岛周围海域,充分利用隐蔽的特点,在禁区内外秘密搜索跟踪敌舰,搜集了大量情报,为战局的部署提供依据,起到了水面舰艇难以达到的作用。② 海上封锁。英国核潜艇成功切断了阿根廷本土与马岛之间的海上交通线,中断海上补给,孤立马岛守军,为攻击该岛创造了有利条件。③ 对舰攻击。马岛海战中英国"征服者"核潜艇大显神威,一举击沉了阿根廷排水量为13 645吨的"贝尔格拉诺将军"号巡洋舰,创造了核潜艇首次击沉大型水面舰船的战例。④对陆攻击。海湾战争前后美国的攻击型核潜艇先后多次发射"战斧"式巡航导弹,攻击了伊拉克、波黑、阿富汗、苏丹和南联盟陆上目标,取得了预想的战果。

美国现役最先进的"海狼"攻击型核潜艇

"海上霸主"——航母

航母即航空母舰的简称,是以舰载机、舰载直升机为主要武器并作为其海上活动基地的大型水面战斗舰艇。按作战任务,分为攻击航空母舰、反潜航空母舰和多用途航空母舰;按动力装置,分为常规动力航空母舰和核动力航空母舰;按排水量,分为大型(6万吨以上)航空母舰、中型(3万～6万吨)航空母舰和小型(3万吨以下)航空母舰。航母主要使命任务:攻击水面战斗舰艇、潜艇和大中型勤务舰船;袭击沿岸基地、港口设施和陆上目标;夺取作战海区的制空权和制海权;支援登陆和抗登陆作战等。通常与巡洋舰、驱逐舰、护卫舰、潜艇等护航兵力组成航空母舰编队行动,执行多种作战任务。舰上可携载舰载机30～90架,弹药数百吨至数千吨。舰上装有舰舰导弹、舰空导弹、反潜导弹、水中武器、舰炮等武器系统。宽敞的飞行甲板是航空母舰的主要特征。甲板上设有舰载机升降机、起飞弹射器、降落拦阻装置和助降装置等。甲板下设有大型机库和油料弹药舱室。舰上还装有为舰载机服务的通信、导弹、探测和作战指挥自动化系统等。航空母舰攻击威力大,机动性好,适航性强,是海上编队的主要突击力量。

航母在现代战争中的作用是:① 航母是海军装备中不可替代的舰种。由于航母具有机动灵活性、极高的可达性、经常备战性和作战的多样性,因此在海上武器系统中起核心作用。且不说西方大国,仅以泰国为例,一个轻型航母编队就可以监视整个泰国海域,如果用驱护编队执行同样的任务,需要数十艘驱护舰。② 航母战斗群是西方大国推行其外交政策的重要工具。"二战"后美国在处理重大危机事件中,几乎全都由航母参加。英国也从马岛海战中领悟到海军装备序列中不能没有航母,否则海军的作用和威力就要大大降低,也不利于英国对世界事务施加影响。③ 航母战斗群是维护海上交通运输线畅通的一支可靠的力量。④ 航母机动灵活性和任务广泛性与可靠性,使其在完成威慑、制海、兵力投放和对陆攻击等任务中起主导作用。⑤ 航母能起到陆基飞机起不到的作用。航母舰载机是多用途机种,它能完成诸如空中拦截、防空战、反潜战、对陆攻击战、电子战、近空支援和两栖战等任务;它能实施远距离陆岸的海域现场指挥作战,既可主动攻击,又可连续地进行战区空中巡逻,随时对威胁进行处置。而陆基飞机因基地远离战区,受飞机作战半径和气象条件影响很大,又需跨军兵种远距离协调指挥及空中加油保障等,容易贻误战机,航母则可临近作战海域,无种种条件制约。

(1)常规动力航空母舰 常规动力航空母舰是采用蒸汽轮机动力装置或燃气轮机动力装置为推进动力的航空母舰。所谓常规动力是相对核动力而言的。由锅炉、蒸汽轮机、传动装置、轴系等构成的蒸汽轮机动力装置,具有单机功率大、振动和噪声小、工作可靠等优点。由燃气轮机、进排气装置、传动装置、轴系构成的燃气轮机动力装置,具有启动快、机动性好、全负荷时燃料消耗低、结构紧凑、重量轻、辅机及系统简单等优点。只要满足本国战略要求,或经济技术有限时,中型与轻型航空母舰仍采用常规动力。如美国的"小鹰"级、俄罗斯的"库兹涅佐夫"级等航空母舰,都采用蒸汽轮机动力装置;而英国的"无敌"级、意大利的加里波第号等航空母舰,采用的是燃气轮机动力装置。

轻型航空母舰亦称小型航空母舰,满载排水量 1～3 万吨,是以垂直/短距起降战斗机和直升机为主要攻防武器的一类军舰,由于国情和国际政治因素又被称为航空巡洋舰、直通甲板巡洋舰、直升机母舰等,主要执行海上编队反潜、警戒侦察、编队指挥、对陆支援和有限护空等多种任务。以英国和前苏联为代表率先开发的"鹞"式垂直短距离起降飞机和"铁匠"垂直起降飞机,为轻型航母的开发提供了必备的装备。之后英国又发明了滑跃式起飞,改善了轻型航母起飞飞机的性能,从而使轻型航母的作战能力向前迈进了一大步。轻型航母的特点是:① 轻型航母能载较多的直升机或垂直/短距起降飞机,能全方位、全时域实现舰队空中巡逻。② 防御纵深大。轻型航母能载雷达预警直升机或垂直短距起降飞机,可在近万米的高空进行战斗空中巡逻,其对海警戒半径可达200海里。③ 造价低廉,单位排水量的造价低于一般的驱护舰。④ 同重型航母相比较,技术难度低,易于建造和维护,且航管和航空支援设施的要求较低。

美国"小鹰"级航母

"小鹰"级舰采用常规动力装置,满载排水量为83 960吨,总长320.6～326.9米,水线宽39.6米,吃水11.4米,飞行甲板318.8米,宽76.8米;航速32节,30节时续航力为4 000海里,20节时续航力为12 000海里;舰员2 930人,航空联队2 480人。舰上载有F-14"雄猫"、F/A-18"大黄蜂"、E-2C"鹰眼"等各种固定翼飞机72架,"海鹰"直升机6架。装备有"海麻雀"舰空导弹和舰炮防空武器、卫星通信和作战数据链、电子干扰和诱饵发射装置以及对空、对海、导航、空中管制等多部雷达。

(2)核动力航空母舰 核动力航空母舰是采用核动力装置的航空母舰,出现于20世纪60年代。大型航空母舰的发展,需要大功率动力装置。美国1961年建成世界上第一艘装有核动力装置的大型多用途航空母舰"企业"

号,使航空母舰的发展进入了新的纪元。

美国"尼米兹"级核动力航母

核动力航空母舰的优点是:① 核动力装置工作时不需要空气,因而不需要进气道和烟囱。这样就可以使其"岛"小而紧凑,占用飞行甲板面积少,有利于舰载机停驻和作业。② 没有排烟,航母及舰载机免受了烟气的腐蚀,并有利于舰载机及航母电子天线的工作环境的改善,减少了维修和冲洗工作量;消除了一大红外辐射源,有利于防御红外制导导弹的攻击;消除了舰尾后的热气乱流对着舰飞机的不利影响,有利于飞机安全着舰。③ 核动力有几乎无限的续航力,美国当前核动力航空母舰核反应堆活性区寿命在13年以上。④ 核动力航空母舰省去了海上舰用燃油补给作业,有利于提高航母的安全性。没有舰用燃油和进排气道,舰内可以省下许多空间,有利于总体设计和增加有效负载量。⑤ 核动力可以保证航母以30节的持续高航速航行和充足的电力供应,从而提高了航母的灵活性,尤其在潜艇威胁日益增加的情况下更为重要。

"海上八臂哪吒"——巡洋舰

巡洋舰是具有多种作战能力,能在远洋作战的大型水面战斗舰艇。其主要任务是:掩护航空母舰编队或其他舰船编队,保护己方海上交通线和破坏敌方海上交通线,攻击敌方舰船、基地、港口和岸上目标,支援登陆和抗登陆作战以及担负海上编队指挥舰。按动力分为常规动力巡洋舰和核动力巡洋舰;按使命任务不同分为反潜巡洋舰和防空巡洋舰等。在帆船时代,巡洋舰通常指不参加战列线战斗,主要用于巡逻、护航的快速炮船。在蒸汽船时代初期,则指汽轮机巡航炮船。19世纪60年代开始建造近代巡洋舰,90年代开始出现有炮塔和装甲的装甲巡洋舰。第一次世界大战期间,出现以蒸汽轮机为动力的巡洋舰,燃油代替燃煤,满载排水量3 000～4 000吨,航速30节;装127～152毫米舰炮和联装的鱼雷发射装置,用以压制敌方驱逐舰,引导、支援己方驱逐舰进行战斗。第二次世界大战初期,出现排水量大于1万吨、舰炮口径155～203毫米的重巡洋舰和排水量小于1万吨、舰炮口径小于155毫米的轻型巡洋舰;以后又出现了满载排水量2.7万吨,舰炮口径305毫米的大型巡洋舰。1955年美国将重巡洋舰"波士顿"号改装成世界上第一艘导弹巡洋舰;1959年又建成世界上第一艘核动力导弹巡洋舰"长滩"号,装备有巡航、反潜、舰舰、舰空导弹和相控阵雷达等新型武器装备,从而推动了现代巡洋舰的发展。20世纪60年代,意大利"加里波第"号巡洋舰上装备了"北极星"弹道导弹,它是世界上唯一一艘问世的战略导弹巡洋舰。"二战"以后,除英国、意大利和法国少量建造过一些之外,巡洋舰的发展主要集中在美、苏(俄)两国。美国建造了"长滩"级等5级9艘核动力巡洋舰和"李希"级、"贝尔纳普"级、"提康德罗加"级等3级45艘常规动力导弹巡洋舰。目前有27艘"提康德罗加"级在役。前苏联除建成14艘传统的"斯维尔德洛夫"级火炮巡洋舰外,还相继建成"肯达"级到"光荣"级共5级27艘常规动力导弹巡洋舰。20世纪70年代初,前苏联开始建造核动力巡洋舰"基洛夫"级,先后有4艘建成。目前俄罗斯海军有"基洛夫"(更名为"乌沙科夫"级)2艘和"光荣"级等3级4艘。

现代巡洋舰的技术特点:① 功能齐全。战后美国发展的巡洋舰都具有均衡的防空、反潜、反舰能力,特别是现役的"提康德罗加"级巡洋舰,还具有对陆上纵深目标进行远距离精确打击的强大威力。② 武器系统化。现代巡洋舰武器不仅装载量大,而且成系统配置。例如,俄罗斯的"基洛夫"级核动力巡洋舰按远、中、近三个层次配备了500多枚舰空导弹;美国的"提康德罗加"级巡洋舰广泛应用了卫星和电子计算技术,装备了多种型号的导弹、鱼雷、舰炮、直升机等,先进武器控制系统将各种武器集合成为分工明确、有机联系、反应快捷的整体。③ 动力多样。"二战"以后发展的巡洋舰分蒸汽动力、燃气动力、核动力和联合动力几种形式。除美国的核动力巡洋舰外,后来发展的巡洋舰基本上采取联合动力推进,有蒸燃联合、全燃联合、核燃联合。目前在役的俄罗斯"基洛夫"级采用核燃联合动力。美国的"提康德罗加"级和俄罗斯的"光荣"级均采用全燃联合动力装置。

俄罗斯"基洛夫"级重型巡洋舰

"二战"后,巡洋舰是美、苏两国海军的重要水面兵力。美国巡洋舰作为航母编队护卫兵力,担负编队区域防空指挥和反潜,进行对陆攻击和支援两栖作战等使命。在航母编队中一般有两艘巡洋舰。巡洋舰在前苏联海军中始终处于核心水面兵力的地位。巡洋舰是前苏联海军走向大洋,扬威全球的主要水面兵力。与美国航母编队抗衡和针对美国战略核潜艇的远洋反潜更是前苏联巡洋舰的两大核心任务。

发展最活跃的驱逐舰

驱逐舰是以导弹、鱼雷、舰炮为主要武器,具有多种作战能力的中型水面战斗舰艇,其主要使命:参加航空母舰编队或其他舰艇编队,担负防空、反潜、反舰护卫;执行海上巡逻警戒、布雷和救援;支援登陆和对抗登陆作战等。现代驱逐舰满载排水量 3 500~8 500 吨,多数在 4 000 吨左右。动力装置有蒸汽轮机、柴油机、柴油机—燃气轮机联合、燃—燃汽轮机联合等动力装置,总功率在 37 000~80 000 千瓦,航速在 30~35 节,续航力在 4 500~6 000 海里。按使命任务不同,分为对海驱逐舰、防空驱逐舰、反潜驱逐舰和多用途驱逐舰等。武器装备主要有:舰舰导弹、舰空导弹、反潜导弹、鱼雷、深水炸弹和舰炮等武器系统,有的还携载直升机 1~2 架。通常多层配置,形成防空、反潜和对海作战能力。电子设备主要有:各种雷达系统、声呐系统、卫星通讯系统、导航系统、电子对抗系统、作战指挥自动化系统和火控系统等。驱逐舰前身是 1893 年英国建成的"哈沃克"号和"霍内特"号鱼雷驱逐舰,排水量240吨,航速37节,以蒸汽机为动力,装有舰炮和鱼雷,既能对付鱼雷艇,又能进行鱼雷攻击。这是世界上最早的驱逐舰。随后1900年美国建成"班布里奇"号驱逐舰,排水量420吨,航速29节。到第一次世界大战前夕,世界各国共建驱逐舰600余艘。第二次世界大战期间,参战的驱逐舰近2 000艘,在战争中发挥了重要作用。战后,现代新型驱逐舰不断出现。1953年美国建成"米切尔"级对空型导弹驱逐舰,满载排水量5 200吨;1957年前苏联建成"基尔丁"级对海型导弹驱逐舰,满载排水量3 500吨。英、法、加、中、日等国也相继建成对空、对海和反潜型导弹驱逐舰,多采用柴油机或柴油机—燃气轮机联合动力装置,普遍可携载反潜直升机,装备舰艇作战指挥自动化系统,大大提高了防空、反潜和反舰快速反应能力。美国1991年建成的"阿利·伯克"级导弹驱逐舰上装备的"宙斯盾"系统,可覆盖舰上空的半球空间,能连续有效地同时搜索、跟踪和识别数百个400千米以外的目标,供指挥员决策。20世纪90年代日本建成了世界上现役最大的驱逐舰"金刚"级(满载排水量9 485吨)。该舰是以"阿利·伯克"级为原型设计的,装备美国的"宙斯盾"防空作战系统,使日本自卫队成为第三个拥有大型驱逐舰和第二个拥有"宙斯盾"舰的海上力量。

现代驱逐舰集中反映了舰艇武器装备技术发展的成就。① 排水量不断增加。"二战"以后的50多年间,由于有新武器和电子设备装舰,驱逐舰的使命、任务不断加重,驱逐舰的排水量呈一路上升趋势,美国20世纪50年代建造的第一代导弹驱逐舰满载排水量即已达到6 000吨。20世纪70年代建造的"基德"级满载排水量9 574吨,是迄今服役过的最大驱逐舰。现在在役的美、俄、日大型驱逐舰均超过或接近9 000吨。其他国家最新设计、建造的驱逐舰排水量一般在5 000吨以上。② 燃气动力为主,也有个别驱逐舰采用全柴或柴燃联合动力或采用蒸汽动力。20世纪70年代以来,美、英、日等主要驱逐舰拥有国建造的驱逐舰均采用全燃联合动力或全燃交替联合动力。燃气轮机具有比功率高、机动性好、易于控制、维修方便的特点,从而提高了驱逐舰的可靠性,改善了舰员的工作环境。现代驱逐舰的航速在30节左右。③ 现代驱逐舰一般都装载1~2架直升机,用于远程反潜、反水雷、超视距探测和武器引导以及对海攻击等。在1982年英阿马岛海战中,英国的舰载直升机在反潜和对海攻击中取得了战绩,证明舰载直升机是一种有效的攻击型武器。④ 现代驱逐舰一般在防空、反潜、反舰中突出一两项功能，同时兼顾其他多种作战能力，据此分为对空型、对海型、反潜型和多种功能型，不久的将来还要出现对陆攻击型。它们相互配合或与其他舰种配合，形成水面编队全方位攻防能力。⑤ 隐身技术开始普遍应用。在远程探测手段和精确打击武器面前，驱逐舰暴露出生命力脆弱的一面。1982年英阿马岛海战中，阿根廷一架法制"超军旗"飞机发射一枚"飞鱼"空舰导弹，击中为"竞技神"号航母护航的"谢菲尔德"号驱逐舰，导致该舰沉没，引起全世界的关注。自此水面舰艇隐身受到各国的高度重视。美国20世纪80年代设计的"阿利·伯克"级即已采取了降低暴露信号特征的技术。全隐身概念已被众多新一代驱逐舰所采用。⑥ 随着电子技术的发展，现代驱逐舰具备了各种探测设备（如雷达、水声等）、通信设备、编队级和本舰作战指挥系统以及各种对空、反潜和反舰等武器系统。现代驱逐舰实现了电子化和指挥控制自动化。

俄罗斯"现代"级导弹驱逐舰是前苏联20世纪60年代末开始研制、80年代服役的大型导弹驱逐舰，工程代号为956，因此也称为956舰，首舰1980年服役，最后一艘1994年服役，共建成19艘。与该级舰同时研制的还有"勇敢"级。"现代"级是一级优秀的对海型驱逐舰，兼备小范围区域防空能力。"勇敢"级则为一级反潜型驱逐舰，与"现代"级同时进入现役，是前苏联为增强大洋持久作战能力而配套发展的两级主力战舰。它们与"基洛夫"级巡洋舰一起，形成完备而强大的综合作战能力。

俄罗斯"现代"级驱逐舰

"现代"级满载排水量7 940吨，最大航速达到32节，续航力6 500海里（20节时）。主要舰载武器有SS-N-22舰舰导弹、SA-N-7舰空导弹，以及舰炮、鱼雷、反潜火箭等。反舰是"现代"级的主要使命，由SS-N-22导弹、双

130舰炮、鱼雷发射系统和6管小口径舰炮系统组成远、中、近三个层次的反舰作战系统，既能远距离攻击敌方航母等重要编队，又能近距离打击中小水面舰艇。"现代"级是首次装备超声速、超视距攻击、掠海飞行的舰舰导弹的舰艇，也是世界上装备实战型超声速舰舰导弹的第一级驱逐舰。舰上载SS-N-22"马斯基特"舰舰导弹8枚，末端攻击速度很高，加之掠海飞行，留给敌方的预警时间短，突防能力很强，是远距离攻击重要目标的利器。对空作战是"现代"级的第二位使命，在编队中承担中程防空的任务。它的SA-N-7舰空导弹、双管130毫米口径舰炮、6管小口径舰炮和干扰火箭等组成多层次的软、硬杀伤对空防御系统。舰上载44枚SA-N-7舰空导弹，设置了6个火控通道，能同时抵抗6个空中目标，对付飞机和舰舰导弹，完成编队中程防空。双管30毫米口径舰炮用于末端反导，射程在2 000米之内，每分钟可发射4 000发弹丸。舰上还装有电子侦察干扰系统和10座干扰火箭，诱骗来袭导弹。"现代"级强调编队的系统作用，本舰反潜能力较弱，只装备中频舰壳声呐，由533毫米反潜鱼雷和射程1 000米的反潜火箭构成中、近程两个层次的反潜火力。舰上载有卡-27直升机，主要用于超视距目标指示。

数量最多的护卫舰

护卫舰是以导弹、舰炮和反潜武器为主要装备的中、小型水面战斗舰艇，也是海军战斗舰中数量最多、用途较广的重要舰种之一。其主要任务是为舰艇编队护航，担负反舰、反潜和防空作战以及巡逻、警戒、支援登陆和抗登陆作战等。按排水量大小，分为轻型护卫舰（600～1 800吨）和远洋护卫舰（1 800吨以上）。轻型护卫舰多数以反潜为主在近海海区执行作战任务。远洋护卫舰，主要用于海洋交通线上为舰艇编队担负防空、反舰和反潜等多种作战任务。按使命任务，分为对海护卫舰、防空护卫舰、防潜护卫舰和多用途护卫舰等。现代护卫舰满载排水量600～5 000吨，航速24～34节，续航力4 000～7 800海里。动力装置多数为柴油机动力装置，少数采用柴油机-燃气轮机联合动力装置和全燃气轮机动力装置等，总功率15 000～45 400千瓦，双轴推进。武器装备主要有：舰空导弹、舰舰导弹、反潜导弹、鱼雷、深水炸弹、中小口径舰炮和舰载多用途直升机等。电子设备主要有：各种雷达、声呐、电子对抗系统、火控系统、作战指挥自动化系统以及卫星通信、导航系统等。16～17世纪,欧洲一些国家把轻快的三桅武装船称为护卫舰。19世纪中叶开始采用蒸汽机与风帆并用,排水量也逐渐增大。第一次世界大战,为保卫海上交通线,对付德国潜艇的威胁,曾大量建造1 000～1 400吨级的轻型护卫舰。第二次世界大战中,交战双方都有大量护卫舰参战,为舰艇编队护航发挥了重要作用。当时仅英、美、法、德、意5国就建造护卫舰1 800艘之多,参战的护卫舰总数达到2 000多艘。"二战"后护卫舰发展的主要特点是,一方面由于它相对廉价,且可以具备一定作战能力,适用于和平时期单独执行多种任务,战时参加编队作战。随着护卫舰在海上执行对海、对空、反潜作战任务的不断增加,舰载多种武器和电子系统也越来越多,因而护卫舰在向大型化方向发展;另一方面,由于近海防御的需要,小排水量护卫舰仍然受到许多国家的重视。由此,形成远洋护卫舰和近海护卫舰两个鲜明的分支。随着潜艇、导弹和直升机技术的发展,各国出于为舰队护航和保卫领海的需要,大力发展新型导弹护卫舰和轻型导弹护卫舰,战术技术性能均有长足的发展。

美国是发展远洋护卫舰的典型国家,"二战"之后相继建造了"迪利"、"克劳德·琼斯"、"布朗斯坦"、"格罗弗"、"加西亚"和"诺克斯"等多级护卫舰。20世纪70年代又研制了世界上性能最先进的"佩里"级导弹护卫艇。"佩里"级装备"鱼叉"舰舰导弹、"标准"舰空导弹、火炮、反潜鱼雷和反潜直升机,能有效地防御空中、海上和水下攻击。它将护卫舰的反舰、防空和反潜作战能力引向了一个新阶段。"佩里"级共建造了51艘,是美国执行多种任务的护航兵力。

前苏联是发展近海护卫舰最多的国家。苏联解体时拥有各种轻型护卫舰约200艘,形成庞大的近海作战兵力。典型的现代护卫舰仅介绍法国的"拉斐特"级隐身护卫舰。

法国的"拉斐特"级隐身护卫舰是全世界现役水面舰艇中外形隐身特征最为明显的一级水面舰艇。它设计于20世纪80年代,1992年投建。法国"拉斐特"级为一级多用途护卫舰,满载排水量3 600吨,采用全柴联合动力,由2个可调螺距螺旋桨推进,航速偏低,为25节,续航力9 000海里(12节时)。舰上搭载1架直升机。

反舰武器包括8枚法国自己的"飞鱼"舰舰导弹、直升机携载的空舰导弹、100毫米舰炮、20毫米舰炮,组成4个层次的反舰火力。其中"飞鱼"导弹射程50～70千米,100毫米舰炮射程17千米。

对空火力有24枚"海响尾蛇"导弹,射程13千米,飞行速度3.5马赫。舰炮对空射高8千米,用于中低空和近程防御。

直升机是"拉斐特"级护卫舰拥有的唯一反潜手段,由吊放声呐、声呐浮标和机载反潜鱼雷构成直升机反潜系统。

"近海防御轻骑兵"——导弹快艇

快艇是近海攻击的利器。导弹快艇相比鱼雷快艇和炮艇具有更好的发展前景。

导弹快艇是以舰舰导弹为主要武器的小型高速水面战斗舰艇。在近海水域单独或与其他兵力协同,对敌水面舰艇实施导弹攻击以及执行反潜、布雷任务;平时用于担任巡逻、警戒、护航和缉私等任务。中小型导弹快艇排水量数十吨至300吨;大型导弹快艇400吨左右,航速一般为30～40节;水翼、气垫导弹艇速度达到50节以上;续航力通常在2 000海里以内。武器装备主要有巡航式舰对舰导弹2～8枚,少数配有舰对空导弹;20～76毫米舰炮1～2座,有的还装备有鱼雷发射管2～4具,深水炸弹发射炮、水雷布设导轨等。装有相应的通信、导航、探测、指挥控制和电子对抗等设备。动力装置多数采用柴油机,少数为燃气轮机或柴—燃联合动力装置。

导弹快艇的特点:① 形体小、速度快,相对于大中型水面舰艇,导弹快艇的排水量小,一般不超过500吨,配备大功率发动机,最高航速超过40节。它们便于隐蔽和高速机动出击,加之舰舰导弹的远程攻击能力,对近海活动的敌方水面舰艇构成较大威胁。② 排水量分布广,趋向大型化,导弹快艇可以划分为大型艇(300吨以上)、中型艇(200～300吨)和小型艇(200吨以下),最小的只有几十吨。20世纪80年代以来发展的多数在300吨以上。③ 以排水型为主,多种船型,有普通排水型、滑翔型、水翼型和气垫型,进行研究探索的还有深V型、小水线面型等。④ 动力与驱护舰看齐,导弹快艇的动力,柴油机和燃气轮机兼而有之。与大中型水面舰艇一样,有多种联合动力形式,如全燃联合、柴燃联合、柴燃交替联合等。排水型航速一般在30～35节,水翼型超过40节,有的艇上采用了喷水推进器。⑤ 反舰能力强,使命多样,反舰是导弹快艇的传统使命与长项,一般装有4～10枚舰舰导弹,大型艇多数装8枚,相当于中型水面舰艇的水平。此外普遍装备中小口径舰炮。20世纪80年代服役的导弹快艇开始注重对空作战能力,例如德国的S143A级、以色列的"萨尔"4.5型、丹麦的"飞鱼"级、挪威的"隼"级以及俄罗斯的"塔朗图尔"级。个别还装备了6～32枚点防御导弹,特别是以色列人通过巧妙设计将32个发射单元的垂直发射装置装到了满载排水量仅500吨的"萨尔"4.5型艇上,并装备了"密集阵"近防武器系统。在一些艇上还装备鱼雷、反潜火箭等武器。"萨尔"4.5型艇上还曾搭载过1架反潜和反舰直升机。⑥ 配备先进电子设备,反应速度快,与大型水面舰艇一样,导弹快艇在发展过程中也将先进实用的电子系统和设备引入自己的作战系统中,加强探测和武器控制能力。⑦ 采用隐身技术和新材料。20世纪80年代后期发展的导弹快艇不同程度注意到了隐身性能。20世纪90年代以来推出的实际方案都将隐身作为一个基本性能。从隐身和抗爆炸冲击等角度出发,一些艇还采用了非金属复合材料艇体以及涂敷雷达波吸波涂层。⑧ 多用型艇,基于模块化设计建造技术,出现了可以方便地换装功能模块,根据需要担负导弹攻击、巡逻、反潜、布/扫雷等不同使命的多用型艇。典型的导弹快艇有德国的S143A级导弹快艇和丹麦"飞鱼"级多用途导弹快艇,又称为"标准300"级。

(1)德国S143A级导弹快艇 此舰代表了20世纪80年代较高水平的一级排水型导弹快艇。德国在20世纪70年代末到80年代初设计建造了该级艇,以每艘1.15亿马克(1980年现值)的造价建造了10艘,使命是攻击水面舰船、防空反导以及执行布雷任务。

由于考虑到水雷的威胁和对水下爆炸冲击的缓冲,艇体采用钢骨木壳复合结构,艇体外板由4层硬木胶合而成。此外对船型进行精心设计,以适应德国近海的恶劣海况。特别是横摇周期长,尽可能地避免了海浪中心频率,减缓摇摆。

该级舰满载排水量391吨,采用4台柴油机驱动,航速达40节,属于排水型快艇中速度较快的一级艇。

在武器方面打破惯例,首次将1座24管"拉姆"舰空导弹装艇,开创了导弹艇防空的先例。该型导弹来源于空空导弹,体型较小——弹头重只有9.1

千克,射程9.6千米,飞行速度2马赫,适合于反导和对付直升机。反舰武器主要是4枚"鱼叉"舰舰导弹和一座76毫米舰炮,"鱼叉"导弹攻击距离超过40千米。艇上装备了"自动战斗情报系统"、电子战系统以及红外/箔条诱饵投放装置。

(2)丹麦"飞鱼"级多用途导弹快艇(又称为"标准300"级) 此舰是一级典型的模块化导弹快艇。艇体为玻璃钢夹层结构,具有良好的防火、抗爆性能。该级艇在同一艇体上安装不同的功能模块,形成执行不同任务的平台,有导弹攻击、巡逻、猎/布雷4种功能模块,还准备发展反潜型模块。因为在和平时期,导弹攻击只是一种常备的手段,而大量非攻击性任务需要合适的小型平台来承担,因此"飞鱼"级模块化做法为小型水面艇的一艇多用途化闯出了路子。该艇的4个模块可以随时换装,以执行不同的任务。

导弹攻击型:甲板尾部的三个集装箱分别装8管"鱼叉"舰舰导弹系统、双联线导鱼雷发射管,以及"海麻雀"反导防御系统。

巡逻型:去掉尾部武器,储存物资。

布雷型:尾部集装箱为反导防御系统和一对雷轨,2个集装箱储存60枚沉底水雷。

猎雷型:以"飞鱼"级为母艇,与两艘遥控式水面辅助小艇协同作业,完成探雷灭雷任务。

艇上指挥系统和控制设备对各种使命模块是统一的,既方便了设计、建造、管理、维护,也为快速换装提供了前提。

除此之外,"飞鱼"还被赋予搜索救援、水文测量、潜水支援等多项使命,是名副其实的多用途舰,代表了小型水面舰艇平战结合的方向。

战　机

"空战主角"——战斗机

战斗机的主要任务是消灭空中和地面敌机、夺取制空权的飞机,在中国称为歼击机。按用途分,现代战斗机可分为制空战斗机和多用途战斗机两大类。制空战斗机,又称为空中优势战斗机,主要任务是空战。多用途战斗机,既可执行空战任务,又可执行对地攻击任务。按重量划分,战斗机可分为重型和轻型两种。正常起飞重量在15吨以下的被认为是轻型战斗机;而正常起飞重量接近或超过20吨的被认为是重型战斗机。

战斗机还包括专门用于国土或地区防空的截击机和对空对地两用的战斗轰炸机。对截击机的要求是爬升性能好、速度快、可昼夜全天候作战,这些任务已完全可由制空战斗机来满足,故各国已不再发展专用截击机。战斗轰炸机,在中国称为歼击轰炸机。战斗轰炸机虽有一定空战能力,但一般不执行空战任务。当代的战斗机多兼有空战和对地作战的能力,被称为多用途战斗机,这是战斗机发展的重要方向。

在军用飞机中,战斗机是装备数量最多、应用最广、发展最快的机种,并且一直是各国空军重点装备的机种,其性能水平和作战方式是在技术发展、使用需求、实战经验和作战观念的共同推动下不断演变的。随着航空技术的不断发展,现代战斗机已能执行空中优势、防空截击、纵深遮断和近距空中支援等多种任务。

战斗机诞生于第一次世界大战。在第二次世界大战中,活塞式战斗机在飞行速度(700千米/小时)和飞行高度(11 000米)上达到顶峰。第二次世界大战末期,德国最先使用了ME262喷气战斗机,其飞行速度达到了960千米/小时。战后,喷气战斗机得到迅速发展,并普遍取代了活塞式战斗机。随着喷气式发动机的改善、空气动力学的突破、机体结构材料的发展,20世纪50年代初,战斗机的平飞速度终于超过声速并很快达到了两倍声速以上。随着喷气式战斗机飞行速度和飞行高度的急剧提高,设计师解决了座舱增压、制冷和高速离机等飞行员生命保障问题。航空电子设备和火控系统的飞速发展以及空对空导弹的问世,则使作战范围更大的喷气式战斗机有了相应的探测能力和杀伤力。"越战"以后,喷气式战斗机又向着提高机动性方向发展。

喷气式战斗机自20世纪50年代初装备部队以来,已经历半个世纪的发展,目前已发展到第四代。世界各国普遍采用美国对喷气式战斗机的划代方法:① 第一代喷气式战斗机于20世纪40年代末50年代初问世,代表机型有美国的F-86和前苏联的米格-15等。这代战斗机以大口径航空枪(炮)为武器,可在跨声速区近距空战格斗,最大飞行高度约为15 000米。采用中等后掠角机翼,装推重比4～5、后期带加力燃烧室的涡喷发动机,配备光学瞄准具且部分飞机装有作用距离仅几千米的截击雷达。第一代喷气式战斗机已基本退役。② 第二代喷气式战斗机于20世纪50年代末开始出现,代表机型有美国的F-104和前苏联的米格-21,后来美、苏又分别发展出了F-4和米格-23以及法国的"幻影"Ⅲ等。其中,美国空军的和部分苏制第二代喷气式战斗机参加了越南战争。这代战斗机继续追求飞行速度和飞行高度,其最大飞行速度超过2马赫且飞行高度接近20 000米,从而形成了与第一代战斗机最大的差异。第二代喷气式战斗机的作战方式仍只能以近距格斗和航炮为主,超视距作战并不现实。美国空军曾一度在F-4上放弃航炮,只带空空导弹进行远距离攻击,结果在"越战"中不敌盘旋和爬升等机动性能更好并装有航炮可近距离格斗空战的米格-21。目前,尚有第二代喷气式战斗机或其改进型在发展中国家继续服役。③ 第三代喷气式战斗机于20世纪70年代中期开始出现,代表机型有美国的F-15、F-16和前苏联的米格-29、苏-27以及法国的"幻影"2000。这代战斗机的设计思想深受"越战"和中东"阿以"冲突等局部战争的影响,在作战方式上重新重视目视格斗空战,飞行性能则突出了中低空、亚跨声速机动性以及高的空战推重比和优异的加速能力,拥有较高的亚声速稳定盘旋过载和很好的大迎角低速飞行性能。在机载武器方面为中、近距空空导弹与航炮并重。④ 第四代喷气式战斗机的代表机型是美国的F-22,该机于20世纪80年代开始研制,现已进入小批量生产。F-22具有第三代喷气式战斗机所不具备的多种新的性能,其中包括隐身、超声速巡航和非常规机动能力,在作战方式上强调先发制人地实施超视距多目标攻击。配备有相控阵多功能雷达和以功能块为基础的综合航空电子系统并进入联合作战信息网络,机载武器包括主动雷达制导的中距离发射后不管空空导弹、红外成像制导的近距全向攻击格斗导弹以及航炮,另外兼有一定的对地精确攻击能力。

目前,美国空军装备仍以第三代战斗机及其改进型飞机为主,陆续换装了部分第四代战斗机。俄罗斯已基本淘汰了第二代战斗机,西欧将开始装备第三代战斗机的改进型飞机,一些中小国家或地区则已装备或准备采购一定数量的第三代战斗机。由于美国空军大幅度削减了F-22的采购数量,可以预见今后一个时期内第三代战斗机及其改进型飞机仍将是空军强国主要的战斗机装备。

(1)F-15"鹰"　这是美国空军在吸取越南战争经验教训的基础上,为了与前苏联争夺空中优势,于20世纪60年代末提出研制的一种高性能双发战斗机。这种重型全天候双发战斗机设备复杂,价格昂贵,美国空军仅采购了870余架(现役520多架,不含200余架F-15E战斗轰炸机)。其性能要求是能对付前苏联当时装备和20世纪80年代可能研制出的任何战斗机。1969年底,美国空军在三个竞争方案选中麦道公司的F-15。1972年7月,F-15A单座战斗机首飞,1974年11月开始交付。美国空军1979年2月,由F-15A改进航空电子设备而成的F-15C首飞。目前,F-15是美国空军的主力制空战斗机。

美国F-15C战斗机

F-15翼载较低,采用全动平尾和大型双垂尾,装两台推重比为8的普惠公司F100加力式涡扇发动机,使其空战推重比高于1而具有优异的爬升率、加速性和格斗机动能力。F-15超声速性能优异,其最大飞行M数①可达2.5,实用升限超过18 000米,还可以夹带保形油箱,大大延长了其作战半径或航程。

(2)F-16"战隼"　这是美国继F-15之后研制的一种轻型战斗机,作为对F-15重型全天候战斗机的补充。F-15是一种与前苏联争夺空中优势的高性能战斗机,价格十分昂贵,即便是富甲天下的美国也无法大量采购。然而,在空战中数量与质量一样也是取胜不可忽视的重要条件。为了解决数量不

---

① "最大飞行M数":M数即马赫数,飞机的"最大飞行马赫数"指飞机可达到的空速(飞机重心相对于未受扰动大气的速度)和包围飞机的未受扰动大气中的声速之比的最大值。它是军用飞机的重要性能指标之一。马赫数小于1、在1附近和大于1的流动分别称为亚声速、跨声速和超声速流动。

足这个矛盾，20世纪70年代初美国有人提出"高低搭配"的设想，即再研制一种低成本的轻型战斗机，可以大量采购，作为F-15的补充，于是便有了实施轻型战斗机的计划。1975年，通用动力公司（现并入洛克希德·马丁公司）的YF-16原型机战胜诺斯洛普公司（现为诺斯洛普·格鲁门公司）的YF-17获选，1978年底，F-16A/B单、双座机开始装备美国空军。F-16的原型为白天战斗机，但经F-16A/B于1984年改进成了F-16C/D全天候多用途战斗机。YF-17后因美国海军队双发可靠性的考虑，被选中由麦道公司（已并入波音公司）改型成为F/A-18舰载战斗/攻击机。

美国F-16C战斗机

F-16是为弥补F-15数量不足而研制的，在技术性能上要求它能在经常发生空战的区域（高度9 000～12 000米，飞行M数为0.6～1.6)胜过当时的某些苏制战斗机，如米格-21的各种后期改型、米格-23和苏-17等，性能更高的米格-25等战斗机则留给F-15去对付。

F-16的最大飞行M数仅接近2，与第二代战斗机相比有所降低，并且由于采用固定进气口，在M数大于1.7以后进气效率急剧下降。但在中低空、亚跨声速机动性上，F-16比第二代战斗机有显著的改善。F-16中空跨声速水平加速性较好，中低空爬升率较高，因空战推重比大于1而可垂直爬升，跨声速盘旋性能也较好，盘旋角速度和稳定盘旋过载较高。F-16实现了低成本，并在主要空战范围内达到所需的较高机动性，原因是采用了一系列新技术，特别是20世纪70年代以来在气动力、发动机和航空电子设备等方面取得的成就。

自服役以来，F-16的机载设备与武器一直在不断改进，而针对不同的外销国家或地区有着不同的规格。目前机载设备主要包括具备下视下射能力的 AN/APG-66/-68 或其改进型多功能火控雷达、激光陀螺惯导系统、LAN-TIRN 夜间导航/攻击吊舱、雷达报警接收器和内装箔条/曳光弹投放器、电子战吊舱、平显和多功能显示器等。F-16 的机载武器有一门内装的 20 毫米口径 M61A1 多管航炮,翼尖可挂 AIM-9"响尾蛇"红外近距离空空导弹,另外 7 个外挂架可带副油箱、设备吊舱和多种空空或空地武器,除 AIM-9 外可带 AIM-7"麻雀"半主动雷达制导中距空空导弹、精确制导导弹、集束炸弹、普通炸弹和火箭弹等,最大载弹量达 5 443 千克。

目前,F-16 总产量已超过 4 000 架并仍在生产,不仅大量装备了美国空军,而且还是另外 20 多个国家或地区战术空中力量的主力机种。F-16 曾参与多次局部战争或武装冲突,其中包括中东阿以冲突、海湾战争及伊拉克南北"禁飞区"巡逻、科索沃战争等,执行过大量对空和对地攻击任务。

(3)苏-27 飞机 这是前苏联苏霍伊飞机设计局于 1975 年前后开始研制的,1985 年交付部队试用。1990 年 8 月正式列入苏军装备序列。苏-27 是重型、远程、超声速、全天候、全高度、高机动战斗机。它具有速度范围大、航程远、机动能力强的特点,具有上视下射和下视下射全方位攻击能力;可挂中距拦射导弹、近距格斗导弹,可执行远程截击、近距格斗任务,并兼有一定的对地攻击能力。

苏-27 截击型正常起飞重量达 22.5 吨,起飞推重比为 1∶1,有较好的跨声速盘旋性能,升限达 18 500 米而优于 F-15C,无空中加油航程远达 3 900 千米,外挂多达 10 枚空空导弹或 6 吨各种武器,是一种空中威慑力量。

苏-27 飞机的基本特点是:① 采用大边条气动布局和翼身融合体技术,使其具有良好速度特性和高机动特性。② 采用翼下两侧布置的直通式、多波系、斜板调节的二元超声速进气道,可保证飞机在大迎角下,进气道仍具有良好的性能。③ 采用放宽静稳定度和电传操纵系统,成为中立稳定性飞机。根据中立静稳定特点,采用纵向 4 余度模拟电传操纵系统,使飞机具有良好的操稳特性。④ 装有极限告警系统,具有迎角、过载限制系统,可使飞机在机动飞行时大大减轻飞行员的负担,并确保飞行安全。装有根据迎角信号偏转的前缘机动襟翼和襟副翼及其自动系统。采用双垂尾和气泡式座舱等布局形式。⑤ 装有两台俄罗斯留里卡设计局的双涵道加力式涡轮风扇发动机。该发动机推力大,全加力单台静推力达到 122.6 千牛,耗油率低,可靠性高。⑥ 挂装 P-27p 中距拦射弹、P-73 近距格斗导弹以及火箭、航炮、航弹等武器,具有强大的武器系统,以实施对空、地/水面目标的攻击。

该机还装有较先进的火控系统,可与飞机、机载武器、机载设备等相配合;装有较先进的脉冲多普勒雷达和光电瞄准系统,使之具有中距拦截、近距格斗和对地攻击的能力。

苏-30 飞机是苏霍依设计集团在 20 世纪 80 年代初期按照前苏联防空军的要求在苏-27УБК(双座机)的基础上进行改进研制的一种远程作战的截击机,后来又在此基础上改进研制成一种多用途、远程战斗轰炸机,称为苏-30M,于 1992 年 4 月首飞,外形与苏-27УБК 飞机十分相似,主要区别在于加装了空中受油系统,受油插头装在机头左侧,光电探测装置装在机头右侧。由于增加了空中受油能力,苏-30M 可长时间地进行大半径的夺取制空权或护航任务,后座飞行员还可执行空中指挥任务。该机装有外挂导航设备和改进后的火控系统。苏-30MK 是苏-30M 的出口型,印度空军装备了苏-30MK。

(4)"幻影"2000 这是法国达索飞机公司研制的单座单发轻型超声速战斗机。"幻影"2000-5 是在其基础上最新改进而成的多用途战斗机。1978 年 3 月,"幻影"2000 原型机首飞,1983 年开始交付法国空军。

"幻影"2000 的正常起飞重量比 F-16C 还小,但发动机推重比在第三代战斗机中偏低而使其起飞推重比小于 1。由于采用无尾三角翼,波阻小,超声速性能较好,实用升限高,挂载"米卡"主动雷达制导中距空空导弹后适于执行高空高速截击任务。

作为法国第三代战斗机的代表,其基本特点是:① 除保持"幻影"系列飞机的无尾三角翼气动布局外,还采用了电传操纵、放宽静稳定度、复合材料等先进技术。因大量采用复合材料,使其结构部件重量减轻 15%～20%。② 先进的机载武器和火控系统。"幻影"2 000C 的基本武器配置是 2 门"德发"554 型 30 毫米航炮和法国产各型空空导弹。其最大外挂载荷超过 6 000 千克。"幻影"2 000-5 战斗机配备先进的"米卡"空空导弹和 RDY 雷达,"米卡"空空导弹采用主动雷达制导。RDY 雷达系统十分先进,具有多种工作方式,并具有抗电子干扰能力,能够同时跟踪 8 个目标,并攻击其中 4 个。③ 使用简单、可靠的 M53-P2 涡扇发动机,推力 64.288 千牛,加力推力

95.060千牛。④ 优良的可维护性。"幻影"2000系列飞机从设计之初就特别强调飞机的可维护性和易于保障性。飞机内装有一套自检设备,从而节省了其他专门检测设备。另外,机载设备也大都采用易于维护的模块化结构。如"幻影"2000-5飞机配备的RDY雷达,由天线、数据处理单元、电源、发射机、激励器、接收机和信号处理单元等7个外场可更换模块组成。

法国"幻影"2000战斗机

F-22"猛禽"是美国空军继F-15和F-16之后,于20世纪80年代初提出研制的第四代战斗机,原拟用于对付前苏联在80年代中期开始装备的米格-29和苏-27等第三代战斗机及其先进的陆基防空导弹系统。由洛克希德·马丁公司研制的F-22已进入小批量生产,于2005年开始进入美国空军服役。与以往战斗机相比,F-22同时具备了前所未有的多种技术性能,其中包括隐身、超声速巡航、非常规机动,配备以功能块为基础的综合航空电子系统,并可获取陆、海、空、天等机外传感器的信息,在作战方式上强调先发制人地实施超视距多目标攻击。

美国F-22"猛禽"战斗机

与第三代战斗机相比,F-22的性能可为鲜明:① 高隐身性。F-22采用了隐身外形,其头向 RCS 极小(量级为 0.1 平方米比第三代战斗机小两个数量级),使之可在空战中先于对手进行超视距攻击,同时还提高躲避雷达制导地空导弹威胁或对地面目标近距投弹的能力。② 超声速巡航能力。F-22 最大飞行速度与第三代战斗机相当,M 数约为 2,但可不开加力以 M 数 1.5 持续超声速飞行,这是除隐身之外的又一里程碑式的重大进步。超声速巡航能力不仅加快了飞机的攻防节奏,提高机内燃油的利用率而延长了作战半径或航程,同时还降低了飞机的红外信号特征。③ 超机动性。F-22 装两台推重比 10 一级的加力式推力矢量涡扇发动机,其空战推重比远大于 1,并具备在 60°迎角下可控飞行非常规机动能力和优异的敏捷性,特别是在近距航炮攻击中可快速瞄准敌机并躲避敌机的攻击。④ 先进的综合航空电子系统。F-22 采用了所谓的"合成传感器"技术,除了机上装有可远距探测的 AN/APG-77 多功能有源相控阵雷达、射频和光电无源探测系统以及电子战设备,其机载计算能力允许从多个机外传感器——卫星、预警指挥机、静默战术攻击侦察系统或友机等获取信息,所有计算结果均以清晰明确的图形方式直观地显示在座舱平显和多功能显示器上,飞行员无须对屏幕上的繁琐数据进行分析而做到一目了然。这些信息可说明谁在战区,他们是哪一方的以及谁是最直接的威胁。⑤ 良好的综合保障性和扩充能力。与 F-15 相比,F-22 维护和部署所需的支援保障设备将大为减少。机上装有数字式发动机控制和故障诊断系统,采用更好的机内检测设备而减少了海外部署时所需运送的保障设备。另外,可通过软件升级或换装新型微机处理器来接纳新的能力。F-22 内载 4 枚 AIM-120 A 或 6 枚折叠弹翼的 AIM-120 C 主动雷达制导中距发射后不管空空导弹,两枚 AIM-9X 红外成像制导近距空空导弹以及内装一门 20 毫米口径的航炮。另外,可以内载两枚重达 908 千克的 JDAM 弹药。

  美国空军对 F-22 的作战使用设想是,F-22 要能夺取制空权并主宰天空,可以对付数量众多、性能先进的敌机,并在密集的防空火力中自由突防。F-22 通过隐身、超声速巡航和先进的航空电子设备,获得超视距"先敌发现、先敌开火和先敌摧毁"优势,并可实施多目标攻击。即使不得不进行空战格斗,其敏捷性也要与对手不相上下。据称 F-22 的作战效能至少相当于 3 架非隐身的 F-15,而针对地空导弹系统的突防能力提高了 5(中空亚声速飞行)～8(高空超声速巡航飞行)倍。

F-22与联合攻击战斗机F-35的关系，类似于目前F-15与F-16那样的高低搭配。美国空军认为，与F-22相比，F-35的飞行速度、飞行高度和加速性能低，并且没有配备大量的空对空导弹和作为强大的信息收集站所需的众多航空电子设备，也就是说F-35无法取代F-22执行同样的空对空任务。在未来战场上，F-22将为F-35提供行动的自由度，在清除敌方战斗机后，F-35跟进对地面分散目标实施全天候精确打击。

"空军对地、对海攻击的铁拳"——战斗轰炸机

战斗轰炸机(我国称之为歼击轰炸机)是空军用于对敌地/海面进行攻击的铁拳，是空军高技术武器系统的重要组成部分。美、俄空军在重视防空力量建设的同时，特别强调发展空中进攻力量，形成了攻防兼备型航空武器装备体系。

战斗轰炸机是主要用于突击敌战役战术纵深内的地面、海面目标，并且有空战能力的飞机。战斗轰炸机是在第二次世界大战中发展起来的，主要用于对地攻击又具有较强的空战能力。随着航空技术的进步，现代战斗轰炸机的载弹能力和作战半径均大幅度增加，其飞行速度与战斗机相当，低空突防能力不断提高，设备精良，对地攻击火力强大，并发展到具有全天候的对地攻击作战能力，已经成为各军事大国战术航空兵中的重要机种。今后战争中，各国都力求在附带伤害最小的情况下猛击敌要害使之尽快屈服。相应对战斗轰炸机的攻击能精度也提出更高的要求。首先，由于现代战斗轰炸机具有与战斗机相当的飞行性能、对地攻击的强大火力、精良的火控系统和探测、导航系统，已经成为"外科手术"式空袭作战中锋利的尖刀。"外科手术"式空袭的最著名战例当属1986年4月15日美国对利比亚的攻击。在这场战斗中，F-111战斗轰炸机表现了良好的作战效能。是日，美国战术空军的18架F-111战斗轰炸机和4架EF-111电子干扰机，分别从英国的上沃尔特、拉肯希思等4个空军基地起飞，南下大西洋，经直布罗陀海峡进入地中海，到达集结空域，航程达5 000千米，然后投入紧张的空袭作战。F-111战斗轰炸机利用其精良的机载设备，在茫茫夜空中及时搜索发现了目标，使用"百舌鸟"、"哈姆"反辐射导弹以及大量激光制导炸弹轰炸了利比亚首都

的黎波里和班加西的兵营、机场、港口和雷达站，获得显著的空袭作战效果。然后沿5 000余千米的原航线返航，往返航程11 000余千米，途中在几个预定加油空域，得到了KC-135J加油机的6次空中加油，其中有4次是在夜间、无线电完全静默的条件下实施的。空中续航长达17个小时，创造了世界空袭作战史上的奇迹。从此"外科手术"式空袭作战名扬世界。在这次远程奔袭作战中，仅1架F-111被利比亚地面防空部队的23毫米口径的4管自行高炮击中，坠入地中海，两名飞行员丧生。其次，1991年海湾战争中F-15E战斗轰炸机的优异表现表明，战斗轰炸机是完成对敌地面有生力量进行攻击的利器。当时F-15E"攻击鹰"战斗轰炸机共有两个中队48架参加了对伊作战，主要用于执行空战、战略轰炸、空中遮断、近距空中支援以及压制防空兵器等任务。借助于先进的机载设备，"攻击鹰"的作战行动几乎全部是在夜间进行的，所以"攻击鹰"又称"夜鹰"。战斗中，"攻击鹰"共出动2 210架次，投掷了1 700枚激光制导炸弹和其他弹药，摧毁了伊军大量装甲车辆、"飞毛腿"导弹发射架以及其他目标。在一次作战中两架"攻击鹰"各携带8枚GBU-12激光制导炸弹一次就摧毁了伊军16辆装甲车。第三，现代战斗轰炸机执行战役乃至战略纵深遮断和轰炸的成功战例，莫过于海湾战争中美军对隐身战斗轰炸机F-117A的使用。1991年的海湾战争中，美军动用了42架F-117A战斗轰炸机，总计出动了1 296架次，虽然仅占各类飞机出动总架次的2.5％，却完成了包括轰炸首都巴格达重要战略目标在内的空袭总任务的95％，攻击命中概率为95％，摧毁了被指定战略目标总数的43％，而本身无一损毁。1999年以美国为首的北约轰炸南联盟的科索沃战争中，美国出动了24架F-117A，所执行的是对战略重点目标进行空袭的对地攻击任务，其中一架F-117A在返航途中被南军击落，打破了F-117A隐身战斗轰炸机不可战胜的神话；第四，战斗轰炸机还可用作国内反暴平叛和执行特种突击任务。如俄罗斯空军在1999～2000年平息车臣叛乱的战争中，多次出动多架苏-24战斗轰炸机，用于轰炸车臣叛军的地面据点和有生力量，起到了国内平息叛乱的突击队的作用。下面介绍两种战斗轰炸机的代表机型。

（1）F-117A　F-117A是美国洛克希德公司为美国空军研制的双发、单座亚声速隐身战斗轰炸机，主要用于隐蔽突破敌人的防空体系，使用精确制导武器攻击敌重要的地面目标。1981年6月第一架原型机首次试飞，1983

年 10 月开始交付部队使用。

F-117A 是世界上第一种广泛运用隐身技术的战斗轰炸机,其研制、生产和装备情况曾经是个谜,直到 1988 年 11 月美国军方才向外界承认确有这种隐身飞机存在。1989 年 12 月 F-117 首次在入侵巴拿马战斗中投入使用,在 1991 年的海湾战争中,又有 42 架 F-117A 参战。在 1999 年 3 月至 6 月的科索沃战争中,出动了 24 架 F-117A。

美国 F-117A　隐身战斗轰炸机

F-117A 的基本特点是:

① 多面体机身布局,大后掠角机翼。机翼前缘后掠角高达 67.5°。机身后方有宽大扁平的喷口和减速伞舱。在喷口上方机身后端装有 V 型尾翼(夹角为 85°),全动式菱形翼型的尾翼只能用来控制飞机的偏航,飞机的纵向操纵由升降副翼来控制。机身呈异乎寻常的角锥体,由多个不大的平面和多角体构成。飞机结构以铝合金为主,另有约 5% 的钛合金、复合材料和陶瓷材料。

② 为实现"隐身"采取了多种措施。首先是独特的外形设计。机翼和全动式碟形尾翼均采用菱形剖面,飞机上部有很多折面组成,这些折面与铅垂线的夹角大于 30°,以便把雷达波向上偏转出去。飞机上各隔舱、凹槽、舱门和平直边缘的锯齿状边缘也是为散射雷达波而设计的,甚至连空气压力传感器的端头都呈菱形,特别注意处理了螺钉头和舱门锁键处。发动机进气口和机身顶部边缘与机翼前缘平行,尾喷口边缘与机翼外侧后缘平行,机身边缘与发动机短舱边缘平行。这样尽量避免波束直接向前反射。此外,还采用了雷达波吸波材料涂层、翼上进气口、进气道屏蔽栅条、宽扁喷口、V 型尾翼、全内装的机载设备和武器等隐身措施。

③ 2 台通用电气公司的 F404-GE-FID2 无加力涡扇发动机,单台推力

47.922千牛。机内可装7 000多升燃油,并有空中加油装置。

④ 先进的机载瞄准导航设备。主要有被动前视红外瞄准系统,以免用雷达形成辐射源,以保证有更好的隐身性能。

⑤ 装有专用的雷达反射器。据估计,F-117A前半球雷达散射截面只有0.01平方米。在民航管制下进行长途飞行,在表演飞行和训练飞行时,为增大有效散射截面,在机身侧面装有可拆卸的雷达反射器。机身底部还有一个可伸缩的套管反射器。这些装置除可保障飞行安全外,还可用来防止非法获取飞机的实际雷达特性。

⑥ 主要机载武器是半主动激光制导炸弹和AGM-65"幼畜"空地导弹,但也能携带MK80系列常规航空炸弹以及AIM-9"响尾蛇"和AIM-120先进中距空空导弹、AGM-88A高速反辐射导弹和AGM-84A"鱼叉"空舰导弹。全部武器弹药都装在机身内的两个武器舱里。武器的最大载量是2 270千克。

⑦ 主要缺点是不能作超声速飞行,空战机动能力差,几乎不能进行空战。

(2)苏-24　苏-24是前苏联苏霍伊设计局设计的双座、双发、变掠翼重型战斗轰炸机,是前苏联第一种能进行空中加油的远程战斗轰炸机。该机的原型机于1969年试飞,1974年开始装备部队,已有800余架服役,目前大部分尚在俄罗斯空军。

俄罗斯苏-24战斗轰炸机

苏-24的基本特点是:

① 机身轮廓、进气道和垂尾外形与美国的变后掠翼战斗轰炸机F-111相似,采用两侧进气,座椅并排安装,发动机并排装在机身后部。使用高推重比的发动机和复合材料,使有效载重(燃油加载弹量)几乎占飞机总重量的50%,载弹量可达8 000千克,其活动半径几乎可以覆盖除西班牙以外的整个欧洲地区。

② 机翼后掠角的可变范围是 16°～70°，机翼带有全翼展前缘及后缘双缝襟翼。襟翼前面是差动扰流板，低速时可控制横滚，着陆时可作升力阻尼板。全动式平尾可同步也可差动，起到副翼和升降舵的双重作用。并列式双座布局使两个飞行员都有良好的视界。

③ 动力装置采用两台 P-29-300 双转子涡轮喷气发动机，单台静推力为 81.34 千牛，加力推力 122.50 千牛。因涡喷发动机油耗大，故其相对有效载荷航程比同类飞机要差。

④ 机载设备主要包括：脉冲多普勒雷达、地形跟踪雷达、惯性导航系统、自动驾驶仪、激光测距仪、激光目标照射与探测器以及先进的电子干扰和通信设备。导航/攻击雷达最大作用距离可达 80 千米左右，使苏-24 具有全天候、远程、低空作战能力，能投掷各种常规炸弹和小型战术核炸弹。

⑤ 武器挂载量大，突击能力强。此机共有 8 个外挂点，翼下 4 个（活动翼下和固定翼下各有两个），机身下 4 个，采用复式挂架，总载弹量达 8 000 千克，可挂多种制导和非制导炸弹。悬挂的非制导武器有 100～1 000 千克普通炸弹、凝固汽油弹、穿甲弹、高爆炸弹、子母弹等；外挂的制导武器有 AS-7、AS-9、AS-10、AS-11、AA-8 等空地、空空导弹。除此之外，还装有两门航炮，一门是 30 毫米多管炮，安装在前机身下右侧，可使用穿甲、爆破弹丸；另一门是 30 毫米单管炮，安装在机身下左侧，使用特种弹丸，如金属箔条干扰弹。

战斗轰炸机在过去、现在和将来都是各国空军的重点装备之一，在未来战争中仍将发挥重要作用。但是，未来战场环境日趋复杂，作战方式的多样性以及敌地面防空系统日趋加强和改进，使战斗轰炸机执行对地攻击任务将变得更为艰难，其突防能力和生存能力面临更大的挑战。无论是发展新的还是改进老的，对战斗轰炸机的主要要求是很明确的，即增强遮断攻击能力，尤其是夜间恶劣气象条件下的攻击能力；提高生存能力和突防能力；提高攻击精度和杀伤能力。

未来战斗轰炸机或战斗机的战斗轰炸型将采取以下关键技术以提高作战能力：① 将大量采用各类精确制导武器，大大提高攻击精度和杀伤能力；② 越来越强调从敌防空火力圈外实施远距离攻击；③ 更重视隐身技术的应用，据称 F-35 的 RCS 仅比 F-22 略大；④ 为确保通信网络畅通，机载电子战能力将大大加强，并普遍装备反辐射导弹；⑤ 机动性更好，并普遍装备具有全向攻击能力的自卫武器;⑥采用先进的光电设备,增强夜间、恶劣气候条件下的突防和作战能力;⑦在防空火力较弱或执行复杂任务时,仍采用目视攻击并采用非常规机动。

"死而复生"的近距离支援飞机

第二次世界大战结束之后,战斗轰炸机成了军用飞机"大家族"强有力的一员。由于战斗轰炸机能实施高速突防,并能达到轻型轰炸机和强击机所不能接近的严密防护的目标进行轰炸,在战斗轰炸机完全可以替代强击机的情况下,美、苏都放缓了发展强击机的步伐,前苏联甚至在1956年取消了强击航空兵。然而,20世纪60年代,美国在总结了越南战争的实战教训之后,重新认识到有必要装备能对地面部队进行直接支援的飞机,战斗轰炸机并不能取代近距支援飞机,只有专门设计的近距支援飞机,才能摧毁战术纵深的各种目标。于是美国先研制采用喷气式发动机的A-7,而后又专门研制了A-10。前苏联也研制了与A-10类似的苏-25,近距支援飞机获得了新生。

近距支援飞机主要从低空、超低空抵进,突击敌战役、战术地幅内的中、小型目标,直接支援陆、海军作战。

近距支援飞机执行任务与战斗轰炸机基本相同,主要区别在于突防手段和空战能力不同。近距支援飞机的突防主要靠低空飞行和装甲保护,多数情况下需要战斗机掩护,而战斗轰炸机主要靠低空高速飞行和电子干扰手段;近距支援飞机一般不能空战,战斗轰炸机则具有一定的空战能力;近距支援飞机用于突击距离较近的地面小型或活动目标,比使用战斗轰炸机更为有效;此外,某些优秀的强击机通常具有起降距离短的特点,可在野外机场起降,而战斗轰炸机一般需要正规机场。

现代近距支援飞机的作战能力突出表现在武器系统方面,其机载武器除普通航弹外,还有制导炸弹、反坦克集束炸弹和空地导弹;多数近距支援飞机还可携带战术核弹。特别值得一提的是,近距支援飞机都有30毫米大口径速射航炮。有的近距支援飞机已加装红外观察仪、微光夜视、激光测距仪和火控系统等先进设备。新型近距支援飞机在满载条件下有的还具有垂直、短距起降能力。近距支援飞机满载条件下的最大飞行速度一般不超过声速。有的近距支援飞机的装甲重量占飞机总重量的10%以上,对地面防空炮火和肩射导弹的生存能力很强。

近距支援飞机在现代战争中的作用,可从美国空军 A-10 近距支援飞机在海湾战争中的表现看出端倪。海湾战争中,美国空军共派出 148 架 A-10(其中有 12 架 OA-10)前往海湾,148 架 A-10 组成了 7 个中队驻扎在沙特阿拉伯,组成了第 345 战术战斗机联队,基地位于法赫德国王国际机场。A-10 部队抵达战区后,针对战区情况,开始采用新的攻击战术。在 OA-10 前线空中管制飞机的配合下,A-10 一般采用双机编队,在实施攻击过程中,一架 A-10 使用 30 毫米管 GAU-8/A 速射航炮或"小牛"空对地导弹,向伊军坦克俯冲攻击;另一架配合作战,在攻击区上空盘旋飞行,负责掩护。在"沙漠风暴"行动中,A-10 共出动了 8 077 架次,出动率为 95.5%,可执行任务率达 87.7%。在战争中,A-10 飞机共摧毁了伊军坦克 987 辆、926 门火炮、1 355 辆战车和许多其他目标(包括停放在地面的 10 架战斗机和在空中击落的两架直升机)。曾被美国空军一直认为太慢、太老,已不能用于现代战争的 A-10 飞机,在海湾战争中的出色表现和所发挥的作用远远超出了近距空中支援的原设计要求。A-10 在海湾战争中发挥重大作用,得益于美国先行打击和摧毁了伊拉克的防空能力,使 A-10 所受的威胁大减,才能使得老飞机有了用武之地。它执行的大部分任务是实施空中阻滞充分发挥了空中巡逻时间长、载弹量大、对地攻击火力凶猛的特点。

但是,由于 A-10 发动机推力不足,限制了其爬升率、加速度和机动性以及巡航速度,因而使其在敌防区活动时间太长,易受高炮和地空导弹的攻击。在 40 天战斗期间,有 5 架 A-10 被伊军击落,1 架因重创报废;另有 20 架受重伤、45 架受轻伤。由于 A-10 座舱周围有"澡盆"式厚度为 38 毫米的钛合金装甲,机身腹部的装甲厚 50 毫米,可抗击 23 毫米高射炮弹的打击,所以,受伤的飞机大部分在一天之内就可修复重返战斗,因此美空军至今仍在使用 200 多架 A-10。

外军装备的强击机主要有三种类型,一是执行近距空中支援任务,如美国的 A-10 和俄罗斯的苏-25;二是垂直/短距起降近距支援飞机,如英国的鹞式(包括美国的 AV-8B)和俄罗斯的雅克-38;三是西欧国家研制的轻小型多用途的教练/近距支援飞机,如法德联合研制的"阿尔发喷气"、英国的"隼"。近距支援飞机装备数量最多的是美国,其次是俄罗斯。下面分别介绍几种现代著名的近距支援飞机。

(1)A-10"雷电" A-10"雷电"攻击机是美国费尔柴尔德公司研制的单座双发近距空中支援强击机,主要用于攻击坦克群、战场上的活动目标及重要火力点,是目前美国空军的主要近距空中支援攻击机。原型机于1972年5月首次试飞,1975年生产型开始交付部队使用。

美国空军对 A-10"雷电"攻击机提出的主要设计要求是:短距起降、反应灵活、杀伤力强、生存力高、结构简单、价格低。

美国 A-10"雷电"攻击机

A-10 主要特点是:

① 总体布局采用平直机翼、双垂尾,后机身两侧偏上悬挂两台发动机,机体结构主要采用铝合金。

② 生存力高,有大量装甲防护。机身腹部和座舱周围有钛合金装甲,装甲总重550千克。座舱周围的"澡盆"式装甲厚度为38毫米,机身腹部装甲厚度50毫米,可承受23毫米高炮炮弹的打击。飞行操纵系统均为余度配置,且有装甲防护。

③ 利于对地攻击的座舱设计。驾驶舱位于机身前面,风挡采用防弹玻璃,视界开阔。前下视界为20°,两侧为40°,周围为360°。

④ 动力装置是两台通用电气公司的 TF34-GE-100 高流量比涡轮风扇发动机,单台推力为40.91千牛。发动机支撑在后机身两侧,位于机翼和平尾之间。这种布局既可避免起降时吸入异物和机炮射击时吞咽,又可充分利用机身和翼下的空间挂各种外载荷。

⑤ 强大的武器配挂。一门30毫米 GAU-8/A 七管速射机炮,备弹1 350

发,可击穿较厚的装甲,主要用于攻击坦克和装甲车辆。11 个挂架,最大悬挂载荷 7 250 千克,典型的挂弹方案有:28 颗 MK80 炸弹;20 颗"石眼"Ⅱ 集束炸弹,若干 CUB-52/71/38/70 子母弹箱;6 枚 AGM-65"小牛"空地导弹和 2 枚 AIM-E/J"响尾蛇"空空导弹;4 个火箭发射架等。这些武器与先进的战术突防设备、激光目标识别设备配合使用,可形成强大的空地火力。

(2)苏-25"蛙足" 苏-25 蛙足强击机是前苏联苏霍伊设计局研制的亚声速近距支援强击机,与美国的 A-10 相对应。该机于 1975 年 2 月首次试飞,1981 年开始装备部队。

苏-25 蛙足强击机能在靠近前线的简易机场上起飞,载各种炸弹在低空与武装直升机米-24 协同,在战场上配合地面部队作战,攻击坦克、装甲车等活动目标和重要火力点。苏-25 蛙足强击机主要靠低空机动性来躲避敌方战斗机的截击和地面炮火的打击。

俄罗斯苏-25"蛙足"强击机

苏-25 蛙足强击机的基本特点是:

① 苏-25 蛙足强击机的基本设计要求与 A-10 相同,都强调战术攻击作战能力,主要用于攻击战术地域内的重要活动目标。其基本气动外形与 A-10 相比,苏-25 蛙足强击机的尺寸较小,飞行速度快,但挂载能力不及 A-10。

② 采用大展弦比梯形直机翼,机翼前缘有 20°左右的后掠角,后缘平直。机翼略带下反角。翼尖处有小舱,内装电子对抗设备。机头由座舱起向前倾斜逐渐变细,以改善飞行员前下方的视野;座舱后部与隆起的机背相连,后方视界不良。

③ 为提高生存能力,驾驶舱及两侧其他关键部位都有装甲保护,据称其

座舱装甲厚达24毫米,发动机舱装甲厚5毫米,发动机舱还装有专门的灭火设备,并把发动机间距拉得较大,分装在不锈钢舱内。对飞机上的重要系统和设备,应用余度技术和系统分散布置,使其在受到一次命中时被毁的概率比较小。

④ 动力装置采用2台P-13-300涡轮喷气发动机,单台静推力为49.9千牛(无加力装置),安装在机身两侧机翼下边。发动机尾喷口作了红外屏蔽处理。

⑤ 适于攻击用的多种机载电子设备:多普勒雷达、激光测距仪、光学瞄准具;后机身装有多种防御用的电子设备:雷达告警接收机、主动式电子对抗设备、箔条和闪光弹投放器、红外探测器等。

⑥ 机载武器包括:1门30毫米双管航炮;10个翼下挂点,最外侧挂点可挂AA-2或AA-8空空导弹,其余挂点可挂空地导弹,如AS-10和AS-14。

⑦ 可从前线简易机场起飞。由于发动机的推重比大,飞机低空操纵性优良,翼展达和双开缝襟翼效率高,使苏-25具有短距起降能力。据称,只要有1 000米长的公路或草地,即可保证安全起降。

(3)AV-8B"鹞" AV-8飞机是美国海军陆战队的垂直/短距起落攻击机,有AV-8A、AV-8B两种型别,A型是美国海军陆战队购买的英国"鹞"式Mk50垂直起落飞机的编号,主要用于近距空中支援和侦察。B型是A型的改进型,由美国麦克唐纳·道格拉斯公司与英国宇航公司联合研制,装备美海军陆战队时称为AV-8B"鹞"。装备英国空军时称为"鹞"GR·MK5,第一架AV-8B于1981年11月首飞成功,1989年交付部队。截至1997年共生产了428架AV-8B"鹞"Ⅱ飞机,除美、英外,西班牙和意大利也订购了这种飞机。海湾战争期间美国有150架AV-8B参战,主要攻击战场地面目标。科索沃战争期间,美军出动了8架AV-8B参战。

AV-8B的布局AV-8A类似,但AV-8B采用了超临界翼型;加装了升力改进装置,重新设计了座舱和前机身;机翼、机身部件和尾翼采用碳纤维复合材料制造;发动机进气道进行了重新设计,加大垂直起飞和短距离起飞时的推力,提高了巡航飞行的效率,并加装了机翼前缘边条,改善了瞬时盘旋性能,增强了空战格斗能力。

"空军战略攻击的威慑力量"——轰炸机

轰炸机是用炸弹、鱼雷或空地导弹杀伤、破坏地面和海上目标的军用飞机。轰炸机按起飞重量、载弹量和航程的不同大致分为轻型轰炸机、中型（中程）轰炸机和重型（远程）轰炸机。轻型轰炸机又称战术轰炸机，起飞重量一般为 20～30 吨，航程可达 3 000 千米，载弹量 3～5 吨，主要用于配合地面部队，对敌方供应线、前沿阵地和各种活动目标进行战术轰炸。中型轰炸机起飞重量为 40～90 吨，航程 3 000～7 000 千米，载弹量 5～10 吨。重型轰炸机又称战略轰炸机，起飞重量多在 100 吨以上，航程 7 000 千米以上，载弹量一般超过 10 吨。中型和重型轰炸机主要用于深入敌后，对敌军事基地、交通枢纽、经济和政治中心进行战略轰炸。

现代高亚声速轰炸机多采用大展弦比的后掠翼，以保证飞机有较高的巡航速度和升阻比。上单翼布局形式可使机翼仅从机身上部穿过，这样，在飞机重心附近的机身内部容积可以用来放置炸弹。优点是空中投弹以后，重心不会有很大变化，便于保持飞机的平衡。现代轰炸机载油量大，除机翼内放置部分燃油外，机身内炸弹舱的前后也对称地布置有许多油箱。飞机上装有完善的通信导航设备、轰炸瞄准装置和电子干扰设备等，以保证飞机准确飞抵预定目标区域，完成轰炸任务。为抵御敌方截击机的攻击，20 世纪 50 年代以后设计的轰炸机上普遍装有旋转炮塔。60 年代以后，由于空空导弹的发展，炮塔自卫已失去意义。现代轰炸机多靠隐身、低空突防和电子手段来提高自卫能力。

随着地空导弹、空空导弹的发展，目标的空防能力大为提高，所以战术轰炸的任务更多地由战斗轰炸机来完成。自卫能力差的轻型轰炸机已不再发展。随着战斗轰炸机航程和载弹能力的提高，甚至中型轰炸机的任务也可由它来完成。战略轰炸机的造价很高，20 世纪 70 年代以后，只有美国、俄罗斯先后研制了 B-1、B-2 和图-160 战略轰炸机。冷战结束后，战略轰炸机以执行战略核打击任务为主向核打击与常规打击兼顾的方向发展，并将作为快速反应力量的一部分继续活跃在 21 世纪的战场上。

目前，世界上拥有战略轰炸机的美、俄空军主力仍是 B-1B 和图-22M3"逆火"及图-160 等第二代轰炸机。美国空军的 B-2 隐身轰炸机是第三代轰炸机,于1993年12月交付美国空军使用,迄今为止是世界上最先进也是最昂贵的作战飞机(单机花费超过20亿美元)。

现代轰炸机的最主要性能指标是:平飞最大速度、最大航程(空中不加油)和最大载弹量。超声速轰炸机平飞速度最快的当属俄罗斯的图-22M,高空最大M数可达1.84;航程最远的是图-160,可达15 000千米;载弹量最大的应为B-1B,可载56 699千克。对亚声速轰炸机而言,其平飞最大M数为0.85~0.9。B-52的航程可达20 117千米,B-52H的最大载弹量为27 000千克。由于现代轰炸机以防区外发射巡航导弹和以GPS制导炸弹等精确制导武器为主要攻击手段,临空轰炸已经不再是首选方案,因此,平飞最大速度已不再是决定轰炸机突防能力的关键因素,而隐身性能的高低正在成为品评轰炸机作战能力的关键性能之一。B-2轰炸机正是依仗其低可探测特性而技压群雄,成为现代轰炸机的佼佼者。

现代轰炸机是将先进气动外形和隐身技术、高推重比发动机、以计算机为核心的飞行控制系统和火力控制系统、高精度的导航系统、抗电子干扰的通信系统、高功率电子系统和高效率攻防武器系统集于一身的武器平台。

现代轰炸机的机翼布局采用后掠翼或可变后掠翼等。高亚声速轰炸机多采用后掠翼,超声速轰炸机多采用变后掠翼。轰炸机机体设有气密座舱、炸弹舱及导弹发射挂架、发动机舱和设备舱等。在动力装置方面,20世纪60年代以后,高亚声速轰炸机多用涡喷发动机;70年代以后,超声速轰炸机和某些高亚声速轰炸机多改用涡扇发动机。近程轰炸机一般装两台发动机,远程轰炸机通常装4~8台发动机。现代轰炸机大多装有带加力的涡扇发动机,其推力达133~196千牛。机载武器有常规炸弹、核弹、空地(舰)导弹、巡航导弹、航炮等。新型轰炸机的火控系统可保证轰炸机具有全天候的轰炸能力,并可保证很高的轰炸命中精度。电子系统包括通信设备、自动驾驶系统、地形跟踪雷达、领航设备、电子对抗和全向警戒系统等,主要用于保障远程飞行和低空突防。现代轰炸机还有空中受油系统,可进行空中加油,以增加航程和续航时间。

由于大型的远程轰炸机技术复杂、费用昂贵,仅有美俄等大国有能力发展。从目前美俄的发展计划看,战略轰炸机的发展趋势是:用先进的空射巡航导弹和有关电子设备改装现役的飞机,使其延长服役期;同时继续研制高技术的先进轰炸机,以争夺技术和战略优势。下面介绍几种著名轰炸机。

(1)身价最高的战机——B-2A B-2A 是美国诺思罗普公司研制的隐身战略轰炸机。该机 1978 年根据美国空军的要求开始秘密研制,原型机于 1989 年 7 月首次试飞,美国空军原计划采购 133 架 B-2A,现只生产了 21 架。如果计算研制费分摊,该机单价超过 20 亿美元,总耗资达 400 多亿美元。

美国 B-2A 隐身轰炸机

B-2A 飞机是在极端保密的条件下进行研制的,据称其保密程度仅次于当年研制原子弹的情况。为便于生产和保密控制,诺思罗普公司于 1982 年专门在洛杉矶郊外改建了一个新的生产基地。B-2A 轰炸机的设计目的是攻击俄罗斯境内的机动目标和有坚固防护的重要目标。在空防弱的地区采用高空突防,在空防强的地区采用低空突防,虽然飞机只能亚声速飞行,但它的低雷达反射特性大大缩短了对方雷达的有效作用距离。

B-2A 的基本特点是:

① B-2A 飞机采用独特的飞翼布局。这种独特的气动布局,既有高升力的优点,又可满足操纵性及隐身性要求。从正面看,飞机外形怪诞而低矮,使人感到它的尺寸似乎比实际上要小一些,仿佛是一只栩栩如生的巨型蝙蝠,展翅而立。飞机前缘(机翼前缘)平直,后掠角为 33°,双 W 形的后缘有 8 个操纵面(6 个升降副翼和两个阻流方向舵),无尾翼,几乎整个飞机上表面都是由复杂的圆弧曲线构成,并涂成暗蓝灰色。曲线沿翼展延伸,从正对主起落架的机翼上面开始凸起,形成小鼓包,然后再次平滑凸起,形成一个球茎体的大鼓包,这个大鼓包就是座舱。座舱后面有一个空中受油口。座舱风挡的中央框距机翼前缘顶点只有几英尺远。座舱装有宽阔的曲面风挡玻

璃和侧面风挡玻璃,玻璃的斜度较大,为飞行员提供了良好的视野。座舱采用并列双座布局,可向上弹射。

② 综合使用多种隐形技术,效果显著。B-2A 在气动外形上的独特设计,最大限度地减少了该机的雷达、红外、电光特性,使敌方探测系统无论从任何角度都难以发现。除飞翼式布局、光滑表面结构外,还大量采用石墨/碳纤维及其他先进的复合材料、蜂窝状雷达吸波结构、雷达吸波材料涂层、锯齿状雷达散射结构,以进一步缩减雷达反射截面。在正常探测距离下,B-2A 的雷达散射截面与一只小鸟相当(是 B-52 的千分之一)。B-2A 还采取了一系列的红外及可见光隐身措施,如:将尾喷口置于机身上部,采用红外辐射小的无加力涡扇发动机以及在燃料中添加特殊物质以减小尾迹。B-2A 采取的其他隐身措施还有蛇形进气道、内埋式发动机、无外挂等。

③ 机载设备采用大量新技术。飞行控制系统采用了光纤传导的光传操纵系统。光传操纵系统与电传操纵系统相比,有一个突出的优点:光导纤维不受核爆炸产生的电磁脉冲的干扰,因而不必进行电磁脉冲屏蔽。有的控制系统还采用声控技术,飞行员只需告诉系统应当干什么就可以了,不必亲自按动按钮。在 B-2A 的计算机控制系统中,大量使用了人工智能技术。其他先进技术还有:相控阵前视激光雷达,用来发现和跟踪活动目标的毫米波雷达,前视红外和微光电视传感器以及地形匹配、环形激光陀螺惯导和用于被动导航的全球定位系统。

④ 动力装置是四台通用电气公司的 F118-GE-100 无加力涡扇发动机,埋装在武器舱两侧的机体内,单台推力 84.5 千牛。

⑤ 多样的武器配挂。B-2A 的武器装在两个并置武器舱内的旋转式发射架上,总载弹量约为 22 680 千克。可携带 16 枚 SRAMⅡ 短距攻击导弹或 AGM-129 先进巡航导弹,替代武器为 B61、MK83、MK36、MK82、M117 等各种核导弹或常规导弹。

⑥ B-2A 的外场维护工作要求比较高。机翼前缘、进气道唇口等处虽铺有 RAM 吸波材料,这些材料像橡胶一样弹性很好,受到钝物敲打后很快恢复原状。但隐身特性的保持要靠表面光滑,表面怕划伤和产生凹坑。万一发生这种情况,则需小块切除,用专门相同材料"修补块"填平修复。维修实践证明,B-2A 必须在专用的机库内保养,怕雨淋和潮湿,维修费用高。

(2) 中俄 2005 联合军事演习中的轰炸机——图-22"逆火" 2005 年 8 月 25 日 11 时许,从俄罗斯本土起飞的 4 架图-22M 飞临演习空域,参加了为期 8 天的中俄"和平使命—2005"联合军事演习。

图-22M 是前苏联图波列夫设计局研制的变后掠翼超声速轰炸机。原型机于 1970 年首次试飞,1974 年开始装备部队。图-22M 是前苏联的第一种航程较远的超声速轰炸机,其低空作战半径约为 1 390 千米,其高空亚声速作战半径达 3 700 千米。

俄罗斯图-22"逆火"轰炸机

图-22M 的基本特点是:

① 采用双发、悬臂式单翼、低平尾布局。机身的长细比例大,约为 20∶1,机头较尖,这样有助于减小波阻。机身两侧的方形进气口在翼根部前缘,外翼的后掠角在飞行中可在 20°～55°之间调整。"逆火"基本型采用固定形状的楔形进气道。驾驶舱内分两排并置 4 个机组人员座椅。

② 动力装置为两台 HK-25 双转子涡扇发动机,并排置于后机身两侧。单台加力推力 245 千牛。

③ 机载设备较完善。其中包括地形跟踪雷达、轰炸导航雷达、机尾警戒与火控雷达、敌我识别器、雷达警戒系统、多普勒导航计算机、近距导航系统、惯性导航系统以及电子干扰设备等。这些设备使"逆火"轰炸机具有较好的低空、远程、全天候作战能力以及电子战能力。

④ 图-22M 弹舱内可挂俄制各种型号炸弹,最大载弹量为 12 000 千克。一般情况下可带 15 枚 500 千克炸弹,或一枚核弹,也可外挂 2 枚 AS-6 空对地导弹或 1 枚 AS-4 空对地导弹。据分析,"逆火"轰炸机还可携带诱惑导弹和巡航导弹。诱惑导弹可以帮助"逆火"轰炸机突防,巡航导弹使其具备火力圈外发射能力。该机自卫武器是一门装在机尾的航炮。

⑤ 该机的主要缺点是自卫能力差,主要靠低空高速突防。

(3)途中不用加油而航程最远的轰炸机——图-160"海盗旗" 图-160是前苏联图波列夫设计局研制的变后掠翼超声速战略轰炸机。图-160原型机于1984年初正式试飞,1987年开始装备部队。

俄罗斯图-160"海盗旗"轰炸机

图-160的基本特点是:

① 图-160轰炸机最显著的特点是采用翼身融合体设计。其总体气动布局与B-1B极为相似,4发、变后掠翼、十字形尾翼,武器舱位于机身中部。4台加力涡扇发动机成对安装在机翼下靠近飞机重心的两个发动机短舱内。相似的总体布局表明,俄、美两国设计者想通过采用同样的办法来解决一个共同的问题,即将轰炸机的航程远、续航时间长和武器载荷大的特点与低空高亚声速和高空超声速突防能力结合起来,从FB-111、"逆火"到B-1B和"海盗旗",变后掠布局已成为解决这一问题的最佳途径之一。

② 图-160"海盗旗"与B-1B又有很大差别,体积上较B-1B约大20％,重量约超B-1B重一半以上。其原因主要是"海盗旗"的电子设备体积和重量都较大,为保持超声速冲刺所需的细长比,不得不加长机身。另外,从战术的角度考虑,"海盗旗"既要长距离低空飞行,又要完成轰炸任务后返回着陆,这就要求其携带更多的燃油,也就自然加大了飞机的体积和重量。

③ 大推力发动机。图-160"海盗旗"装4台HK-32涡扇发动机,两两并列地置于机翼下短舱内。单台加力推力245千牛,其开加力时的最大推力比B-1B大65％。图-160"海盗旗"的推重比为0.32,也大于B-1B的0.3。

④ 与作战有关的机载设备有地形跟踪雷达、攻击雷达、机尾预警雷达及在机身下部的录像设备。

⑤ 图-160除可携带AS-15空中发射巡航导弹(射程3 000千米,带20万吨TNT当量的核弹头)外,还可携带与美国的短距攻击导弹(SRAM)相似的AS-16短距攻击导弹,目的是在低空突防时对突防路线上的防空火力进行压制。图-160"海盗旗"内部弹舱的载弹量为16 330千克。两个10米长的弹舱各有一个旋转式发射架,可带12枚AS-16或6枚AS-15空地导弹。

⑥ 该机的主要缺点是机载设备的电子技术水平不高,造成体积、重量较大,性能不稳定。另外,飞机本身比较笨重,使自身生存能力受到较大威胁,一般需要战斗机护航。现在俄罗斯正在下大力气对此进行改进。

"高技术战争的尖兵"——特种军用飞机和军用直升机

近30年世界上发生的几场局部战争和军事冲突表明,以信息技术为核心的高新技术的运用,给战争带来了巨大而深刻的变化。由侦察机、电子战飞机、预警指挥机、军用无人机等组成的作战支援飞机以及军用直升机等,以争夺信息权为主要目标,已成为夺取高技术战争胜利的重要保证。下面介绍这几种高技术战争的"尖兵"。

(1)空中的"包打听"——侦察机　侦察机是专门用于从空中搜集信息的飞机。侦察机上所装的主要设备有:航空照相机、图像雷达、摄像仪以及红外、微波等电子学侦察设备。有的还装有情报处理设备和传递装置。

美国U-2高空战术侦察机

1909年,人类第一次乘飞机拍摄了地面照片,开创了航空侦察的新纪元。航空侦察在第一次世界大战中发挥了重要作用。第二次世界大战期间,航空摄影技术进一步得到提高和发展,航空摄影侦察在大战中发挥了显著作用。到了 20 世纪 50 年代,伴随着科学、工程和技术领域的创造发明的涌现以及冷战双方互相监视对方行动的需要,侦察机发展到了新阶段:航空战略侦察。当时,由于美苏两大国频繁地进行核武器试验,美国研制了战略侦察机 U-2"黑色间谍小姐",频繁地从德国、土耳其、巴基斯坦、日本和中国台湾地区的空军基地起飞,对前苏联的导弹、核武器试验进行秘密侦察,不断提供了有关试验的位置、武器类型和破坏能力等重要情报。1960 年 5 月 1 日上午,一架从巴基斯坦起飞的 U-2 飞机,深入前苏联腹地,在斯维尔德洛夫斯克上空被前苏联地空导弹击落,驾驶员被活捉,在国际上引起一片哗然。我国年轻的防空部队也曾创造了 4 次击落 U-2 间谍飞机的辉煌战绩,使得我国的上空再也见不到 U-2 的身影。

按执行侦察任务的性质,侦察机可以分为战略侦察机和战术侦察机。战略侦察机是为战略决策而搜集敌方战略情报的专用飞机。其特点是飞行高度高、航程远,能从高空深入敌方领空或沿边界飞行,装备有复杂的航摄设备和电子侦察设备,可对敌方的军事目标、工业区、核设施、导弹基地和试验场、防空设施等战略目标实施侦察,获取情报,为高级军事部门提供决策资料。典型的战略侦察机有美国的 TR-1、俄罗斯的米格-25R 等。近年来,由于军用侦察卫星的发展,战略侦察机的功能正在被取代,因此,不见有新的发展。

战术侦察机是对战场和战区目标实施侦察的飞机,多利用战斗机改装侦察设备而成。其主要任务是对敌方纵深 300~500 千米范围内的兵力布置、火力配备地形、地貌以及对敌攻击效果等进行侦察,以协助战役指挥员了解敌情和制定作战计划。著名的战术侦察机有美国的 RF-4 和俄罗斯的苏-24MP、雅克-25P 等。战术侦察机的飞行性能与同型战斗机相近。

美国空军和陆军联合研制的 E-8 战区侦察监视和攻击指挥机也是一种新型的战术侦察机。它可沿战线己方一侧飞行,把敌方 250 千米纵深范围内的各种敌情实时传给地面指挥部,并可指挥和引导对敌攻击机、地地导弹等武器向敌方重要目标实施攻击。

美国 U-2 战略侦察计划失败后,于 20 世纪 60 年代后期又研制了 U-2R 改进型,它既能用于战术侦察,又能用于战略侦察。U-2R 能携带多种探测器和数据链,其中的照相侦察设备和 ASARS-2 合成孔径雷达都是世界上相当先进的设备,在海湾战争中 U-2R 仍有相当出色的表现。

① TR-1 高空战术侦察机:TR-1 是美国洛克希德公司用战略侦察机 U-2R 改装的高空战术侦察机。TR-1 能不分昼夜地连续观测对方境内纵深目标,支援地面和空中作战。1981 年 TR-1A 试飞,到 1989 年共生产了 34 架。1990 年开始用 F101-GE-F29 涡扇发动机替换 J75 喷气发动机,以改善 TR-1 的飞行性能和维护性能。

海湾战争期间,有 6 架 U-2/TR-1 参战,执行战略、战役和战术侦察任务,充分发挥了作用,无战斗损失。

TR-1A 翼展 31.4 米,机长 19.2 米,机高 4.9 米,最大起飞重量 18.1 吨,最大巡航速度 692 千米/小时,作战升限 27 430 米,最大航程 4 830 千米,最大续航时间 12 小时。

U-2/TR-1 的基本特点是:

一是采用全金属悬臂中单翼,翼尖有着陆滑橇,长细比为 10∶1 的圆截面全金属半硬壳薄蒙皮结构机身;采用双主轮自行车式起落架,每侧外翼有一双扶持起落架,升空后投掉。

二是装备有:天文罗盘,侧视合成孔径雷达、T-35 跟踪照相机。主要机载设备装在可拆卸的机头、驾驶后舱和机翼下设备舱内。

② 米格-25 侦察机:米格-25 是前苏联米高扬设计局研制的 M 数 3 一级的高空高速截击机和侦察机。

米格-25R 为高空、高速侦察型,1969 年开始服役,装有航空摄像机,后来增加了空中加油系统和新的机载电子系统等,以进一步提高其侦察能力、侦察轰炸和反雷达能力。

1971 年初,前苏联曾把 4 架米格-25 侦察机运进埃及。1971 年 10 月至 1972 年 5 月,由前苏联飞行员驾驶的米格-25 侦察机成双机编队,对以色列占领区进行了 4 次侦察飞行,每次飞行速度都在 M 数 2.5 左右,飞行高度 24 000 米。以方出动 F-4 战斗机拦截,还发射了"麻雀"III 空空导弹,但均未拦截成功。

米格-25 翼展 13.42 米,机长 21.55 米,机高 5.7 米,机翼前缘 40°后掠角。该机机体结构 80% 是不锈钢,8% 为钛合金,仅有 11% 为铝合金。良好的气动外形和高强度耐高温的机体结构,使米格-25在20世纪70年代连续创造多项飞行性能世界纪录,升限为23 000米,超声速飞行航程为2 130千米,亚声速航程为2 400千米,为20世纪70~80年代世界优秀侦察机。

(2)可致敌聋瞎的电子战飞机　电子战飞机是专用于对敌方雷达、电子制导系统和无线电通信设备等实施电子侦察、电子干扰或攻击的飞机的总称。电子战飞机通常装有"软"、"硬"杀伤两种武器装备。"软"杀伤电子战装备主要由电子战飞机、电子干扰吊舱等构成,"硬"杀伤是指用反辐射导弹攻击辐射源。电子战飞机包括电子侦察飞机、电子干扰飞机和反雷达飞机等,通常是用轰炸机、战斗轰炸机、运输机、无人驾驶飞机和直升机等改装而成。改装方式有内装式和悬挂吊舱式两种。

① 电子侦察飞机:此机是通过对电磁信号的侦收、识别、定位、分析和记录,以获取有关情报的飞机。电子侦察飞机装有电子侦察设备,并通过该设备截获敌方的电磁波,以猎取敌方情报。电子侦察设备通常装有很宽的频带。多数电子侦察飞机还装有光学和红外等其他设备。电子侦察飞机的基本工作程序是:侦察系统收到信号后,测出信号辐射源的方位和信号的技术参数,传到显示器上,同时加以记录;必要时通过数据传输系统实时地将侦察数据传送给己方的指挥中心或作战部队。电子侦察飞机与地面电子侦察站、电子侦察船相比,具有侦察距离远、机动能力强的优点。典型的电子侦察飞机有前苏联的图-95"熊"D、美国的RC-135、RF-4C等。

图-95"熊"D是图波列夫设计局研制的4发远程战略轰炸机图-95的改型。该机装两部波段地面搜索雷达和各种电子探测设备,该机在支援舰—舰、空—舰导弹的使用上起着极为重要的作用,为远离目标的舰上和机上的导弹发射人员提供目标的方位和种类等情况,以保证导弹精确制导的瞄准。该机机头有空中受油管,机上没有进攻性武器。

RC-135是美国波音公司研制的4发、中程空中加油机KC-135的改型、改装。该机装有:AN-ALA-6测向器、AN/ALD-1分析器、AN/APR-17或-34电子侦察接收机、AN/ASD-1电子情报系统、AN/ALQ杂波干扰机等电子侦测和电子对抗设备,专门用于执行战区电子情报侦察。

RF-4C是由F-4"鬼怪"战斗机改型而来。美国生产RF-4型"鬼怪"式侦察飞机近700多架,分为B、C、E三种型号,分别归美国海军、空军和北大西洋国家及日本使用。"鬼怪"式侦察机数量多,"足迹"遍及全球。美国空军的 RF-4C 装有红外扫描照相机、全景照相机、测绘项机、侧视雷达,20 世纪 80 年代以后装有 TEREC 战术电子侦察系统,能侦察 10 种雷达的特性并确定它们的位置,用于执行电子情况侦察。RF-4C 执行侦察任务时,一般飞行高度为 1 500～1 800 米,最低可达 300 米。

② 电子干扰机:此机专门用于发射干扰信号和欺骗信号,以扰乱敌方雷达和通信设备的飞机。电子干扰机装有大功率的电子干扰设备,主要用来对敌方防空体系内的对空情报雷达、地空导弹制导雷达炮瞄雷达和无线电通信设备等实施电子干扰,掩护航空兵突防。典型的电子干扰机有美国的 EA-6B、EF-111A 和前苏联的图-16 等。在现代作战飞机如 F-15、F-16、幻影-2000、苏-27 等飞机上都挂有大功率自卫干扰吊舱。电子干扰机基本工作程序是:接收系统收到信号后,经计算机处理,引导干扰设备施放有源干扰和无源干扰。大型电子干扰飞机通常飞行速度较低,但干扰功率强,多在敌方防空火力圈外实施"远距离干扰";小型电子干扰飞机一般飞行性能好,可以与战斗轰炸机或强击机同时编队出击,作"随队干扰"。电子干扰机在高技术战争中占有非常重要的"支柱"地位,它能使敌方的防空导弹、高射炮以及防空战斗机失去"眼睛",被称为"软杀伤"。

近二三十年世界上发生的历次局部战争,电子干扰机都发挥了重要作用。例如,进入 20 世纪 80 年代以来,世界上发生的多次"外科手术式"空袭过程中,电子干扰都作为航空兵突防的重要手段,一显身手。1986 年 4 月美国空袭利比亚时,专门派出 4 架 EF-111 电子战飞机施放强烈电子干扰,使 200 千米以内的利比亚雷达全部失灵。

EA-6B"徘徊者"是美国诺思罗普·格鲁门公司在 EA-6A 基础上改进研制的舰载电子干扰机,主要通过压制敌电子活动和获取战区内的战术情报来支持对地攻击机和地面部队的活动。该机的研制始于 1966 年,1968 年 5 月原型机首飞,1971 年开始交付,共生产 170 架,乘员 4 人,探测、识别、搜索方向、实施干扰等一系列过程可自动实施,也可由机组人员控制实施。改进后的 EA-6B 飞机,可带 5 个外部干扰吊舱,能发射 7 个频段的干扰信号,并能同时干扰两个频段。EA-6B 的进一步改进方案,将配合联合战术信息分配系统具有卫星通信能力,并提高其生存能力。在美国空军 EF-111 退役后,EA-6B 已是美军唯一的专用电子战飞机。

美国 EA-6B"徘徊者"电子干扰机

EA-6B 飞机最大平飞速度(海平面)1 048 千米/小时,实用升限 12 550 米,作战航程 1 769 米,最大起飞重量 29 483 千克。

EA-6B 主要装备特点是:

一是改进型号装 2 台 J52-P-409 涡喷发动机,单台推力为 53.38 千牛。

二是主要机载设备是:AN/ALQ-99F 电子干扰系统(在 5 个干扰吊舱内有 10 个干扰发射机,每个干扰吊舱可覆盖 7 个频段中的一个)、灵敏侦察接收机、AN/AYR-14 中央计算机、全天候自动着舰系统等。

三是改进型号翼下可挂 4~6 枚 AGM-88A "哈姆"反辐射导弹,同时实施"软、硬"电子杀伤。

③ 反雷达飞机:此机主要用于攻击地面防空系统的制导雷达和炮瞄雷达,也可用于攻击对空情报雷达和其他大型地面电子设备,属于"硬"杀伤武器装备。美国把反雷达飞机称为"野鼬鼠"飞机。它装有告警引导接收系统、反辐射导弹和其他精密制导武器。其基本工作程序是:接收系统收到信号后,识别出辐射源的类型,测出其位置,发射反辐射导弹或其他武器进行攻击。

反雷达飞机的典型代表是 F-4G"野鼬鼠",它是美国空军在 20 世纪 70 年代后期由 F-4E"鬼怪"战斗机改装而成,共改装 116 架,专门用于发现、识别和干扰敌方地面防空雷达和地—空导弹阵地,并用反辐射空—地导弹攻击,配合其他战术飞机完成任务。该机除了装有一般的电子干扰设备之外,还装有定向天线、计算机控制的接收装置、信号活动监视设备和地对空导弹发射告警装置。该机仍保持F-4"鬼怪"战斗机的基本飞行性能,最大平飞M数2.27,最大爬升率251米/秒,实用升限16 580米,作战半径1 145千米。

由于F-4G"野鼬鼠"具有战斗机的优良飞行性能,在其执行的任务中,往往加入到其他作战飞机行列,执行直接支援任务。例如,在海湾战争中,美国空军共派出了62架(占其装备总数的63%),在战争中发挥了重要作用。当时由于F-4G的威胁,伊军雷达不得不长时间关闭,致使伊空军和地空导弹系统的作战效能极低。整个战争期间,F-4G仅战损1架。

(3)迎着危险上的勇士——军用无人机　军用无人驾驶飞机是用遥控设备或自备程序控制装置操纵的不载人飞机,简称无人机。无人机多数是专门设计的,也有的是用有人驾驶飞机或导弹改装的。与有人驾驶飞机相比,其结构简单、重量轻、尺寸小、成本和使用费用低、机动性好、隐蔽性好,并能用以完成有人驾驶飞机不一致性的某些任务。随着微电子技术、计算机技术、控制和导航技术及新材料的发展,无人机发展迅速,应用范围不断扩大。

无人机的使用需要一整套专用的装置和设备。无人机与这些设备构成一个完整的系统,称为无人机系统。该系统包括若干架无人机,机外遥控站,信息接收、处理和传输系统,起飞和回收装置等。

目前,军用无人机主要用于侦察、监视、通信、反潜、骚扰、诱惑、作靶机、校正弹着点、军事测绘、电子对抗和对地攻击等任务,特别适宜执行危险性大的任务。从发展来看军用无人机用于执行包括空战在内的攻击作战任务将大有可为。根据控制方式的不同,无人机可以分为无线电遥控、自动程序(或称非遥控)和综合控制三类;也可以按照尺寸、重量、结构形式、动力装置及回收方式等进行分类。无人机发展的重点是用于战场侦察的实时遥控机、小型电子干扰机和高空、长航时无人监视机。诱饵机、骚扰机、目标照相机、研究机也将得到进一步发展。用无人机执行空中格斗和战术轰炸等任务,即所谓"攻击型无人机"的研究也在进行中。无人机与攻击武器和反导弹武器一体化是21世纪无人机应用的重要趋势。从发展来看,无人机将被用于执行诸如压制敌方防空系统的火力和对敌重要纵深目标实施攻击等任务。阿富汗战争中美国无人机带"阿尔法"导弹成功实现了对地"现场发现、现场攻击",表明了其对地攻击的能力。美国人预言,航空兵部队的许多使命将逐渐被无人机取代。无人机技术发展的着眼点是:进一步使其轻便、小型化和易于使用维护；进一步提高机载设备的效能、扩大使用范围；提高抗电子干扰能力；广泛采用隐身技术和轻质复合材料，进一步提高其隐蔽性。为便于在舰上或其他小场地使用，无人直升机和无人驾驶的偏转旋翼机的研制也得到重视。

当今世界上著名的无人机有：以色列的"侦察兵"小型无人机、美国的Tier2"捕食者"无人机和Tier2⁺"全球鹰"无人机等。

① "侦察兵"：这是以色列飞机工业公司研制的小型遥控操纵飞机，主要用于实时侦察和监视任务，包括：导弹阵地侦察、战场控制、目标识别、边境巡逻、海岸和水路控制及损伤评估等。其设计特点是采用单元结构，机翼和尾翼都可拆卸，便于运输。飞机的电、光和红外信号都很低。飞机便于使用和维护，地面部队只需经过简单训练就可操作使用。该机可以利用起落架起飞和着陆，也可利用装在卡车上的起飞弹射器弹射起飞，利用着陆钩和拦阻网回收。飞机可按预定程序飞行或由地面站控制。

以色列空军和陆军都装备有"侦察兵"无人机，并在使用上获得相当大的成功，引起国际上的重视。该机装有1台16.4千瓦双缸二冲程活塞式发动机，主要机载设备有：电视摄像机、全景照相机及前视红外设备。该机机长3.68米，翼展4.96米，机高0.94米；空重96千克，任务重量38千克，最大起飞重量159千克，最大平飞速度176千米/小时，实用升限4 575米，航程100千米，最大续航时间7小时。

以色列"侦察兵"小型无人机

② Tier2⁺"全球鹰"：这是美国诺思罗普·格鲁门公司研制的高空大型长航时无人驾驶侦察机，主要用于连续高空监视、远程和长续航时间的侦察

任务,是现有无人机中最大的一种。

Tier2⁺"全球鹰"的基本特点:

一是负载量大,可同时携带三种远距离的传感器;空重3 469千克,最大起飞重量11 612千克,任务载荷907千克,最大燃油量6 445千克,装一台推力32.03千牛的涡扇发动机。

二是飞行高度在敌防空火力圈高度之上,大约在20 000米,因此,生存力强。该机巡航速度635千米/小时,实用升限20 500米,活动半径5 560千米,转场航程26 761千米,定点续航时间(5 556千米)24小时,最大续航时间大于42小时,堪称长程、长航时无人机之最。

三是该机传感器作用距离远,可作远距离侦察;覆盖面积大,每天监视范围可达137 320千米^2,一般情况下,4架"全球鹰"便可覆盖整个危险地区。该机可通过卫星数据链进行实时视频信号传输,可实时地提供高分辨率的地面图像,据说,"全球鹰"能在20 000米高空识别地面停放的各种飞机、导弹和车辆的类型。"全球鹰"拥有功能很强的数据处理机,在飞机上就可将情报数据转换成图像,并将图像直接反馈给地面部队,可谓功能强。

美国"全球鹰"无人驾驶飞机

四是该机翼展35.42米,机长13.53米,机高4.63米,是当今世界最大的无人驾驶飞机。该机采用标准轮式起飞和着陆方式。

"全球鹰"于1995年5月正式开始研制,1996年试飞,1997年2月首架原型机出厂,1997年底首飞。该机单价约为1 000万美元,也是世界上最贵的无人机。

(4)制造战场上的低空旋风——军用直升机 军用直升机作为第二次世界大战以来迅速发展起来的新型航空武器,在高技术局部战争中发挥了重要作用,并已成为现代陆军重要的突击力量和现代空军武器装备系统中的一个组成部分。

军用直升机按其所担负的任务,通常可分为武装直升机、战斗保障直升机和辅助用途直升机三大类。武装直升机也称作战直升机或攻击直升机。武装直升机是配备机载武器和火控系统,用于空战或对地面、水面和水下目标实施空中攻击的直升机的统称,包括专门设计制造的各种攻击直升机、战斗直升机以及加装机载武器和火控系统的其他直升机。按作战使命不同,武装直升机可分为:①反坦克武装直升机,它是以反坦克导弹为主要机载武器,用以攻击敌方地面的坦克、步兵战车等装甲目标的武装直升机;②反舰武装直升机以反舰导弹、鱼雷等为主要机载武器,用以攻击敌舰船等水面目标的武装直升机;③反潜武装直升机以反潜鱼雷、深水炸弹等为主要机载武器,用以攻击敌潜艇等水下目标的武装直升机;④火力支援武装直升机是以航炮、火箭、导弹和航空炸弹等为主要机载武器,以空中火力支援地面部队战斗,或为地面作战行动实施空中警戒和掩护的武装直升机;⑤空战武装直升机以空空导弹、火箭和航炮为主要机载武器,用以与敌方直升机进行空中格斗或攻击敌方其他航空兵器的武装直升机。

① AH-64"阿帕奇"武装直升机:20世纪70年代中期,美国休斯直升机公司研制成功"休斯"-77型直升机后,在"先进攻击直升机"计划中竞争获胜,1980年4月开始批量生产,正式编号为 AH-64,1984年1月装备美军。1991年海湾战争后,进行了一定的改进,现在共有三种"阿帕奇"武装直升机:AH-64A、AH-64D 和 AH-D"长弓阿帕奇"。

美国 AH-64A"阿帕奇"直升机

后者与 AH-64D 型的区别是安装有"长弓型"毫米波雷达。

"阿帕奇"武装直升机曾参加过美军入侵巴拿马和海湾战争。海湾战争中,在发动空袭前攻击了伊拉克雷达站,为后续进攻飞机打开一条"无雷达警戒走廊"。在地面部队进攻时还掩护坦克前进,并参加了巴士拉城附近的

一、战车、战舰、战机

坦克大会战。美方宣称在近 3 000 辆被击毁的伊拉克坦克中,被 AH-64 击毁的约占 500 辆。根据作战效能判断,AH-64 是目前世界上最好的武装直升机之一,能够与之相比的只有俄罗斯的米-28。

"阿帕奇"武装直升机是一种能昼夜作战的串列式双发直升机。其前座是副驾驶兼射击员,后座是正驾驶员,这与固定翼飞机前座往往是驾驶员正相反。后座比前座高 48 厘米,因此驾驶员有很好的视野。其外形特点是机身狭长,以减少阻力和"被弹面积"。两台发动机安装在机身中部上方两侧,形成很明显的发动机舱。水平尾翼、细长的形状垂直尾翼及剪式尾桨装在垂尾左侧上方。起落架为很短的不可收放的后三点式;主轮采用后跪式支架,使其停在地面时机身离地很低以利于运输和储存。机身两侧有一副短翼,它不但能在高速飞行中产生一定升力减轻主旋翼的负荷,而且是主要的武器挂架。

"阿帕奇"武装直升机机头前方有三个可转动的传感器,上面是可与飞行员头盔同步的 AAQ-11 型飞行员夜视传感器,可在夜间亮度很低的条件下将景物图像传送给机上人员。该传感器可帮助飞行员进行夜间超低空飞行。下面右侧是前视红外传感器,左侧是白天用的直视光学系统,包括直视光学、直视电视和激光跟踪测距装置。左右两者合称为目标截获及标定瞄准装置,有效作用距离不大于 7 千米。

"阿帕奇"武装直升机的武器主要有安装在机头下方腹部 1 门外露(没有炮塔)的 M230 型 30 毫米口径航炮。炮架后面的炮弹箱可装炮弹 1 200 发。"阿帕奇"在短翼下一共有 4 个外挂架,可悬挂"海尔法"导弹、"赛阿姆"式反辐射导弹、70 毫米火箭弹。外挂方案可以是 16 枚"海尔法"导弹或 4 个内装 19 枚火箭弹的火箭巢,也可以是 8 枚"海尔法"导弹和两个火箭巢或 4 枚"赛阿姆"式反辐射导弹。对空作战使用的武器有"响尾蛇"格斗导弹或 AIM-92 "毒刺"导弹。"阿帕奇"D 型在翼梢增加两个挂架,共可挂 4 枚空对空导弹,内侧挂架仍可挂对地武器。另外,在机身上方后座舱盖左侧、腹部炮架前以及主轮轴前各装有一个很少见的装置,是一把切割电缆的"刀"。当直升机超低空飞行碰到高压线时,可将之立即切断以保证自身安全。

"阿帕奇"直升机在设计时就考虑到了其生存能力。其旋翼桨叶被 12.7 毫米枪弹击中后,大多数情况下能继续完成所担负的飞行任务;其传动系统在被炮弹击中后可坚持工作 1 小时,关键部位可抗 12.7 毫米枪弹或 23 毫米高爆炮弹;其机身下部任何一个部位被一发 12.7 毫米穿甲弹击中,或机身 95％表面任何部位被一发 23 毫米高爆炮弹击中后,仍可保证继续飞行 30 分钟;其座舱地板和侧壁则可以抵御 23 毫米爆破弹和 12.7 毫米枪弹的直接射击。

"阿帕奇"武装直升机的机长 17.76 米,机高为 4.30 米,空载质量 5 092 千克,最大平飞速度 293 千米/小时,最大航程为 582 千米。

② 米-28 武装直升机:米-28 武装直升机是前苏联米里设计局于 20 世纪 80 年代研制的单旋翼带尾桨的全天候专用武装直升机,北大西洋公约组织给它起的绰号为"浩劫"。该型直升机于 1980 年开始研制,1992 年后大量装备俄罗斯部队。此外,还研制了海军水陆两用突击运输型、夜间攻击型和空-空作战型。

米-28 武装直升机的基本设计思想是用来攻击地面装甲目标、近距支援攻击机和直升机,拦截和下射低空飞行的巡航导弹,攻击地面活动目标和进行战场侦察。虽然它没有米-24 武装直升机那样的运载能力,但由于其机身横截面小,所以具有很高的灵活性和良好的生存能力。该型直升机可直接用安-22 和伊尔 76 运输机运送到指定作战地区。

俄罗斯"米-28"武装直升机

米-28 武装直升机的机身采用传统的全金属半硬壳式结构,机身狭长。在驾驶舱四周配有完备的钛合金装甲。在机身的中部装有悬臂式短翼,主翼盒结构用轻合金材料制造，前后缘采用复合材料。其动力装置为两台伊索托夫设计局设计的 TV3-117 发动机，功率为 $2\times 1\,640$ 千瓦，装在机身两侧的发动机短舱中。发动机短舱位于机身两侧短翼翼根上方。进气口装有导流板，以避免将沙石、灰尘和外来物吸入发动机。座舱采用纵列式前后驾驶舱布局，前驾驶员为领航员/射手，正驾驶员在后，座椅为升降座椅，驾驶舱装有无闪烁的平板防弹玻璃，透明度好。机载设备主要有先进的电子设备，如自动导航系统、昼夜目视系统和火控系统。机头圆形整流罩内装有雷达天线。此外，还装有红外抑制和红外诱饵系统。

米-28 武装直升机的机头下方炮塔内，装有 1 门改进的 2A42 型 30 毫米航炮，备弹 300 发，对空射速 900 发/分钟，对地射速 300 发/分钟。每侧短翼挂架上总共可吊挂 16 枚 AT-6 无险制导的管式发射反坦克导弹和两个可带 20 枚 57 毫米或 80 毫米火箭的火箭巢，航炮和制导导弹的发射由前驾驶舱控制，火箭发射有两个驾驶舱分别控制。

米-28 武装直升机的机长为 16.85 米，机高为 4.81 米，最大起飞质量为 11 200 千克，最大平飞速度为 300 千米/小时，作战半径为 240 千米。

二、枪、弹、炮

枪

枪械简称枪,一般是指口径小于 20 毫米,利用火药燃烧时产生的能量通过管件发射枪弹弹头的身管武器。它包括手枪、步枪、冲锋枪、机枪及其他特种枪械。发射时,弹头初速较高,外弹道低伸,主要用于毁伤暴露的目标。枪械还可以按口径分:6 毫米以下为小口径枪,6～12 毫米为普通口径枪,大于 12 毫米为大口径枪。

1259 年,我国制成了最早的管形射击武器——突火枪,随后又造出火铳。14 世纪中国的火铳传到欧洲,欧洲称其为火门枪,并在此基础上不断发展。15 世纪出现火绳枪,16 世纪开始逐渐为燧发枪代替,直到 19 世纪又被击发枪逐渐代替。1835 年,德国人德莱塞发明了针刺发火枪,从此开始了后装枪的历史,这时螺旋形膛线的应用才得以真正实现。1865 年开始出现金属弹壳的定装式枪弹,这为机械式装填枪(连珠枪)的出现创造了条件,奠定了现在步枪的技术基础。1884 年出现了以火药燃气为动力、实现了枪弹自动装填自动击发的马克沁机枪,开始了自动武器的新纪元。1886 年,无烟火药在法国勒伯尔步枪上得到应用,火药力明显增加,火药残渣减少,使各种步枪的口径进一步减小。20 世纪是枪械蓬勃发展的时期。1902 年,丹麦出现了麦德森轻机枪。1915 年出现了列维里冲锋枪。1912 年,美国人首先在飞机上安装了路易斯机枪,车装机枪也出现在第一次世界大战的战场上。第二次世界大战中,出现了使用中间型威力枪弹的 StG44 式突击步枪。1965 年美国首先研制出 M16 式小口径突击步枪,其精度、火力、机动性远在中间型突击步枪之上。从此,世界上许多国家纷纷研制小口径突击步枪及

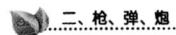

其枪族。枪械的发展对战术的发展起到推动作用。火门枪的出现使作战双方的距离大于一箭之遥;弹仓枪装填速度提高,改变了轮流射击、轮流装填的作战方式;重机枪迫使密集的进攻战术改为散兵进攻等。我国自1867年在上海仿制11毫米毛瑟枪开始到1956年之前,基本上是仿制国外枪械。1958年以后开始自行研制不同型号的手枪、冲锋枪和大口径机枪。

战争年代大众的"梦中情人"——手枪

手枪是一种单手发射的短枪,主要配用于军官、特种兵、侦察兵和其他执行特殊任务的人员。其战术使命是近距离杀伤有生力量和自卫。

手枪的种类很多,按结构特点,分为转轮手枪、自动手枪和气手枪等;按用途,分为自卫手枪、冲锋手枪、信号手枪和特种手枪等;按使用对象,分为军用手枪、警用手枪、运动比赛手枪等。

"手枪"一词的首次出现是在16世纪中叶,意大利皮斯托亚城的造枪匠维特里将其制造的一支短枪命名为皮斯托亚(Pistoija),英国人音译为"Pistol"。此后,手枪一词便在欧美流行开来。

19世纪中叶,发明金属弹壳之后不久,便出现了燧发手枪。人们将美国人伊柔·文伦设计的"胡椒盒"手枪称为最早的近代手枪,该枪在1849年以后美国的"淘金"热中被广泛使用,当时跑到加利福尼亚去发财的淘金者们,几乎每人都佩带了一把"胡椒盒"手枪。随后欧洲大陆也生产了这种手枪,但因这种手枪存在笨重、不便瞄准、射弹散布过大等特点,没有被作为正式军用手枪。

第一支用于战场的转轮手枪是美国枪械设计师丹尼尔·贝尔德·韦森和霍勒斯·史密斯于1856年初设计的0.22英寸M1斯-韦转轮手枪。后来,他们采用了英国发明家怀特的偏心轮专利机构,并将前装填改为后装填。1857年,该手枪由美国马萨诸塞州斯普林菲尔德市的史密斯—韦森公司进行生产,命名为M1式手枪(也称为一号手枪)。1858年正式投放市场,在美国南北战争时期得到广泛使用。

世界上第一支自动手枪是美国的枪械设计师霍勒斯史密斯和丹尼尔·贝尔德·韦森1854年发明的"火山"连珠手枪。但因它存在成本高、威力小、精度差等致命缺点,没有在军队得到广泛使用。

在近代手枪发展史上有过重要影响的手枪还有德国 M1896 式毛瑟手枪、美国 M1911 式柯尔特手枪、M1917 式柯尔特转轮手枪、M1900 式 FN-勃朗宁手枪等。

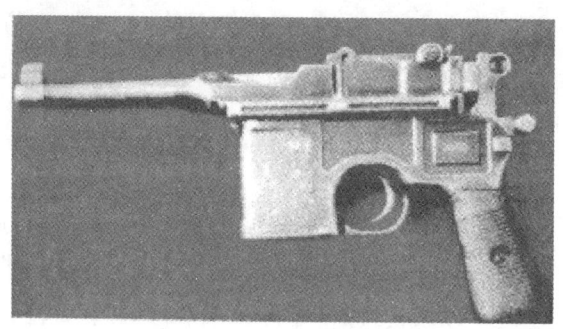

德国 M1896 式毛瑟手枪

M1896 式毛瑟手枪是历史上第一支真正的军用自动手枪，在世界手枪发展史上有着极其重要的影响。该枪其实并不是毛瑟本人设计的，而是由当时在德国毛瑟兵工厂工作的费德勒兄弟三人设计的。1896 年，以毛瑟兵工厂创始人的名义向德国等 12 个国家申请了专利，因而将手枪命名为 M1896 式毛瑟手枪。人们习惯称其为"扫帚把"手枪。它也是我国战争年代广为流传和广大军民喜爱的一种手枪，我国军民称其为"盒子炮"。它从 20 世纪初进入我国，到新中国成立时才退出历史舞台，在我国各种战场上活跃了近半个世纪。

20 世纪 20 年代以后进入了现代手枪发展时期。这一时期涌现了一大批结构新颖、性能优良的手枪。如美国的 M1911A1 式手枪、比利时 M1935 式 FN-勃朗宁大威力手枪、前苏联 9 毫米马卡洛夫手枪和意大利 M92F 式伯莱塔手枪等。

M1935 式 FN-勃朗宁大威力手枪（简称 M1935 式勃朗宁手枪），由美国著名的枪械设计大师和发明家勃朗宁在他逝世前四年（1922 年）设计。这是他一生中设计的最后一种手枪。在他生前，设计并未完善，他逝世后，由他的学生、FN 公司的总设计师塞维进一步完善设计，使其成为历史上性能最好的手枪之一。完成设计后，一直没有进行批量生产，直到 1935 年，比利时军队才决定采用这一手枪，并定型号为 M1935 式手枪，又称 GP 式手枪。

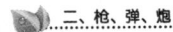

1954年英国军队正式装备这种枪,到现在为止,全世界已有50多个国家装备过这一手枪。

M1935式FN-勃朗宁大威力手枪采用枪管短后坐式自动方式和枪管偏移式闭锁方式。枪全长200毫米,枪管长118毫米,全枪质量0.99千克,6条右旋膛线,弹匣容量为13发,发射9毫米派拉贝鲁手枪弹,弹头初速为335米/秒。

M1911A1式柯尔特手枪也是历史上最著名的手枪之一,是在M1911式自动手枪的基础上改进而成的,于1926年开始装备美国陆军。它是美军第二次世界大战期间装备的主要单兵自卫武器,成为当时世界上最著名的军用手枪之一。在美国,到20世纪80年代中期,M1911A1式手枪被M9式手枪取代,在美军中服役长达60多年,是世界上服役时间最长的军用手枪之一。

M92F式伯莱塔手枪在美军的型号是M9式手枪,1980年由意大利伯莱塔公司研制。在参加1980年美国陆军举行的新手枪选型试验时,一举入选,1985年1月成为美军的制式装备,定型为M9式手枪,列装美国陆、海、空三军以及海军陆战队和海岸警卫队,现在是美军装备量最大的军官用手枪。海湾战争中的美军总司令施瓦茨柯普夫上将腰间佩戴的就是M9式手枪。这一手枪深得广大官兵和手枪爱好者的喜爱。M9式手枪在结构设计上有许多独到之处,如采用闭锁卡笋摆动式闭锁方式和多重保险机构等,使枪的安全性和环境适应性得到很大提高。子弹上膛的枪在1.2米高处落下时,不会出现偶发火;在风沙、泥浆、冰雪和雨水等恶劣环境条件下能正常使用。该手枪采用枪管短后坐自动方式,枪全长217毫米,枪管长125毫米,总质量0.96千克,6条右旋膛线,15发弹匣供弹,发射9毫米派拉贝鲁姆手枪弹,弹头初速338米/秒,有效射程50米。

进入20世纪90年代以后,随着各种高新技术在轻武器上的应用,手枪的发展进入一个崭新的阶段。这一时期研制的手枪在综合性能上有了新的提高。典型代表是美国的单兵自卫武器IDW。它是在布希曼MK1式手枪的基础上设计的,其主要特点是结构简单,只有26个零件,标准口径9毫米,变换枪管后也可发射10.16毫米斯-韦手枪弹和11.43ACP枪弹。枪上有液压缓冲器,射速控制在390发/分,还可以配尼龙缓冲器,用于发射超威力枪弹时保护枪机框。

争奇斗艳数步枪

步枪是一种单兵使用的长身管肩射式武器。它是步兵的基本装备,主要以火力杀伤暴露的有生目标,有的还可用刺刀、枪托进行格斗。现代步枪基本上都能实弹发射枪榴弹,进行面杀伤与反薄壁装甲。按动作方式分为非自动步枪与自动步枪。非自动步枪有手工装填式步枪和机械装填式步枪;自动步枪有半自动步枪与全自动步枪。按作战使用又分为普通步枪、卡宾枪、突击步枪与狙击步枪。现在各国军队装备使用的步枪大多是突击步枪。突击步枪的自动方式多为导气式,闭锁方式多为枪机回转式,射击方式多为单连发选择射击式,也有一些步枪装有三发点射机构。供弹具多采用20～30发弹匣。

步枪起源很早,1872年德国列装的1871式毛瑟步枪是第一支发射金属弹壳枪弹的枪机旋转后拉式步枪。1908年墨西哥军队首先装备了孟德拉岗6.5毫米半自动步枪。第一次世界大战后,半自动步枪迅速发展,出现了多种名枪,但由于配用的步枪弹威力过大,连发射击难控制,精度不好,所以自动步枪一直未装备应用。1941年德国研制出7.92毫米短步枪弹和STG44式突击步枪,这是第一支具有自动功能的突击步枪。随后,陆续出现了AK-47式7.62毫米突击步枪、M16式5.56毫米步枪等。20世纪70年代后,小口径突击步枪进入了大发展时期,比利时SS109式5.56毫米枪弹列为北约制式弹后,又产生了一批世界著名突击步枪,如比利时FNC、美国M16A2、英国L85A1、奥地利AUG、法国FAMAS、意大利AR70以及俄罗斯AK-74式等。1986年,美国为了发展新一代先进战斗步枪,又对无壳弹枪系统、高速箭形弹步枪系统以及柯尔特双头弹步枪系统等进行了选型试验,但是因达不到预期效果而无限期中止了该项计划。20世纪90年代以来美国又在发展一种既能发射5.56毫米动能弹,又能发射20毫米的高爆榴弹的理想单兵战斗武器(OICW)。

伽兰德M1式半自动步枪是1929年由美国著名的设计师伽兰德设计的,1936年完成设计定型,1937年由美国斯普林菲尔德兵工厂开始批量生产,同年正式装备美国陆军。这是美军装备的第一支半自动步枪,也是世界上装备范围最广、装备数量最多的半自动步枪。它在第二次世界大战期间表现尤为出色,深得美国官兵的喜爱,曾得到当时美国名将麦克阿瑟上将和巴顿上将的高度赞誉,称颂该枪在军械装备舞台上的出现,标志着美国轻武器"掀开了新的历史新篇章"、"M1 步枪是当代最了不起的战斗利器"。M1 式半自动步枪有早期、标准、狙击、卡宾枪和试验枪五种型号。采用导气式自动方式、枪机回转式闭锁方式。在后坐过程中有一个延期阶段,在这个延期时间内弹丸飞离枪口,使膛内压力迅速降到安全值以内,其主要特点是采用 8 发弹夹供弹和有空仓挂机机构。装满弹的弹夹插在弹仓内,当发射完最后一发弹后,退夹器将弹夹抛出。

莫辛—纳干特步枪是沙俄兵工厂在俄国炮兵上校莫辛和比利时纳干特兄弟设计的两种步枪的基础上研制的。在历史上有 M1891、M1891/30、M1910、M1938 和 M1944 等多种型号。第一个型号是 1891 年研制成功并装备沙俄军队的 M1891 式步枪。1930 年,前苏联国家兵工厂在 M1891 式步枪的基础上进行局部改进,定型号为 M1891/30 式步枪。定型后不久便投入批量生产,并装备前苏联红军,在第二次世界大战期间大量使用,在战争中发挥了重要作用,是当时最优秀的步枪之一。

日本的三八式步枪是明治三十八年(1905)由日本军官有坂上校在日本 30 式步枪的基础上改进而成的。其主要特点是坚固耐用,射击精度好。它作为日军侵华战争和第二次世界大战中的基本装备,是一支对中国和亚洲人民犯下了滔天大罪的步枪,仅在我国,日军就用它杀害了成千上万的无辜平民和抗日志士。我国也曾在战争中缴获了大量三八式步枪,用来装备我广大抗日军民。因该枪上有一个随枪机前后运动的防尘盖,因此我国军民又称其为"三八大盖"。

AK-47 式步枪是由前苏联著名设计师卡拉什尼柯夫设计的,1951 年正式装备苏军。其主要特点是结构简单,可靠性高,勤务性好,火力猛,坚固耐用,恶劣环境下的适用性强。在越南战场使用时,不仅越南士兵喜爱,美军士兵也很感兴趣,他们甚至愿意"丢掉 M16,捡起 AK-47"。它还是世界上生产量最大、使用范围最广的步枪之一。该步枪全长 880 毫米,枪管长 414 毫米,装满弹匣全枪质量 4.52 千克,发射 M43 式 7.62 毫米步枪弹,弹匣容量为 30 发,4 条右旋膛线,弹头初速 710 米/秒,理论射速 600 发/分钟,战斗射速 40～100 发/分钟，有效射程 300 米。

俄罗斯 AK-47 式自动步枪

AK-74 式步枪也是卡拉什尼柯夫设计的，是当今世界首屈一指的优秀步枪。1974 年完成生产定型，同年列装前苏联军队，现在仍是独联体各国的制式装备。它是在 AKM 式突击步枪的基础上设计的，有 AKC74、AK74M、AKS74、AKS74U 和 AKR 等多种型号。采用导气式自动方式，枪机回转式闭锁机构。其主要特点是设计稳定，射弹散布精度高，结构简单，工艺性好。该步枪全长 930 毫米，枪管长 400 毫米，总质量 3.6 千克，发射 5.45 毫米新式步枪弹，固定式光学瞄准镜，弹匣容量为 30 发，4 条右旋膛线，弹头初速 900 米/秒，理论射速 650 发/分钟，战斗射速 40～100 发/分钟，有效射程 400 米。

俄罗斯 AK-74 式自动步枪

M16 步枪是 M16 式步枪系列中的第一个型号，在 20 世纪 50 年代初由美国枪械设计师斯通纳设计，1958 年完成设计定型，1959 年由柯尔特工业公司军用武器分公司开始生产，1964 年正式列入美军装备序列，是世界上第一支小口径步枪。现在已由其改进型 M12A1 和 M16A2 式步枪所取代。M16 步枪的主要特点是枪身短小精悍，重量轻，操作简便，非常适用于小个子士兵使用，也很适用于山地和丛林作战。该步枪采用导气式自动方式，枪全长991毫米,枪管长约508毫米,总质量3.1千克,发射5.56毫米M193式枪弹,20或30发弹匣供弹,4条右旋膛线,弹头初速1 000米/秒,理论射速700～950发/分钟,有效射程400米。M16式步枪的研制成功,对枪械小口径化产生了深远影响,大大加快了世界步枪小口径化的进程。

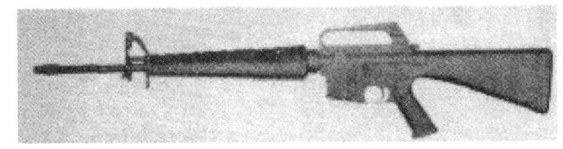

美国M16式自动步枪

斯太尔AUG步枪是20世纪70年代由奥地利斯太尔公司研制的。1977年完成设计定型,1978年投入生产并在奥地利军队中试用,1985年正式装备奥地利军队。现在除装备奥地利军队外,还被欧洲、亚洲和非洲等地的许多国家采用。该步枪的主要特点是采用紧凑的"无托"结构。所谓"无托"结构,就是没有独立的枪托,枪托和机匣组成一体。由于采用了这种结构,自动及部件都配置在枪托内,与一般步枪比较,采用相同长度的枪管,可以大幅度地缩短枪的长度。该枪采用导气式原理,枪机回转式闭锁方式。枪全长790毫米,枪管长约508毫米,总质量3.6千克,发射5.56毫米M193式枪弹,固定式光学瞄准镜,30发弹匣供弹,4条右旋膛线,弹头初速970米/秒,理论射速650发/分钟,有效射程400米。

进入20世纪90年代以后,步枪的发展除继续向小口径、系列化、轻量化和多功能方向努力外,还在向提高威力、模块化和智能化方向发展。

怎一个"酷"字了得——冲锋枪

冲锋枪是双手握持,发射手枪弹的全自动武器。它与手枪之区别在于双手握持发射,火力更猛;与突击步枪之区别是发射手枪弹,威力较小。由于它像机枪一样可以连续发射,所以国内外给它起了很多名字,如亚机枪、小机枪、手枪式机枪、机关手枪、短机关枪等。冲锋枪是一种结构简单、零部件少、加工容易、价格低廉、易于战时动员生产的轻型自动武器,适于近战,丛林、山地和巷战。冲锋枪出现于第一次世界大战期间,1915年意大利人B.A.列维里设计的发射9毫米格列森蒂手枪弹的双管手枪式连发枪被认为是最早出现的一种冲锋枪。由于它是双管式,便携性不好,仅有限生产和使用。1918年德国人H.斯迈塞尔设计的MP18式冲锋枪是第一支真正的现代冲锋枪。冲锋枪在第二次世界大战中得到了广泛应用。前苏联、德国、美国、英国等都开发了许多著名冲锋枪,其总产量超过2 000万支。第二次世界大战后,由于突击步枪的兴起与广泛应用,传统冲锋枪因威力小且笨重,在军队装备中被取代。20世纪60年代后,冲锋枪在轻量化、微型化等方面取得了重大突破,出现了一批质量在2千克以下外形尺寸很小的轻型与微型冲锋枪。冲锋枪在特种部队及警察中仍然是受欢迎的重要武器。现代冲锋枪还在向质量小、外形小、火力猛、使用灵便、环境适应性强的方向发展。

20世纪80年代末是冲锋枪发展的鼎盛时期。这一时期的典型产品有以色列的乌齐冲锋枪系列和德国MP5冲锋枪系列等。

以色列乌齐冲锋枪

乌齐冲锋枪是20世纪50年代初由以色列陆军中尉(退役时为中校)乌齐·盖尔设计的,由早期、标准、改进和微型4种型号组成一个乌齐冲锋枪系列。使用最普遍的是标准型。这一乌齐冲锋枪系列主要由以色列军事工业公司生产,后来比利时的FN兵工厂也购得了生产特许权。

标准型乌齐冲锋枪于20世纪50年代初定型和装备以色列军队。随后装备比利时、德国、伊朗、荷兰、泰国等军队。改进型乌齐冲锋枪是20世纪60年代初在标准型乌齐冲锋枪上进行局部改进而成的,主要改进是加粗了拉机柄;为了避免在半自动状态下出现全自动射击,对快慢机进行了专门改进,使快慢机按钮的选择位置更加明显;在枪机上刻有很细的网纹,以便于拉机柄损坏时用手拉枪机。微型乌齐冲锋枪是20世纪60年代末出现的,它与标准型乌齐冲锋枪具有相同的结构特点,只是缩小了各零部件的尺寸,从而减轻了枪的重量,由于缩短了枪管,弹头的初速也降低了一点。其特点是体积小,将枪托折叠起来后,可装在普通衣兜里。在车中携带也很方便,特别适用于坦克装甲车辆乘员和其他执行特殊任务的人员,也是保安和执法人员理想的装备。微型乌齐冲锋枪可单手持枪射击,也可将折叠枪托拉出来进行抵肩射击。该枪被西方国家的特种部队、警察、反恐怖分队和缉私、缉毒分队等军事和准军事单位广泛使用。

乌齐冲锋枪的主要特点是采用了包络式枪机。这一机构的主要优点是结构紧凑,射击精度高和安全可靠。枪机包裹了枪管长度的1/3,使枪的结构更加紧凑;武器的重心前移上升,有利于连发射击时的稳定,提高了武器精度,改善了操作使用的舒适性;最重要的是一旦出现弹壳爆炸或早火,包络式枪机能保证射手的安全。标准乌齐冲锋枪上刺刀后全长818毫米,不上刺刀长640毫米,枪托折叠状态长440毫米,枪管长260毫米,总质量(装32发弹匣)4.0千克,空枪质量3.5千克,4条右旋膛线,膛线的缠距254毫米,25、32或40发弹匣供弹,发射9毫米派拉贝鲁姆手枪弹,弹头初速390米/秒,理论射速600发/分钟,标尺划分为100米和200米,瞄准基线长308毫米,有效射程200米。

MP5式冲锋枪系列是20世纪60年代由德国赫克勒—科赫公司开始研制的,1965年第一个型号HK54式冲锋枪研制成功。1966年被德国警察机关、公安部队和边防警察采用,定型为MP5式冲锋枪。现在已发展成有多种型号组成的冲锋枪系列。

该冲锋枪是以德国著名的G3式步枪为基础研制的,其动作原理和闭锁方式与德国G3式步枪完全相同,两枪的大部分零件可以互换,MP5式冲锋枪只增加了一个点射控制机构。MP5式冲锋枪采用半自动自由枪机式自动方式,可单、连发射击,并有3发、4发、5发三种点射装置。枪全长680毫米,枪管长225毫米,总质量2.97千克,15或30发弹匣供弹,发射9毫米派拉贝鲁姆手枪弹,弹头初速400米/秒,理论射速800发/分钟。

20世纪90年代以后是冲锋枪迎着挑战发展的阶段,这一时期研制的冲锋枪,不论是在威力、可靠性和经济性等综合性能上,还是在人—机功效和使用方便性等方面，都有很大的提高。典型产品有比利时的 P90 单兵自卫武器和英国的布希曼冲锋枪等。

P90 单兵自卫武器是比利时 FN 兵工厂近年来研制的一种新型单兵武器，主要配发不需要以轻武器为主要作战武器的兵种或小分队。此枪采用直线型总体结构，使枪的后坐力能直接作用于射手的肩膀，可有效地减轻射击时的枪口跳动，提高射弹的散布精度；采用孔形握把，便于肘关节弯曲；枪托、握把和前端边缘均采用圆滑过渡，双手握持非常舒适。它的穿透能力和停止能力也很高，可有效地对付 150 米处有单兵防护的士兵。此枪采用自由枪机式自动方式，可单、连发射击，口径 5.7 毫米，总质量 3.2 千克，全长 500 毫米，枪管长 230 毫米，理论射速 900 发/分钟，发射 5.7 毫米手枪弹，弹丸初速 850 米/秒。

布希曼冲锋枪是英国布希曼公司 20 世纪 90 年代初研制的，研制成功后装备英国警察和特种部队。该冲锋枪采用了许多新技术和新结构，如电动调速器、激光瞄准指示器、快速更换枪管等。使它不仅可作自卫武器，还可作为轻型支援武器。该枪兼备手枪、冲锋枪和卡宾枪的战术用途。采用自由枪机式自动方式，口径 9 毫米，使用短枪管时总质量 2.9 千克，全长 276 毫米，枪管长 80~250 毫米，理论射速 450 发/分钟，发射 9 毫米派拉贝鲁姆手枪弹，有效射程 150 米。

制造弹雨是机枪

机枪是一种配有枪架、架座或两脚架，能实施连发射击的自动枪械，主要用于较远距离歼灭或压制有生目标、火力点，毁伤薄壁装甲目标或低空目标，通常分为轻机枪、通用机枪、重机枪和大口径机枪。根据装备对象，又可分为地面机枪（旧称野战机枪，含携行机枪和牵引机枪）、车装机枪、航空机枪和舰艇机枪。机枪使用步枪弹或威力更大的弹药，射击方式以点射、连射为主，战斗射速高，火力持续性好。一般由机枪和枪架（座）两大部分组成，有的还配有专用瞄准具。利用火药燃气能量完成自动循环的第一挺机枪是英籍美国人马克沁于 1884 年研制成功的。它采用大容量布质弹带供弹，理论射速为 600 发/分钟，枪身质量 27.2 千克枪架，笨重，不能伴随步兵作战。1902 年，丹麦人麦德森研制出用两脚架支撑、以枪托抵肩射击、质量小（9.98

千克)、便于携带的机枪——麦德森机枪。机枪的大量使用始于第一次世界大战。为使步兵具备防空和反坦克能力,1918 年德国首先使用口径 13.2 毫米的苏罗通机枪。随后,各种大口径航空机枪、坦克机枪和舰艇机枪也得到发展。第一次世界大战后,德国研制出一种通用机枪-MG34 式通用机枪,全枪质量 12 千克。到 20 世纪 50～60 年代,这类机枪得到普遍装备,但 20 世纪 70 年代以后这种趋势减缓,这时班用枪械[①]实现了枪族化、小口径化,而重机枪又呈现出被大幅度减小质量的大口径机枪和自动榴弹发射器所取代的趋势。

德国 MG34 式机枪是世界上最早的通用机枪。1934 年完成研制,1936 年开始批量生产和装备德军,是第二次世界大战期间德国军队的主要步兵武器之一,由德国枪械设计师施坦格设计,是以 MG13 式轻机枪为基础改进而成的,由德国毛瑟兵工厂生产。其主要特点是可采用多种供弹方式供弹,能一枪多用,既可用弹链供弹,也可由弹鼓供弹。在供弹机构中有一个拨弹器,将拨弹器拨向哪一方,就可从那一方供弹。这一机枪可作为轻机枪使用,也可装在一个特制的枪架上作为高射机枪使用。MG34 式机枪在结构上博采众长汲取了以前各种武器的成功设计,能满足不同战场的作战要求。初期的主要缺点是所有零件全部是机加工件,因而价格昂贵,不利于大量生产。在第二次世界大战期间,将许多零件改成冲压件,改进的型号是 MG42 式通用机枪,是第二次世界大战中德军装备量最大的机枪。

美国 M60 式通用机枪是 1957 年由美国斯普林菲尔德兵工厂研制,撒科防御公司生产的,1958 年开始装备美军至今,是美军历史上装备数量最多、装备时间最长的机枪之一。M60 式机枪的改进型有 M60C、M60D、M60E1、M60E2 等多种型号。该机枪是以 MG42 和 FG42 式通用机枪为基础设计的。在 MG42 式机枪上的主要改进是供弹机构和自动机构,这些改进使它的动作可靠性和环境适应性比 MG42 式机枪高得多。越南战争后,工厂又根据实战经验对该枪进行了数十处改进,改进后的 M60 机枪性能进一步提高,从而深受广大官兵喜爱,是现代机枪中首屈一指的精品。该机枪采用导气式,只能全自动射击,采用可散弹链供弹,口径 7.62 毫米,发射 7.62×51

---

① 班用枪械:指"配备给班的机枪",班是部队最小的建制单位。

毫米枪弹,枪全长1 100毫米,枪管长560毫米,总质量10.48千克,初速860米/秒,理论射速550～650发/分钟,用两脚架的有效射程为1 100米,配三脚架的有效射程为1 800米。

PKS通用机枪是前苏联20世纪50年代初研制的,1956年开始装备苏军。该枪采用了AK-47式突击步枪自动结构,是PK机枪族中的一种。其自动系统是AK-47式突击步枪自动系统的倒转配置,主要特点是用途广泛、结构简单、动作平稳、射弹散布精度高。该枪采用导气式自动方式,只能连发射击,由50发、100发、200发或250发可散弹链供弹,口径7.62毫米,发射7.62×54毫米有底缘枪弹,枪全长1 160毫米,枪管长658毫米,总质量9千克,初速825米/秒,理论射速600～720发/分钟,有效射程1 000米。

美国勃朗宁M2式重机枪是由当代著名的轻武器设计大师约翰·勃朗宁设计的,研制工作开始于1918年,是根据当时美国远征军的要求进行研制的。第一个型号于1921年研制成功,定型号为M1921式机枪。1923年开始正式装备美军,现在仍部分装备美军,装备时间长达80多年,是轻武器史上装备时间最长的机枪之一。M1921式机枪装备之后,在使用中发现枪管太轻,于是在1933年又研制成功一种使用重型枪管的机枪。定型号为M2式重机枪,也称为M2HB(HB是重型枪管"Heavy Barrel"的缩写)式重机枪。装备美军后,深得广大官兵的喜爱,几十年来,在它前后装备美军的武器都已退役,只有它仍然是美军的主要装备之一。在同类武器中,M2式重机枪综合性能是最好的。在现代世界轻武器历史上,没有一种重机枪的综合性能可与它相提并论。

M2式重机枪采用枪管短后坐自动方式,可实施单、连发射击,可散弹链供弹,口径12.7毫米,发射M2(12.7×99毫米)式枪弹,枪全长1 651毫米,枪管长1 143毫米,总质量38千克,初速930米/秒,理论射速450～600发/分钟。

前苏联德什卡M38/46式重机枪是20世纪30年代初由前苏联设计师捷格加廖夫设计的,是捷格加廖夫机枪系列中的一种。第一个型号于20世纪30年代初研制成功,1934年进行试生产,30年代末开始装备苏军,定型号为DSHK-38式机枪,也称为M38式机枪。1946年改进为M38/46式机枪。该枪可装在索克洛夫枪架上,作为平射机枪使用,杀伤集群有生目标和毁坏轻型装甲目标;也可作为高射机枪使用,对付低空飞行目标。在朝鲜战争中,朝鲜军队就曾用它来对付美军的低空飞机。现在,它已逐步被 NSV 重机枪取代,但俄军的部分坦克装甲车辆仍在使用此枪。

弹

指哪打哪的枪弹

枪弹俗称子弹,是从枪管内膛发射的弹药,一般口径小于 20 毫米,主要用于枪械射击。枪弹分军用、警用和民用三大类。军用枪弹按所配枪械分为手枪弹、步枪弹、机枪弹;按口径,分为大口径枪弹(大于 12 毫米)、普通口径枪弹(6～12 毫米)、小口径枪弹(6 毫米以下);按用途分为战斗枪弹(普通枪弹、特种枪弹)、辅助枪弹(空包枪弹、信号枪弹等)、检测枪弹(标准枪弹、强装药枪弹、高压枪弹等)。警用枪弹通常选用军用枪弹,或以此为基础发展的杀伤性能和特种用途的警用枪弹。民用枪弹有猎枪弹、运动枪弹等。军用枪弹均为中心发火式定装结构,一般由弹头、弹壳、发射药和底火组装而成。发射时,击针撞击底火发火,引燃发射药,产生高温高压火药气体,推动弹头沿枪膛加速运动,弹头射出枪口后沿弹道减速飞行,直至命中目标或落于地面。对军用枪弹的要求:在有效射程内使目标丧失战斗力或受到破坏;弹道性能和设计密度达到规定要求;射击功能可靠;贮存性和经济性良好。

我国于 1259 年制成的竹管突火枪,用黑火药发射子窠,是最早期的弹药。19 世纪,弹药结构、发火方式和装填方法有了较多改变,陆续出现了以雷汞为击发药的点火方法、可嵌入膛线旋转的弹头、定装枪弹(纸壳弹)、采用中心发火的瓶形金属弹壳枪弹、采用被甲弹头和无烟火药的定装枪弹等。1900 年前后,用于步枪和手枪的枪弹结构渐趋完善。20 世纪经过两次世界大战后,枪弹的种类增加,多功能作用效果弹头的发展,涂漆钢弹壳、无锈蚀击发底火和单、双基无烟发射药的应用,使得枪弹的性能显著提高。我国于 20 世纪 50 年代之前基本上是仿制外国枪弹,1957 年开始自行研制枪弹。当前枪弹在向小口径化、通用化发展的同时,应用新技术、新材料、新工艺,研究新结构枪弹,仍是其发展的主要趋势。

(1)要命的"花生豆"——手枪弹　手枪弹是指配用于手枪和冲锋枪的各种枪弹。手枪弹的品种比较单一,常见的主要是普通弹。特种弹和辅助弹的数量非常有限。在历史上使用最广泛、影响最大的手枪弹有美国的 0.25 英寸(6.35 毫米)自动手枪弹,德国 0.30 英寸(7.63 毫米)毛瑟手枪弹、9 毫米派拉贝鲁姆手枪弹,前苏联的 7.62 毫米托卡列夫手枪弹、9 毫米马卡洛夫手枪弹和美国的 11.43 毫米(0.45 英寸)柯尔特转轮手枪弹等。

9 毫米派拉贝鲁姆自动手枪弹(又称为卢格自动手枪弹,简称派弹),1902 年由乔治·卢格设计最早由德国武器弹药制造公司生产,1904 年被德国海军正式采用,用于 M1904 式卢格手枪。1908 年被德国陆军采用,用于 M1908 年(P08)卢格手枪。随后被意大利等许多欧洲国家相继采用,作为军用自动手枪。20 世纪末,它仍然是北约的制式手枪弹。1985 年,美国正式装备了使用该枪弹的 M9 式手枪(M92F 式伯莱塔手枪)。现在,制造派拉贝鲁姆手枪弹的厂家遍布全世界,有近百家之多。早期的派弹是平头弹,1915 年被德国陆军改为圆头弹,现在的标准弹就是圆头弹。弹全长 29.7 毫米,弹壳长 19.45 毫米,总质量 10.6 克,弹头质量 8.0 克,弹丸初速 350 米/秒(使用 102 毫米枪管发射)。

7.62 毫米托卡列夫手枪弹是 1929 年由前苏联著名的枪械设计师托卡列夫在 7.63 毫米毛瑟手枪弹的基础上设计的。1930 年开始在前苏联的图拉兵工厂进行生产,1931 年初正式装备前苏联红军,配用于 TT30-33 式手枪,是第二次世界大战中前苏联红军使用的主要枪弹之一。第二次世界大战结束后,在前苏联被 9 毫米马卡洛夫手枪弹所取代,但现在仍被东欧的许多国家用作军用手枪弹。

(2)步(机)枪弹　步(机)枪弹是指用步枪和机枪发射的各种口径的各种通用枪弹,包括口径在 6 毫米以下的小口径枪弹和口径在 6~12 毫米之间的普通口径枪弹。步(机)枪弹的种类很多,有普通弹、特种弹和辅助弹等。在历史上有影响的步(机)枪弹主要有美国的斯普林菲尔德步枪弹、德国的 7.65 毫米、7.92 毫米毛瑟步枪弹、前苏联的 5.45 毫米枪弹和北约的 5.56 毫米枪弹等。

7.92 毫米毛瑟步枪弹最早是 19 世纪末由德国毛瑟兵工厂研制的,是世界上历史最悠久、使用最广泛的一种步枪弹。它首先配用于德国 M1898 式毛瑟步枪,在第一、二次世界大战中被广泛使用。配用的武器主要有德国的 M1898 式毛瑟步枪和卡宾枪,M1908、M1908/18、M1908/15、M1915、M1917、M1934 和 M1942 式机枪,捷克的 M24、M33 式步枪和卡宾枪,英国的绍沙机枪等。

北约 5.56 毫米小口径枪弹,也称为 5.56×45 毫米枪弹,最初是在 20 世纪 50 年代中期有美国的雷明顿公司研制的。1957 年开始配用于 AR-15 式突击步枪,定型为 M193 枪弹。60 年代初配用于 M16 式步枪,并在越南战争等局部战争中大量使用,在 1977~1979 年的北约新枪弹选型中入选,成为北约的制式枪弹,配用于北约绝大多数小口径步枪和轻机枪等,有普通弹和曳光弹两种,弹头直径 5.69 毫米,弹壳最大直径 9.52 毫米,总质量 11.65 克,全长 57.4 毫米。

前苏联的 5.45 毫米小口径枪弹是 20 世纪 70 年代初由前苏联国家兵工厂研制的,也称 5.45 毫米×39.5 毫米枪弹,于 20 世纪 70 年代中期开始配用于 AK-74 式突击步枪。前苏联解体后,配用于俄罗斯和独联体各国的 AK-74 式轻机枪等,现在是独联体各国的制式枪弹。弹头直径 5.69 毫米,弹壳最大直径 9.52 毫米,总质量 10.65 克,全长 57.4 毫米,初速 900 米/秒(用 AK-74 式步枪发射)。

(3)大口径机枪弹 大口径机枪弹是指口径在 12 毫米以上,用机枪发射的各种枪弹。在历史上影响比较大的大口径机枪弹主要有美国的 M2 式 12.7 毫米(0.50 英寸)勃朗宁机枪弹和前苏联的 14.5 毫米机枪弹等。

美国的 M2 式 12.7 毫米(0.50 英寸)勃郎宁机枪弹,又称 12.7×99 毫米枪弹。1918 年由美国的温斯特公司研制,同年装备美军。现在仍是许多国家的制式装备,是世界上使用范围最广、使用历史最长的机枪弹之一。此弹是一个系列,由普通弹、穿甲弹、燃烧弹、曳光弹等多种类型和多个型号组成。除美国外,生产的国家还有英国、德国、法国、日本、比利时、荷兰、意大利等。配用的武器主要有美国的 921A1 式高射机枪、M2/M3 式航空机枪、M2 式高射机枪、M2 式重机枪、M85 式坦克机枪,英国的 L2A1 式试射机枪等。此弹是无底缘弹,穿甲弹在 100 码(91.4 米)距离上对 22.23 毫米厚的均质装甲板的穿透率为 100%。弹头直径 12.94 毫米,弹壳最大直径 20.42

毫米,总质量116.0克,全长137.2毫米。

"多面手"——榴弹

榴弹,轻武器中以爆炸毁伤目标或产生某种效应的弹药的总称,用于杀伤有生目标、破坏装甲目标,还能完成纵火、施放烟幕等其他战术任务。常用的榴弹有手榴弹、枪榴弹、掷榴弹、弹射榴弹、配用于榴弹发射器发射的榴弹、单兵导弹等。榴弹通常由弹体、装填物(炸药或其他物质)、引信以及辅助件组成,用以发射的榴弹还有推进装置和稳定装置等。杀伤榴弹以破片、爆轰、毒气、火焰等杀伤有生目标;破甲榴弹以聚能效应的金属射流或自锻破片破坏装甲目标;多功能榴弹以综合作用破坏工事、建筑。最早的榴弹就是手榴弹。经过两次世界大战及战后的应用和发展,手榴弹技术日趋完善。手榴弹体积小、质量小、威力大,但在实际应用中,杀伤手榴弹的投掷距离只有50~60米,反坦克手榴弹只能投20米远,而且在战壕中投掷十分不便。枪榴弹出现于第二次世界大战前夕,最大射程可达400米,但发射枪榴弹受人体耐受力和枪管强度的限制,威力的提高只能达到一定限度,客观上又出现了将枪榴弹从步枪上分离出来的要求。根据战场上主要对付步兵和坦克的需求,榴弹向两个分支发展:一个是打步兵的榴弹,出现了掷榴弹、弹射榴弹、榴弹发射器配用的小型榴弹,射程在2 200米以内;另一分支是打坦克的破甲榴弹,火箭发射器、无坐力发射器、平衡抛射器发射的反坦克破甲弹,有效射程可达700米。坦克和反坦克武器的矛盾发展,武装直升机的集群应用,出现了单兵反坦克导弹和单兵防空导弹,射程可达3 000米,命中率90%以上。

美国的40毫米×46毫米SR低速榴弹系列由杀伤弹、杀伤/破甲弹、榴霰弹、催泪弹、白色信号弹、发烟弹等组成,现有M406、M433等50多个型号。最早的型号是M406式杀伤弹,其研制工作始于20世纪50年代初,1960年设计定型,随后大批量生产和装备美军,在60年代的侵越战争中配用于M79式榴弹发射器。现在,这一榴弹系列除装备美军,配用于M203式榴弹发射器外,还被德国、南非等国家采用。这种小型榴弹由药筒(弹壳)、战斗部和引信三大部件组成,采用高低压发射系统,最大的优点是膛压低和造价低,低压室最大压力只有20兆帕左右。

40毫米×53毫米SR高速榴弹系列是美军现装备的制式弹药,有

M430、M383、M384 和 M385 等数十个型号。配用的武器有 MK19 式自动榴弹发射器系列和 XM174 等自动榴弹发射器。该弹也采用高低压发射系统,最大限度地利用了发射药的能量,并有效地降低了膛压,尽管高压室内的最大压力高达 241 兆帕,但低压室的最大压力却只有 82.7 兆帕。杀伤榴弹配用的引信有 M533 式机械引信和 M596 式电子引信。杀伤/破甲榴弹配备的是 M549 是着发引信。M430 式榴弹直径 40 毫米,弹全长 112 毫米,总质量 340 克,杀伤半径大于 5 米,穿透均质装甲钢板的深度大于 51 毫米,最大射程 2 200 米,有效射程 2 000 米。

前苏联的 POG-17 式 30 毫米杀伤榴弹是 20 世纪 60 年代研制成功的。配用的武器是 AGS-17 自动榴弹发射器和 TKB-722 式自动榴弹发射器,现在是俄罗斯军队的制式装备。这一榴弹由药筒、战斗部和引信三大部分组成。战斗部由壳体、破片套和炸药组成,破片套是用方形钢丝缠绕成的,作用时可形成 240 个质量约 0.28 克的破片;引信为弹头着发引信,除碰炸机构外,还有 26 秒延期自毁机构,以确保弹的安全使用。该弹直径 30 毫米,弹全长 131.6 毫米,总质量 350 克,炸药质量 37 克,杀伤半径大于 7 米,最大射程 1 730 米,有效射程 1 500 米。

花样百出的炮弹

炮弹是供口径 20 毫米以上的各种火炮发射,用以毁伤目标或产生某种效应(信号、照明)的弹药的总称。其结构特征随弹种而异,一般包含弹丸和发射装药两大部分。弹丸由引信、弹体和装填物组成,是实现战术任务的主体;发射装药包括发射药及其附件、点火具和药筒(药包袋)。发射时,火炮的相应机构激发点火具,点燃发射药,产生高压火药燃气,将弹丸从炮膛内推出炮口。炮弹按用途不同分为主用炮弹、特种炮弹、辅助炮弹和民用炮弹;按弹丸和发射装药的结合形式不同分为定装式炮弹、半定装式炮弹和分装式炮弹;按弹径和火炮的口径的关系不同分为适口径炮弹、次口径炮弹和超口径炮弹;按弹径大小不同分为大、中、小口径炮弹;按装填方式不同分为前膛炮弹和后膛炮弹。炮弹还可按配用炮种不同分为榴弹炮炮弹、加榴炮炮弹、加农炮炮弹、迫击炮炮弹、无坐力炮炮弹、坦克炮炮弹、高射炮炮弹、航空炮炮弹、舰炮炮弹、火箭炮炮弹等,目前还发展了各种效应特种弹、次口径穿甲弹、尾翼稳定脱壳穿甲弹、破甲弹、穿联装药破甲弹、碎甲弹等。

形形色色的炮弹

20世纪后半期又发展了底凹增程弹、火箭增程弹、底部排气增程弹、复合增程弹、远程全膛弹；对付群体软、硬目标的多功能子母弹和布雷弹；弹道修正弹和电视侦察炮弹；诱饵弹与雷达干扰弹以及末敏弹和末制导炮弹等，后两种弹称为灵巧弹药。装有核装药的弹称为原子炮弹和中子弹，其威力远大于常规装药弹丸。今后炮弹将进一步提高初速、增加射程、提高终点效应与具有智能化方向发展；其生产制造技术逐步走向毛坯精化，机加自动化，装药装配实现程控遥控隔离安全操作，实现多品种大批量柔性化生产。

(1)"破甲三兄弟"　穿甲弹、破甲弹和碎甲弹主要用于对付装甲目标，被称为"破甲三兄弟"。穿甲弹是发射后靠炮弹动能穿透装甲的一种炮弹，具有初速高、直射距离远、射击精度高等特点。穿甲弹内装硬度极高的钨合金钢芯，该钢芯是穿甲弹的主要部件。美国研制的新型穿甲弹采用贫铀合金做穿甲钢芯，其穿甲能力更强，可击穿大倾角装甲和新型复合装甲。

破甲弹是以空心装药爆炸后的金属射流穿透装甲的一种炮弹，用以毁伤各种装甲目标。破甲弹利用空心装药爆炸产生的聚能效应形成高温、高压的金属射流，这种金属射流具有很强的穿透能力，可穿透几百毫米厚的坦克装甲及坚固的混凝土工事。金属射流在穿透装甲后，其射流和金属碎片可毁伤车内人员和设备。

碎甲弹是20世纪60年代出现的反坦克弹种，结构比较简单，弹体内装填的是猛度较大的塑性炸药，配有弹底引信。当弹丸击中钢装甲时，塑性炸药立即变形，堆积在钢装甲表面爆炸，在钢装甲内壁震下数块破片。通过破片对坦克内的乘员和设备予以杀伤和破坏。

（2）子母弹　子母弹是在母弹体内里装有若干子弹的炮弹，配用于中、大口径火炮，以毁伤大面积的集群装甲目标，杀伤集结的有生力量，主要有杀伤子母弹、穿甲子母弹、布雷子母弹等。子母弹发射后，母弹在预定位置爆炸，抛射子弹，达到毁伤目的。子母弹具有杀伤范围大、毁伤效能高等优点，是一种打击集群目标的有效弹药。

（3）火箭增程弹　火箭增程弹是在普通弹丸尾部装有火箭发动机以增加射程的炮弹，由战斗部、火箭发动机、稳定装置和发射药组成。发射时，火箭增程弹像普通炮弹一样在炮膛内运动，飞离炮口一定距离后，火箭发动机开始启动，推动弹丸继续飞行，从而增大射程。目前许多国家的榴弹炮、迫击炮和无坐力炮等都配有火箭增程弹。

（4）末制导炮弹　末制导炮弹是带有制导装置，发射后能在弹道飞行末段实施导引、控制的炮弹，配用于榴弹炮、迫击炮和火箭炮等，主要用于毁伤远距离装甲目标，由制导装置、战斗部、稳定装置等组成。末制导炮弹发射后，其飞行弹道前端与普通炮弹一样，靠初始惯性飞行；弹道末段制导系统开始工作，控制炮弹修正飞行弹道，并准确命中预定目标。最早的末制导炮弹是美国1972年开始研制、1982年装备部队的"铜斑蛇"末制导炮弹。它由口径155毫米的火炮发射，采用激光制导，具有射程远、命中率高、威力大、发射使用方便等特点。

（5）发烟弹、照明弹　发烟弹是内装发烟剂，爆炸后能产生大量烟雾的特种炮弹，也叫烟幕弹，由弹体、发烟剂、炸药和引信等组成，主要用于干扰敌方的观察和射击，发射后引信引燃发烟剂，产生大量烟雾，形成烟障，用以掩护己方的军事行动，迷惑敌人。

照明弹是内装照明剂，在夜间实施照明，供观察目标或提高射击效果的特种炮弹，由引信、弹体、照明炬、抛射系统等组成。发射后引信引燃抛射药和引燃药，将照明炬从弹体抛出，并用降落伞悬吊在空中一定高度，而后照明剂被引燃药引燃，发出强光实施照明。

种类庞杂的航空炸弹

航空炸弹简称炸弹，是用飞机或其他飞行器投放的弹药，具有立体攻击、灵活机动和毁伤威力大的特点，一般由装药弹体、稳定装置、引信、扩爆装置机挂装弹耳等组成;有的可根据用途要求附加减速装置、制导装置、动力系统。航空子炸弹集装于母弹箱则可构成子母炸弹或组成集束炸弹,弹体装药可以是普通炸弹、热核装药、燃烧剂、特种药剂、化学战剂、生物战剂或其他装料,装填系数在0.1~0.8范围内。常规航空炸弹圆径最小的不到0.5千克级,最大的达20吨级。航空炸弹种类庞杂,各国的分类方法按各自习惯不尽相同。按毁伤特性不同分常规航空炸弹与非常规航空炸弹;按有无控制能力分无控航空炸弹与制导航空炸弹;按弹形不同分高阻航空炸弹、低阻航空炸弹与减速航空炸弹;按增速与增程分动力增速航空炸弹与动力增程航空炸弹或滑翔增程航空炸弹;按作战装备与训练、教练用途不同分制式航空炸弹与各种航空训练炸弹和航空教练炸弹等。常规航空炸弹使用最广泛,以战术任务不同又分为主用航空炸弹与辅助航空炸弹;以装药性质不同分为普通航空炸弹与特种航空炸弹。航空炸弹广泛用于攻击战场目标和后方军事基地、交通枢纽、工业设施等战略目标。航空炸弹的发展方向是大威力、高精度、远程投放、多功能以及制导化等。

航空炸弹在飞机诞生不久就投入作战使用了,在1911~1912年意大利与土耳其交战中,意大利飞行员用手投榴弹方式实施轰炸,这就是第一次使用的航空炸弹。第一次世界大战末,重型轰炸机的载弹量在500~800千克。第二次世界大战初,重型轰炸机最多可带4 000千克炸弹,战争中数百万吨航空炸弹倾泻在欧亚战场上,航空炸弹成为主要的毁伤武器。第二次世界大战结束前,美国的B-29重型轰炸机在日本的广岛、长崎分别投下了原子弹。这是人类首次使用大规模杀伤武器。

第二次世界大战后的历次局部战争中,航空炸弹仍为主战武器,同时还研制了一批新型航空炸弹,其命中精度得到了明显提高,破坏性能有所增强。以制导炸弹为例:在越南战争中,美军为切断越南物资供应命脉,对越南的杜梅铁路桥和清化公路、铁路两用桥不停地轰炸,其中在1965~1968年对清化桥轰炸,美军出动F-100、F-105等各型飞机600多批,使用250、500、750以至1 000磅各型炸弹上万吨,不但从来没有使这座桥中断运输,反而使美军损失飞机12架。后来美国研制出制导炸弹,于1972年5月13日早晨,出动14架F-4飞机携带15颗2 000磅和9颗3 000磅激光制导炸弹及58颗500磅普通炸弹,从泰国乌汶空军基地起飞直奔清化桥,到目标上空激光制导炸弹从飞机上投下,终于将这座 7 年炸不倒的大桥摧毁。1972 年 5 月 12 日,美空军以 F-4、F-105 战斗机和 EB-66 电子侦察干扰机混合编队,使用 2 000 磅电子制导炸弹把杜梅桥拦腰炸断。

在 1991 年海湾战争中,投下的第一颗炸弹是激光制导炸弹,是由世界上第一种隐身攻击机 F-117A 投放的。42 架 F-117A 总共出动 1 296 架次,约占总架次的 1.5%,投下 2 590 吨制导炸弹,约占总弹药的 3%,对占总数 40% 的战略目标实施轰炸,命中率超过 80%。在 1999 年科索沃战争中,美军还大量使用了贫铀弹、石墨碳素纤维炸弹。下面仅介绍几种新型的航空炸弹。

(1) 联合直接攻击弹药(JDAM) 联合直接攻击弹药(JDAM)是美国制造的第四代制导炸弹,采用惯导+GPS 制导系统,已形成系列,代号为 GBU-29/30/31/32,弹重量分别为 980/454/908/454 千克,前两个为通用爆破型,后两个为专用侵彻型。还有一种弹重 2 270 千克的专用侵彻型,代号为 GBU-37/B。

利用 MK-83、84 和 BLU-113、109 普通炸弹,换装新的尾罩,里面加装制导系统的惯导和 GPS 全套设备以及执行机构,安定面[①]后面加有舵面;为了加大炸弹的升力,在弹身上包裹了弹箍翼,再安装头部和尾部引信,这就构成了联合直接攻击弹药(JDAM)。

(2) CBU-55/B 油气炸弹 油气炸弹俗称窒息弹、云爆弹,用于清除雷区地雷和在丛林中开辟道路;对舰船、车辆有更好的破坏效果;也可用来摧毁工事、破坏技术装备和杀伤掩体内的人员。

CBU-55/B 油气炸弹是子母弹类型,SUU-49/B 母弹内装 3 颗 BLU-74/B 子弹,子弹内装 33 千克环氧乙烷液体燃料。母弹装 FMU-74/B 引信,每个子弹装有引信,液体中有云爆管。全弹重 232 千克,弹径 356 毫米,弹长 2.4 米,子弹重 45.4 千克。

炸弹离开飞机后,头部引信开始工作把堵盖打开,带出第一枚子弹降落伞,继而把第一枚弹拉出,接着第二、第三枚子弹抽出,子弹出来后,头部的

---

① "安定面"是专用术语。该术语系借用航空术语。飞机的垂直尾翼又叫立尾,是飞机的主要大部件之一,是顺气流垂直安装在机身后上方的翼面。垂直尾翼的前半部是不可活动的垂直安定面,起方向安定作用,后半部分用铰链与前半部相连,是方向舵,控制飞机转向。导弹从技术角度来看,就是本身就是炸弹的无人驾驶飞机。

探杆伸长,引爆子弹的引信,环氧乙烷液体与空气会发散开所生成的气体比重大于空气,因此像流水那样灌向低处,如船舱、车厢、坑道等,气团中的云爆管引爆气团,产生冲击波,并燃烧,消耗大量氧气,造成人员窒息,冲击波和燃烧破坏设备,其威力巨大。

(3)贫铀弹　贫铀弹是指炮弹或炸弹的弹芯是用贫铀合金制成的。所谓贫铀是从金属铀中提炼出来核材料^{235}U以后得到的副产品,其主要成分为^{238}U,所以称为"贫化铀",简称为"贫铀"。

天然铀中含有^{238}U、^{235}U、^{234}U三种同位素,而只有^{235}U才能用于核裂变反应,才能作为核武器和核电站的燃料。^{235}U在天然铀只占0.7%,而其余99.28%为^{238}U以及极其微量的^{234}U,因此必须从天然铀中提炼成高含量的^{235}U浓缩铀。美国国防部标准把含^{235}U在0.3%以下的铀材料定为贫铀。

贫铀密度为18.7克/厘米^3,远高于钢的密度,因此制成的弹芯适用于制作穿甲弹;因为贫铀中^{238}U和微量的^{235}U都是放射性物质,所以贫铀弹有微弱的放射性,对人体有危害,会给环境造成污染。

在1991年的海湾战争中,据估计美军使用贫铀弹超过80万枚,总计约320吨。A-10攻击机就是靠贫铀航弹,摧毁了伊拉克的上千辆T-72坦克。1994~1995年间,在波黑战争中美军使用贫铀弹10 800枚;又于1999年在南斯拉夫投下31 000枚。投下贫铀弹的地区被严重污染,血液病和癌症患者急剧增多,不但无辜百姓遭殃,就是参战的多国部队官兵也出现了"海湾战争综合征",这都是由贫铀弹造成的。

(4)CBU-94石墨碳纤维炸弹　CBU-94石墨碳纤维炸弹为子母弹,母弹型号为SUU-66/B、子弹型号为BLU-114/B。子弹中装有大量直径0.1毫米的镀金属膜碳纤维。炸弹投下后母弹与子弹分离,子弹爆破,碳纤维散布在电站、变电站或高压电缆上空,飘落到导线上,使电网短路而遭破坏。这种炸弹属于非致命武器,但能破坏供电,造成整个城市瘫痪,危害同样是严重的。

(5)БЕТАБ-500ШП反跑道炸弹　БЕТАБ-500ШП反跑道炸弹是俄罗斯研制的,用于摧毁机场跑道、高速公路、机库、掩体等坚固目标,由弹体、火箭发动机、减速伞、安定面等组成。投弹后保证炸弹从载机上安全分离,使用炸弹不会危及载机安全。口径500毫米;全弹重380千克,装填炸药重77千克;发动机重量60千克,发动机发射药重量22千克;减速伞衣面积6米^2;

弹长不大于2 509毫米,弹径325毫米,翼展不大于600毫米。

炸弹从飞机上投下后1.2±0.2秒,降落伞打开,炸弹减速到35～40米/秒,落后于载机,并与水平面成50°～60°,经7.2秒±0.3秒伞弹分离,火箭发动机点燃,炸弹沿着弹道加速达160～170米/秒,当钻地后20～32秒引爆炸弹。

(6)BL-755反坦克子母炸弹　BL-755反坦克子母炸弹是英国研制的,用来攻击坦克、装甲车辆、露天停放的飞机、雷达设施、小型船只和有生力量。

主要性能:弹长2.43～2.45米,弹径448毫米,弹重277千克,装填子弹数量147颗。

功能走向专一的火箭弹

火箭弹是靠火箭发动机推进(或增程)的无控或简控的弹药,主要用于杀伤、压制敌方有生力量,破坏工事及武器装备等,由战斗部、火箭发动机和稳定装置等组成。按战斗部类型不同分为杀伤、爆破、破甲、布雷、燃烧、发烟及子母式火箭弹等;按飞行稳定方式不同分为尾翼稳定火箭弹和旋转稳定火箭弹;按作战使用和所配属兵种不同分为地面炮兵(野战)火箭弹、单兵反坦克火箭弹、航空火箭弹和海军火箭弹等。火箭弹战斗部与一般炮弹战斗部相似。固体火箭发动机是火箭弹动力装置,由固体推进剂(产生推力的能源)、燃烧室、喷管和点火装置组成。一般火箭弹飞行弹道分两段:主动段(发动机工作段)与被动段。主动段末(发动机工作终止),火箭弹速度达到最大值,以后进入被动段自由飞行直至目标区。因发动机有推力偏心,火箭弹弹着点散布较大。我国南宋时就发明了初期的火箭弹,后传入欧洲,第二次世界大战期间及战后广泛发展并不断改进提高性能,如前苏联的M-21和M-27等型号以及美国M270式火箭弹等。火箭弹与导弹相比,具有结构简单、使用方便、适用于打击面目标等优点,缺点是弹着点散布大。发展趋势是采用高性能推进剂与优质壳体材料;改进设计,提高密集度;加装简易控制,对其弹道进行修正,提高命中精度;配备多种战斗部拓宽用途及提高威力。

(1)航空火箭弹　航空火箭弹又称机载火箭弹,它是从航空器上发射的以火箭发动机为动力的非制导火箭弹,由火箭弹壳体、火箭发动机、引信、战斗部和稳定装置组成,其射程一般5～10千米,最大飞行速度为M2～M3。

航空火箭弹按攻击目标区域不同可分为空对空火箭弹、空对地火箭弹和空对空/空对地两用火箭弹。空对空火箭弹的弹径一般为50~70毫米,多装备在歼击机上。空对地火箭弹的弹径为37~70毫米时,装备在强击机或武装直升机上;弹径为70~300毫米时,装备在歼击轰炸机上。按战斗部的作用不同可分为杀伤弹、爆破弹、破甲弹、子母弹、干扰弹、箭霰弹等。航空火箭弹与航空机关炮相比,具有射程远、威力大等特点,但散布大且命中率低,通常以多发齐射使用,目前大口径航空火箭弹已被机载导弹所取代。空对地火箭弹已成为飞机特别是武装直升机攻击地面目标的重要武器。一架飞机可挂2~4个发射筒,每个发射筒可装4~32枚航空火箭弹,且与机上瞄准具和发射装置配套使用。

(2)火箭式深弹　深水炸弹(简称深弹)是一种能在水下一定深度或与目标相遇而爆炸的水中炸弹,主要用于攻击潜艇,也可用来开辟雷区通道或者攻击其他目标。深弹由水面舰艇或飞机投放,也可由反潜导弹携带。为了满足射程要求,目前舰用深弹绝大多数为火箭式。

火箭式深弹由弹头和弹尾两部分组成。弹头是其战斗部,内装高能炸药或核装药。弹头呈流线型以减小飞行阻力。弹头顶部装有引信。弹尾由火箭发动机和稳定器组成。火箭发动机采用多个斜置喷管,呈圆周配置在喷嘴上,火箭燃烧的高压高温气体由此喷管喷出,一方面使深弹向前飞行;另一方面使深弹高速旋转,以保持飞行的稳定。稳定器由稳定圈及翼片等组成,其作用是使火箭式深弹在空中飞行和水中下沉时保持稳定。

俄罗斯"旋风"-2火箭式深弹系统最具代表性。该系统可用来毁伤潜艇、来袭鱼雷和蛙人,可安装在各种水面舰艇上。该系统由三部分组成:①带有电动传动装置和装弹机的RBU-6000火箭式深弹发射装置;②装有定时和触发引信的RGB-60火箭式深弹;③"暴风"火控系统。RBU-6000发射装置共有12个发射管,其配置为圆弧状。电动传动装置接收来自"暴风"火控系统的数据,驱动发射装置在水平和垂直两个平面内旋转瞄向目标。发射装置借助装弹机进行装弹和卸弹。从目标检测到发射仅需1~2分钟。

RGB-60深弹是非制导型火箭式深弹,以固体火箭作为推动力,装有触发/定时联合引信。RGB-60火箭式深弹长1 830毫米,弹径212毫米,重110千克,射程6 000米,作战水深≤500米,装药25千克,下沉速度13米/

秒。"暴风"火控系统的功能是向控制发射军官提供所有必要的数据信息,向发射装置发送瞄准数据和深弹设定数据。

高科技含量越来越多的导弹

导弹是一种携带战斗部、依靠自身动力装置推进、由制导系统导引控制飞行航迹、导向目标并摧毁目标的飞行器。通常,有翼导弹作为一个整体直接攻击目标,弹道导弹飞行到预定高度和位置后弹体和弹头分离,由弹头执行攻击目标的任务。导弹摧毁目标的战斗部(或弹头)可为核装药、常规炸药、化学战剂、生物战剂,或者使用电磁脉冲战斗部。有的导弹则利用高速飞行的动能,采用直接碰撞的方式摧毁目标。

导弹由弹体结构、发动机、控制与导引系统、战斗部(或弹头)以及弹上电气系统组成。这些组成部分的性能和工作是相互协调的统一体。

导弹武器系统由导弹及配套的地面(机载、舰载)设备、设施,瞄准、探测跟踪系统和指挥通信系统等组成。导弹武器系统能与其他类型的武器系统合同作战,也能独立执行作战任务。不同类型、不同发射平台、不同发射方式的导弹武器系统的配套设备(设施)不同,但主要任务和基本功能相近,主要有:① 贮存、运输、准备、装填(对接)和检测导弹;② 探测和识别目标,确定目标位置和运动状态,瞄准(跟踪)目标,进行发射准备和实施发射,引导导弹毁伤目标;③ 进行作战通信、指挥和及时判断攻击效果。

导弹武器系统有多种分类方法。通常可以按导弹的名称分类,如弹道导弹武器系统、防空导弹武器系统、反舰导弹武器系统等。另外,按发射位置分为陆基、海基和空基导弹武器系统;按导弹系统机动能力分为固定式、机动式、车载式和便携式导弹武器系统等。

(1)战略导弹武器系统　弹道导弹是指先沿一小段有动力受制导的弹道上升,再沿只受重力作用的椭圆弹道飞行的导弹。前面一段有动力、受制导的弹道称作主动段,又称助推段;后面一段无动力、靠惯性飞行的弹道称作被动段。被动段又可分为在大气层外的近真空中飞行的自由飞行段,和重新进入大气层内飞行直到落地的再入段。

弹道导弹按射程可分为洲际弹道导弹(大于 8 000 千米)、远程弹道导弹(5 000～8 000 千米)、中程弹道导弹(1 000～5 000 千米)和近程弹道导弹

（小于1 000千米）；按发动机类型分，有使用液体推进剂发动机的液体导弹和使用固体推进剂发动机的固体导弹；按推进级数分为单级导弹和多级导弹；按作战任务性质分为战略导弹和战术、战区导弹；按发射点和目标位置分，战略弹道导弹主要有地地和潜地两类。

  战略弹道导弹多为中程以上的、用来威慑和攻击战略目标的、带有核弹头的一类导弹。战略目标是对国家生存和战争胜败有重大意义的目标，如政治经济中心，指挥控制通信中心，预警系统，机场、港口等重要交通枢纽，核电站和大型发电站，大型水坝，城市和战略武器生产、贮存、发射基地等。战略导弹通常指进攻性导弹，只有在需要区分防御性战略导弹——战略反弹道导弹时，才详称为进攻性战略导弹。战略弹道导弹武器系统是维护、指挥、发射和引导导弹完成作战任务的各项系统的总称。

  美国是当今拥有最多、最先进战略导弹的国家。2001年在役的战略弹道导弹有550发"民兵"-3(1 650枚弹头)，50发MX(500枚弹头)，432发"三叉戟"-1(C-4)和"三叉戟"-2(D-5)(3 456枚弹头)。

  "民兵"-3部署在蒙塔拿州马尔姆斯特罗姆空军基地、北达科塔州迈诺特空军基地、怀俄明州沃伦空军基地。50发MX导弹部署在沃伦空军基地。550发"民兵"-3中，有200发装MK-12分导式多弹头，命中精度为220米；另350发装MK-12A分导式多弹头，命中精度166米。

  "和平卫士"(MK)导弹为重型洲际弹道导弹，装10枚47.5万吨TNT当量的MK-21分导式子弹头，射程11 000千米，命中精度90～120米。它采用4级推进，前3级为固体推进剂，第4级为可贮液体推进剂末助推级。第3级熄火点高度约为200千米，末助推级熄火点高度约为1 100千米。

  "民兵"-3A导弹武器系统现代化计划将使"民兵"-3升级维护至2020年。计划主要项目是更新制导系统和固体燃料火箭发动机，指挥控制系统现代化，把弹头换成MK-21/W-87，使爆炸威力增至30/47.5万吨TNT当量，命中精度达到MX导弹的水平(CEP为90～120米)，采用计算机控制的快速执行作战目标瞄准系统，在10小时内可使全部民兵导弹完成重新瞄准目标，一发导弹可瞬间更换目标。

  俄罗斯战略火箭军2001年装备766发导弹和3 600枚弹头。其中173发SS-18；150发SS-19；22发SS-24井下发射型；36发铁路发射型；360发

SS-25 地面机动型;24 发地下井基 SS-27"白杨"-M。

俄罗斯"白杨"战略地地导弹

"白杨"-M 是三级固定洲际弹道导弹,长 21 米(不带弹头时 17.9 米),最大直径 1.86 米,重 47.2 吨。目前装单弹头,弹头重约 1 吨,射程 11 000 千米。它有能力装载 3~4 枚分导式多弹头。它具有特殊的飞行弹道,弹头在 90 千米高度再入大气层时,能在以飞行轨迹为圆的半径 5 千米的圆内适时纵向和横向机动,提高了突防能力。"白杨"-M 导弹具有路外机动能力,可连续改变位置,并能从机动路途中的任意点发射导弹,从而显著提高了生存能力。

俄罗斯已为美国将要部署的国家导弹防御系统准备了"克星"——新一代"白杨"-M 洲际弹道导弹,又称 PS-12M2 型导弹。这种导弹比"白杨"-M 先进得多,具有机动性强、命中率高、飞行速度快、不易被检测等特点,而且可携带多枚分导弹头。

俄罗斯海军现有 42 艘弹道导弹核潜艇,其中具备作战能力的有 25 艘,内有 5 艘"台风"级潜艇,7 艘"德尔它"-4 级潜艇和 13 艘"德尔它"-3 级潜艇。北方舰队 16 艘,太平洋舰队 9 艘,分布在科拉半岛的涅尔皮契亚基地和亚戈尔纳亚基地以及卡姆卡特半岛的雷巴契等 5 个海军基地。2001 年装备 348 发潜射弹道导弹(含 SS-N-18、SS-N-20 和 SS-N-23),载 2024 枚核弹头。"德尔它"-4 级潜艇的服役期限至 2015~2022 年。"台风"级核潜艇的服役期限至 2010~2020 年。

(2)战术/战区弹道导弹武器系统　战术弹道导弹是用于支援战场作

战、压制和消灭敌方战役战术纵深目标的近、中程弹道导弹,射程在 1 000～3 500 千米范围内的通常又称为战区弹道导弹。战术弹道导弹通常装常规导弹头,也可装低当量核弹头,一般从机动发射车上垂直或倾斜发射。同火炮和火箭炮相比,它具有射程远、命中率高、杀伤能力强等优点。战术弹道导弹同火箭炮配合使用,大大提高了杀伤能力和杀伤范围。

战术弹道导弹攻击的主要目标有:指挥所、通信中心、军队集结地、装甲编队、机械化部队、导弹部队、前沿机场、防空阵地、后勤设施(加油库和装弹库)、交通要道(隧路、桥梁)等。对于幅员较小的国家,也用于打击政治经济中心、大城市、交通枢纽等战略目标。

战术地地弹道导弹由于操作维护简单,生产购买便宜,特别受到第三世界国家的重视和偏爱。缺乏或失去制空权和制海权的国家,能远距离打击敌方纵深目标的唯一手段,就是使用战术弹道导弹。

下面介绍两种典型型号:

① 美国"陆军战术导弹系统"(ATACMS):这是一种车载越野机动、倾斜发射的、单级固体地地战术弹道导弹。它是美国陆军 21 世纪的主要战术火力支援武器,能快速打击敌方纵深目标。

美国 ATACMS-2 导弹

ATACMS 发射质量 1 530 千克,射程 150 千米(-1、-2 型)和 300 千米(-1A、-2A 型),命中精度(CEP)50 米,反应时间 3~5 分,一车两弹,采用环形激光陀螺数字惯性制导装置加雷达指令修正系统(-1 型),并加装 GPS 接收机,以提高命中精度(-1A、-2、-2A)和便于使用智能反装甲子弹头 BAT(-2、-2A 型)。

② 俄罗斯"伊斯坎德"-E 导弹:这是俄罗斯 2000 年公开展示的新型近程战术弹道导弹系统。该导弹为单级固体导弹,弹头重 480 千克,射程 50~280 千米,导弹发射质量 3 800 千克。一车载运和发射两弹。此导弹采用惯性制导装置,加全球定位系统和红外末寻的系统。其测位与导航系统采用全球定位系统民用信号,定位精度 30 米。该导弹对目前的反导系统具有很强的突防能力。

(3)巡航导弹武器系统　巡航导弹是一种在大气中飞行,外形类似飞机的导弹,大部分航迹处于近乎等高恒速巡航飞行状态。

巡航导弹通常按作战使命分为战略和战术两类;按目标种类分为对地、反舰类别;按速度分为亚声速、超声速和高超声速;按射程分为近程、中程、远程和洲际;按发射位置分为陆射、海射、和空射三类。

第二次世界大战后,美苏都在德国 V-1 导弹的基础上发展了自己的巡航导弹,至 20 世纪 80 年代末,已基本建成一个包括地(海)对地、空对地、反舰(潜)、反辐射、反装甲(坦克)等多种类型的巡航导弹体系。目前已研制并部署了远程对陆攻击巡航导弹的有美、俄、法、英等国,主要有:美国的空射巡航导弹 AGM-86、多用途"战斧"巡航导弹 BGM-109 和先进巡航导弹 AGM-129 三个导弹系列;俄罗斯的远程对陆攻击巡航导弹 PK-55(SS-N-21、SSC-X-5)、X-55(AS-15A、B、C)和 X-101 系列;法国的远程精确制导武器(APTGD)系列和英国的常规对陆攻击导弹(CALAM)。

海湾战争和科索沃战争的实践,不仅检验了巡航导弹的实战能力,也预示着巡航导弹将进入以提高智能化精确打击能力为重点的新发现阶段。美国将微小型化精确打击钻地核巡航导弹作为其研制的一系列新式武器中的一个重要方案。美俄都在积极研发末段飞行速度可以达到 4~8 马赫的弹道巡航混合式飞行弹道导弹。欧洲也在研制和装备自己的新式巡航导弹。它们将使新一代巡航导弹既有高的硬目标摧毁能力,又有强的突防能力。

（4）防空导弹武器系统　防空导弹武器系统是用来拦截空中目标的导弹武器系统，其中的地空导弹武器系统和舰空导弹武器系统是两种最重要的系统，也可把两者统称为面空导弹武器系统。防空导弹可拦截包括攻击机、武装直升机、无人驾驶飞机、巡航导弹、空地导弹、反辐射导弹和战术弹道导弹在内的多种空中目标。

防空导弹武器系统可按多种方式进行分类。① 按作战用途有国土、野战、舰艇导弹武器系统三类。② 按发射位置分为地空导弹、舰空导弹和空空导弹武器系统。③ 按作战空域，一是用导弹最大射程划分为远程、中程、近程和短程防空导弹武器系统；二是按导弹的作战高度、射程或仅按高度划分为全空域、高空远程、中高空中远程、高空、中高空、中低空和低空超低空等防空导弹武器系统。④ 按导弹制导方式分为指令制导、驾束制导、寻的制导和复合制导。⑤ 按制导系统所用电磁波的波段可分为雷达制导、毫米波制导、红外制导、可见光制导、紫外制导和激光制导等类型。

① "爱国者"："爱国者"是美国研制的中高空远程防空导弹武器系统，用来对付近 20 年来发展起来的空中威胁，用于替代本土防空系统中的"奈基"-2 和"霍克"导弹系统。

"爱国者"的最大作战距离为 80～100 千米，作战高度为 300～24 000 米。导弹单发杀伤概率大于 0.8。"爱国者"导弹采用程序＋指令＋TVM 复合制导，它是最先采用 TVM 制导的防空导弹武器系统，从而提高了系统抗干扰能力。

"爱国者"可搜索、监视空中 100 个目标，并可同时跟踪 8 个目标，对 5 枚导弹进行指令制导，对 3 枚导弹进行 TVM 末制导来拦截 3 个目标。

"爱国者"的最小作战单位是一个火力单元，主要包括：AN/MPQ-53 多功能相控阵雷达车、指挥控制车、天线车、6～8 部四联装箱式倾斜导弹发射车和电源车。为了对付反辐射导弹的攻击，还可配备诱骗系统。这种系统配置使得"爱国者"具备较强的对付多目标的能力和抗干扰能力。"爱国者"火力单元的所有装备均载于轮式车上，系统具有很强的机动作战能力。它也是陆军野战防空的主战武器。

② 美国的"宙斯盾"远程全空域舰空导弹武器系统配用"标准"-2 系列导弹：其最大作用距离为 25～150 千米，低界为 10～15 米，高界可达 24 千米。

导弹采用惯导＋指令＋半主动雷达寻的制导,具有很强的抗干扰能力,可拦截高性能飞机、掠海反舰导弹和超声速反舰导弹。

"宙斯盾"系统主要装备于巡洋舰和大型驱逐舰上,由多功能相控阵雷达(AN/SPY-1A、改进型-1B 和-1D)、武器控制系统、导弹火控系统、发射系统及导弹构成。"宙斯盾"系统可同时拦截 12～16 个空中目标。

(5)反弹道导弹武器系统　国家导弹防御是对战略弹道导弹袭击的防御。美国定义为"国家导弹防御是用来保护美国本土,免受弹道导弹的攻击"。

战区导弹防御主要是对战术和战区弹道导弹的防御,美国的定义为"战区导弹防御是用来保护美国海外驻军及盟国人员与重要资产安全,借此降低敌对政权左右当地区域局势的实力"。

国家导弹防御系统是一种固定的陆基非核导弹防御系统;战区导弹防御系统则是一个系列,包括陆基机动的、海基(舰载的)和机载的系统。

国家导弹防御是在大气层外拦截目标,战区导弹防御则可在大气层内低空和高空,也可在大气层外拦截目标。显然,可在大气层外拦截目标的战区导弹防御也可用于国家导弹防御。

战区导弹防御和国家导弹防御系统也存在共用的系统,例如红外预警卫星可为两者提供预警信息,还有未来的天基激光器也可共用于战区和国家导弹防御系统。

美国于 2002 年 6 月 13 日单方面退出了 30 年前签订的《美苏关于限制反弹道导弹系统条约》,随即决定建立国家导弹防御系统。

国家导弹防御(NMD)系统的简要作战过程如下:来袭弹道导弹一旦发射,拦截交战过程随即开始。① 首先是预警卫星报警,近期服役的是"国防支援计划"预警卫星,将来服役的是天基红外系统高轨卫星,用其红外探测装置,通过探测助推段飞行的导弹的炽热尾焰,进行来袭导弹报警;② 引导地面预警雷达建立"搜索警戒线",探测来袭导弹;③ 预警卫星数据传送给作战管理中心,并开始确定交战方案;④ 当来袭导弹助推段结束,预警雷达系统探测导弹及任何分离的目标,并从诱饵和其他假目标中识别出真弹头;⑤ X 波段地基雷达识别跟踪目标;⑥ 作战管理中心将来自各种探测系统的信息进行综合分析,确定出系统要拦截的目标;⑦ 作战管理中心引导 X 波段地基雷达,并指挥地基拦截弹发射;⑧ 作战管理中心与拦截弹通信;⑨ 当拦截弹接近目标时,释放出大气层外杀伤飞行器;⑩大气层外杀伤飞行器利用其探测器识别出真弹头,并自主控制与弹头交汇,以高速碰撞摧毁来袭弹头。为了提高拦截成功率,可对来袭目标发射多枚拦截弹;可一次齐射几枚拦截弹,也可采用"射击—观测—再射击"的方式发射几枚拦截弹。

(6)反舰/反潜导弹武器系统　反舰(潜)导弹是打击水面舰船和潜艇的各种导弹的总称。按发射平台的不同,现有反舰导弹可以分为舰舰、潜舰、空舰和岸舰导弹4种。反潜导弹则只有潜潜、舰潜和空潜导弹3种。反舰导弹主要用于打击排水量大至几万吨的航母,小至几十吨的快艇等水面舰船;反潜导弹打击的目标有战略导弹核潜艇、攻击型潜艇和为航母编队护航、巡逻用的潜艇等水下目标,它们是临海国家的主要制海和反潜武器。

现有反舰导弹均为飞(巡)航式导弹。其最大特点是末段弹道可采用超低空掠海飞行,能够从舰船两侧击中吃水线以上装甲防护能力最弱的要害部位,易于对舰船造成致命性毁伤。现代反舰导弹多按一弹多型、多用途系列化设计原则,在基本型的基础上逐步形成一个可从多种发射平台发射,具有多种飞行弹道,能够攻击多种目标或承担多种作战任务的系列化型号。远程反舰导弹最大射程500千米左右,中程反舰导弹射程多为40～150千米,个别新型号已达250千米,近程反舰导弹是装备型号和数量最多的,其最大射程多在15～40千米之间。

(7)空空导弹武器系统　空空导弹是由飞机或直升机携带,用于攻击空中目标的导弹,通常由导引装置、自动驾驶仪、引信、战斗部、火箭发动机、弹体和弹翼等组成。空空导弹与机载发射装置、火力控制系统一起构成空空导弹武器系统。导引装置将导弹导向目标,大都采用红外和雷达寻的制导方式,亦有将捷联式惯性制导和雷达或红外制导结合分段实施的复合制导,以及雷达和红外制导同时实施的双工态制导等。寻的制导按工作原理分为主动、半主动和被动寻的制导。空空导弹自动驾驶仪控制导弹的飞行。空空导弹一般采用气动力控制。20世纪80年代,在某些空空导弹上推力矢量控制得到实际应用。空空导弹的引信和战斗部组成导弹的引爆系统。该系统的功用是在导弹接近目标时适时起爆,毁伤目标。空空导弹主引信为近炸引信,同时装有辅助的触发引信。近炸引信分为红外引信、无线电引信和激光引信等。战斗部一般有破片式和链条式两类,战斗部大多装用高能常

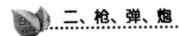

规炸药,少数导弹采用核装药。空空导弹火箭发动机通常采用固体装药,单级或多级推力。空空导弹的气动外形配置:经常采用的有鸭式配置、正常式配置和旋转弹翼式配置。

根据空战方式的不同,空空导弹大体上分为近距格斗和中远距拦射两种类型。但有些中、远距拦射空空导弹也具有近距格斗功能。空空导弹的主要特点是攻击范围大,命中精度高,毁伤能力强。20世纪80年代装备的空空导弹大多具有全方向和全高度攻击能力。雷达型制导的空空导弹与机载火控系统配合可进行全天候作战,实施多目标攻击。空空导弹已成为航空器作战的主攻武器。

(8) 空地导弹武器系统　空地导弹是从飞机或直升机上发射,攻击地面各种固定和活动目标的导弹的总称。按作战使命可分为战略和战术导弹;按气动外形和弹道特征分为弹道导弹和有翼导弹(多为飞航式);按射程分为近程、中程、远程导弹;按目标种类分为反辐射、反装甲(集群坦克、装甲运兵车队)、反军事设施(机场跑道和机库、导弹发射阵地、防御工事、桥梁、隧道等)导弹;按目标运动和几何特性分为打击固定、静止(可随时转移)、活动的点目标、线目标和面目标的导弹。战略空地导弹目前研究和部署的重点是空射巡航导弹。核战略空射巡航导弹的部署数量,按《美苏战略武器会谈协议和条约》受到严格限制;常规空射巡航导弹已多次应用于严密设防的战略和战区目标进行精确打击,并取得了较好成果。战术空地导弹可归并成三类:一类是直升机反坦克导弹;另一类防区外发射导弹,是战术空地导弹的发展重点,它和精确制导炸弹及常规空射巡航导弹一起构成一个完整配套的机载精确打击力量体系;第三类是反辐射导弹,主要用于压制防空武器的地面雷达站,保护空袭飞机安全,摧毁 C^4ISR 系统,是高技术战争中必不可少的空袭支援力量。

(9) 反坦克导弹武器系统　反坦克导弹是主要用于对付坦克和装甲车辆的导弹,因射程的不同有远程(4 000~6 000米)、中程(约2 000米)和近程(小于1 000米)之分。按照系统质量大小不同可以划分为重型和轻型,重型反坦克导弹通常由直升机或车载发射,轻型反坦克导弹则由步兵便携使用。反坦克导弹发展到今天已经经历了三个阶段。20世纪80年代开始研制、90年代定型的第三代反坦克导弹,采用红外、激光或毫米波制导系统(目前多为红外成像导引头)和软发射技术,可发射前锁定目标,具有"发射后不管"的能力,亚声速飞行,曲射导弹,攻击敌方坦克的顶部装甲,其典型代表是美国的"标枪"、以色列的"吉尔"、印度的"纳格"等。现代反坦克导弹安装了串联装药破甲战斗部,目前的破甲威力已达到1.2～1.4米。

炮

火炮是利用火药燃气压力抛射弹丸,口径等于和大于20毫米的身管射击武器。它是炮兵的基本装备,是战争中常规兵器的主要突击和压制手段,广泛装备于各军兵种。炮能对地面、水上和空中目标射击,歼灭或压制有生力量、毁伤武器装备、破坏防御工事和完成其他射击任务。火炮一般由发射机构(炮身)、赋予炮身一定空间位置的炮架和运行部分组成。现代火炮一般指火炮系统。火炮按用途可分为压制火炮、反坦克炮、高射炮、坦克炮、航炮、舰炮和岸炮;按运动方式可分为牵引火炮、自行火炮、骡马驮载火炮。按炮膛结构可分为线膛炮和滑膛炮;按结构和性能可分为加农炮、榴弹炮、加农榴弹炮、迫击炮、火箭炮和无坐力炮。火药及利用火药的管型火器最早出现在中国,公元1225年后火药和火器从中国传到伊斯兰国家,后又传到欧洲。自此以后直到19世纪末现代火炮出现,火炮经历了几个重要发展阶段。17世纪,伽利略抛物线的发现、牛顿对空气阻力的研究都对现代火炮的发展起到了重要的推动作用。其后各国对提高火炮机动性的研究,口径标准化,线膛炮与长形弹丸的出现,后装填炮与螺式炮闩、楔式炮闩的发明,直到带有反后坐装置弹性炮架的使用,逐渐形成了现代火炮的雏形。未来火炮发展一方面是综合利用各种新技术,实现火炮威力、射击精度、反应能力、机动性与生存能力的提高,另一方面是不断寻求火炮使用、毁伤机理、发射能源与技术的新概念与新理论,包括新的设计理论。

老兵新传——迫击炮

迫击炮是用座钣承受后坐力的曲射火炮,主要用于歼灭压制有生力量和技术兵器,破坏工事和铁丝网等障碍物,一般由炮身、座钣、炮架和瞄准装置等组成。现代迫击炮口径一般为51～160毫米(最大的达240毫米),西方国家采用 51 毫米、60 毫米、81 毫米、107 毫米、120 毫米和 160 毫米口径,俄罗斯及一些国家采用 60 毫米、82 毫米、100 毫米、120 毫米口径。射程一般为 300～8 000 米,使用增程弹时可达 13 000 米,配用爆破榴弹、钢珠弹、末制导炮弹、烟幕弹、宣传弹等弹种;按运动方式可分为便携式、驮载式、车载式、牵引式和自行式;按装填方式可分为前装填迫击炮和后装填迫击炮。按炮身内膛结构可分为滑膛迫击炮和线膛迫击炮。其特点是:炮身短,一般为 10～20 倍口径;射角大,一般为 45°～85°;初速小,一般为 200～300 米/秒;弹壁薄、装炸药多,弹丸威力大,弹道弯曲,最小射程近,适于对近距离遮蔽物后的目标和反斜面上的目标射击。从 1904～1905 年俄国制造出第一门迫击炮起,迫击炮在两次世界大战中发挥了一定作用,并有了很大的发展。20 世纪 50～60 年代,迫击炮由于其独特的优越性而得到进一步发展,形成了 51～240 毫米大、中、小口径系列;80 年代以来迫击炮发展到了一个新水平,除发展中小口径的迫击炮外,自行迫击炮有了飞速发展。当前迫击炮已配有激光测距机、火控计算机和定位雷达等多种指挥设备,使射击精度、反应速度和生存能力有了很大提高。迫击炮的种类很多,但在未来战场上能发挥较高效能的迫击炮主要由两大类,即直接支援步兵的轻型迫击炮和支援坦克装甲部队的装甲自行迫击炮。鉴于其特性,空降兵已广泛装备。

从目前各国研制迫击炮的动向来看,今后将集中发展 120 毫米和 81 毫米口径迫击炮。为了解决装甲防护、机动性和射击指挥自动化问题,各国又将重点放在了 120 毫米迫击炮的发展上。美国的 M121 式 120 毫米自行迫击炮就是 M120 式 120 毫米迫击炮的自行式,由炮身、两脚架、可置于装甲车上的旋转台和 M1060 履带式装甲车组成,美陆军还对其进行研制新型火箭增程弹和制导炮弹,使其最大射程达 10 千米以上;法国将 MO-120-RT-61 式 120 毫米迫击炮组装在 VPX-40M 履带式装甲车上,改装为 VPX-40M 式 120 毫米自行迫击炮,并且加装了火控装置,配用了新火箭增程弹(射程达 17.5 千米)、反装甲子母弹。

删繁就简——加农炮、榴弹炮及加农榴弹炮

加农炮、榴弹炮及加农榴弹炮历来是各国常规武器发展重点之一,也是各国陆军装备的主力压制火炮,它们都属于野战炮。野战炮通常由炮身和

炮架两大部分组成。炮身有身管、炮尾、炮闩等组成。炮架通常包括：三机（高低机、方向机、平衡机）、四架（摇架、上架、下架、大架）、三装置（反后坐装置、瞄准装置、信号装置），以及运动体和其他辅助装置。

(1)加农炮　此炮是身管长、初速大、弹道低伸的火炮，主要用于射击装甲目标、垂直目标和远距离目标。对装甲目标和垂直目标，多用直接瞄准射击；对远距离目标，则用间接瞄准射击。其特点是：身管长，一般为口径的40～80倍；初速通常为700米/秒；最大射程达40～50千米；弹道低伸，射角一般小于45°。配用的弹种有：榴弹（杀爆）、穿甲弹、超速脱壳穿甲弹、碎甲弹及特种弹药。除野战加农炮外，从弹道特性上看，坦克炮、反坦克炮、高射炮、航炮、舰炮和海岸炮均具有加农炮的弹道特性。由于作战需要，当前各国新装备和正在开发研制的火炮已突破传统加农炮和榴弹炮的界限，将两者的特点结合，形成加农榴弹炮。

(2)榴弹炮　此炮是弹道弯曲，用于射击远距离暴露和隐蔽物后目标的火炮，也是炮兵装备的主要炮种之一。与加农炮相比，其身管较短，一般为20～30倍口径；初速较小，一般低于600米/秒；高低射界大，一般为－5°～75°；多采用分装式炮弹，并有多级变装药。通过改变装药量和射角，可获得多种射程，同时相邻装药号的射程有一定的重叠量，弹道性能好，是对纵深运动目标压制的重要火力武器。榴弹炮出现于17世纪的欧洲，到第一次世界大战各国装备了多种型号的现代榴弹炮。在第二次世界大战期间及战后，榴弹炮得到了长足的发展。西方国家现役的榴弹炮主要有105毫米、155毫米和203毫米三种口径，俄罗斯和东欧一些国家主要有122毫米、152毫米和203毫米三种口径。现代（加农）榴弹炮除配用制式杀伤爆破榴弹、破甲弹、燃烧弹、照明弹等弹种外，目前还配用或正在发展子母弹、末制导炮弹、火箭增程弹、远程底部排气弹、侦察弹、末敏弹等新弹种，提高了对目标的毁伤概率。

目前各国装备的牵引式榴弹炮中，比较典型的有美国M198式榴弹炮，俄罗斯Д-30式122毫米榴弹炮，而自行榴弹炮是装甲部队和机械化部队的主要火力支援武器。比较典型的有美国M109系列155毫米自行榴弹炮、M110系列203毫米自行榴弹炮、法国GCT155毫米自行榴弹炮等。M109系列自行榴弹炮是美陆军师和机械化师的主要火力支援武器。1980年开始装备美军,德国、以色列等国也装备使用,是当今世界上装备使用国家最多的火炮。海湾战争中美军投入的 M109 系列 155 毫米自行榴弹炮占其投入火炮总数的 40%。为了不断提高 M109 系列自行榴弹炮的性能,美军不断对其进行技术改造,目前已有 M109A1 式、M109A2 式、M109A3 式、M109A4 式、M109A5 式及 M109A6 式六种改进型,美军现主要使用 A1、A2、A6 三种型号。技术改进主要包括液压系统、电力系统、火控系统和增加火炮射程。A6 型采用了新型加榴炮,装有火控、导航、自动校正、核化生防护、夜视和保密通信系统,其快反能力大大高于 A2、A3 型。M109A6 型的最大射程 24 千米(榴弹)/30 千米(火箭增程弹),最大射速 4 发/分钟,持续射速 1 发/分钟,身管长为口径的 39 倍,战斗总质量 32 吨,乘员 4 人。

(3)加农榴弹炮简称加榴炮　此炮是兼有加农炮和榴弹炮弹道性能的地面炮,一般口径大、能进行平射和曲射。使用变装药可获得不同的弹丸初速,火力机动性好。用大号装药和小射角射击时,具有加农炮初速大、弹道低伸的特点;用小号装药和大射角射击时,具有榴弹炮弹道弯曲、落角大的特点。现代战争要求火炮具有多种功能,故新发展的火炮同时具有加农炮、榴弹炮的性能特点,即加农榴弹炮。随着技术进步,传统意义上的加农炮、榴弹炮界限已逐渐消失,而统称为火炮或榴弹炮。俄军把主要用于平射兼用于曲射的火炮称为加农榴弹炮,如 Д-20 式 152 毫米加农榴弹炮,最大射角 45°;把主要用于曲射兼用于平射的火炮称为榴弹加农炮;我国把这两种火炮统称为加农榴弹炮,如 155 毫米自行加农榴弹炮。西方国家多将加农榴弹炮称为榴弹炮或火炮。20 世纪 70 年代以来,加农榴弹炮的口径多为 122～155 毫米,最大射程 15～40 千米,方向射界越来越大(有的已达到 360°),仰角可以达到榴弹炮的水平,身管长为 35～52 倍口径;行军战斗转换时间缩短,牵引和行驶速度达 60～100 千米/小时,机动性普遍提高。美、英、意、法、德、瑞典、奥地利以及俄罗斯等国均有牵引和自行两种(122～155 毫米口径)加农榴弹炮,配备多种弹药,多种火炮能够发射"铜斑蛇"末制导弹,俄罗斯 152 毫米加农榴弹炮可发射"红土地"末制导弹。加农榴弹炮已成为各国装备品种最多、数量最大的主要地面压制火炮,也是目前各国压制身管火炮开发、研制的重点。

多管齐射威力猛的火箭炮

火箭炮是炮兵装备的火箭发射装置，通常为多管联装，主要用于对面目标实施射击，如压制有生力量、技术兵器、集群坦克和装甲车辆、待机地段的直升机群，也用于执行布雷、扫雷、迷盲、照明与电子干扰等任务。现代火箭炮已形成一个较完备的武器系统，一般由发射装置、火控系统、火箭弹运行体和配套装置组成。按运动方式可分为便携式、牵引式和自行式；按射程可分为中、近、短程火箭炮和远程火箭炮。火箭炮具有结构简单、火力猛、射速高、反应快、突袭性好等优点，但射弹散布较大，主要配用杀伤爆破榴弹、杀伤/反装甲双用途子母弹、反坦克布雷弹等弹种。公元966年中国发明了世界上第一枚火药火箭。17世纪欧洲国家相继制造火箭和发射装置。20世纪初由于双基推进剂的应用，火箭及其发射装置得到快速发展，逐步形成了现代火箭炮。第二次世界大战后，火箭炮得到进一步发展。目前火箭炮的发展方向是减小起始扰动和采用简易制导火箭弹，减小射弹散布，提高射击精度；增加弹种，以适应对不同目标的射击要求；充分利用通信、计算机等现代技术，实现射击指挥与操瞄自动化，提高武器系统的反应能力、可靠性和生存能力。

(1) 前苏联的"喀秋莎"火箭炮　此炮是历史上最著名的火箭炮，"喀秋莎"是前苏联卫国战争时期火箭炮的流行名称，其正式型号为БМ-13。它是一种多轨道的自行火箭炮，一次齐射可发射直径为132毫米的火箭弹16发，最大射程8.5千米，既可单射，也可部分连射，或者一次齐射。装填一次齐射的弹药需5～10分钟，一次齐射仅需7～10秒钟。因此，这种火箭炮可以在短期内以密集的火力对敌有生力量和坦克等目标进行大面积的袭击和压制，然后不等敌人反应过来，就能很快转移阵地。"喀秋莎"火箭炮机动灵活，转移阵地迅速，机动速度可达90千米/小时。俄罗斯1987年开始列装的是"旋风"300毫米12管火箭炮，型号为БМ-30。

(2) 美国的M270式227毫米12管火箭炮　此炮1976年开始研制，1979年起，法国、英国、意大利相继参加了研制，1983年该炮投入批量生产并陆续装备美国陆军。英、德、法、意也陆续装备了此炮。

M270式227毫米12管火箭炮由发射车、发射箱和火控系统三大部分组成。该炮具有自动装填、自动定位、自动操瞄等功能,乘员3人。最大射程:发射 XR-M77 远程火箭弹可达 45 千米,发射 M26 火箭弹可达 32 千米。M26 火箭弹为子母战斗部,内装 644 颗 M77 型双用途子弹,一次齐射,12 枚火箭弹可抛撒出 7 228 颗子弹,覆盖面积相当于 6 个足球场,子弹能穿透 100 毫米厚的装甲板。该炮还可发射反坦克布雷弹,最大射程 40 千米,一次齐射,能射出 336 枚地雷,布设 1 000 米×400 米的布雷区。另外,该炮还可发射"陆军战术导弹",作为导弹发射车用。海湾战争中,美、英首次将 M270 式火箭炮投入战场使用,其精度和威力都优于伊军装备的苏制和巴西制同类火箭炮。多国部队利用其杀伤威力大、机动性好的优点,给伊军坦克装甲部队和炮兵以重创。该炮在战场上发挥了极大作用,可以说是当今最好的火力支援系统。

陆战之王的克星——反坦克炮

反坦克炮是基于动能穿甲机理,发射高初速、高密度穿甲弹,击毁坦克装甲目标的火炮,具有弹道低伸、直射距离远(超过 2 000 米)、弹丸飞行时间短(飞行 2 000 米小于 2 秒)、不易被屏蔽干扰、使用寿命长和造价低廉等特点,是一种有效的反坦克武器。除发射穿甲弹外,也可发射炮射导弹、破甲弹等辅助反坦克弹药,还可发射多用途弹和榴弹进行辅助火力支援。为提高炮口动能,采用大口径(105～125 毫米)、长身管(44～60 倍口径)、高膛压(5 500～6 000 兆帕)火炮;弹丸采用钨或铀合金和大长细比(20～30)的尾翼稳定脱壳穿甲弹;炮口动能超过 10 兆焦,2 000 米距离对均质钢装甲的水平穿透深度达 700 毫米。为了提高射速和射击精度,一般采用半自动炮闩和测瞄合一的瞄准装置。现代自行反坦克炮有的装有自动装填机构和火控系统。按炮膛结构分为线膛与滑膛;按运载方式分为牵引式(带或不带辅助推进装置)和自行式。轮式或履带式自行反坦克炮(西方称作反坦克装甲车或坦克歼击车)采用直接瞄准的火控系统。反坦克炮出现于第一次世界大战之后。第二次世界大战中,各参战国都装备了口径为 50～100 毫米的反坦克炮,以对付中型、重型坦克。战后,由于反坦克导弹的出现,反坦克炮在一些国家曾一度停止发展。20 世纪 70 年代以后,由于反坦克炮配用多种弹药,特别是配用尾翼稳定脱壳穿甲弹,能有效地对付复合装甲和反应式装甲的坦克,一些国家又相继研制新型反坦克炮。反坦克炮的发展方向是:增大口径(135～140毫米)和炮口动能,以提高穿甲威力;采用稳像式火控系统,以缩短反应时间,提高命中概率;采用热成像技术,以提高夜间作战能力。

达·芬奇参与设想的无坐力炮

无坐力炮是发射时依靠后喷物质的动量使炮身不后坐的火炮,后喷物可以是固体(如另一弹丸)或火药气体。现代无坐力炮利用气动平衡原理,主要配属步兵作战,用于摧毁装甲目标、工事和火力点,通常由炮身、炮架和瞄准装置组成。其口径一般为57～120毫米,直射距离400～800米;主要配用空心装药破甲弹、榴弹和碎甲弹。按身管结构可分为线膛和滑膛无坐力炮;按运动方式可分为便携式、驮载式、牵引式、车载或自行式。无坐力炮体积小,质量小,便于机动,弹道低伸,但后喷火焰除形成炮后危险区外,也易暴露发射阵地;火药利用率低,射程小,精度差。15世纪,达·芬奇就设想采用双头炮原理同时发射来达到无后坐力,这就是无坐力炮的雏形。1914年美国人戴维斯发明了第一门无坐力炮,称为"戴维斯"炮。第二次世界大战期间,各国相继研制成功多种型号的无坐力炮,在战争中得到了广泛应用,成为当时重要的反坦克武器。20世纪60～70年代,各国普遍采用无后坐与火箭炮相结合的原理,发射火箭弹,使无坐力炮的质量减小,射程增大,并减小了后喷火焰。80年代以后,无坐力炮在反坦克作战中的地位有所下降,不少国家不再装备。但轻型无坐力炮(亦称重型反坦克火箭筒)自20世纪70年代以来仍在发展,并有新型号列装。

峰回路转的高射炮

高射炮又称防空炮,简称高炮。从地面或水面上对空中目标射击的火炮,必要时也可对地面和水上目标射击。按口径大小分为大口径高射炮(口径100毫米以上)、中口径高射炮(口径57～100毫米)和小口径高射炮(口径57毫米以下);按运载方式分为牵引式、自行式和舰载式三种;按工作方式可分为自动和半自动高射炮;按身管数量可分为单管和多管联装高射炮。高射炮初速高(小口径高射炮的初速在1 000米/秒以上),射速高(小口径高射炮单管射速达1 000发/分钟以上),射界大(高低射界可达-10°～92°方向射界达 360°；操瞄自动化水平高,现代高射炮通常能搜索和自动测定、解算目标运动诸元,并能自动快速瞄准、跟踪目标;系统反应时间短,从发现目标到完成射击准备的时间仅 4～6 秒。1906 年德国人制成了世界上第一门高射炮,其口径为 50 毫米,初速 572 米/秒,最大射高 4 200 米。第二次世界大战期间,高射炮有了很大进步。战后,特别是 20 世纪 60 年代以后,由于空中目标的速度、高度及各种战斗性能的提高以及防空导弹的出现,高射炮的发展曾受到了很大影响,西方许多国家放缓或停止了高射炮的发展。70 年代以后,由于导弹在对抗低空或超低空突袭目标时存在射击死区,各国又对反应快、射速高、可弥补导弹不足的小口径高射炮加强了研究。目前为了使小口径高射炮能有效地对付低空或超低空目标,所采用的措施是:采用全自动多管联装（双管、四管、六管等）;提高单管射速（1 000 发/分钟以上）和初速（大于 1 200 米/秒）;开发研制更先进的搜索、探测和跟踪瞄准装置,组成更先进的火控系统,提高反应速度和射击精度;开发新弹种和引信;加装防空导弹组成弹炮结合防空系统。各国现装备的高射炮多是小口径高射炮,口径一般为 20～40 毫米,40 毫米以上的高射炮正在被淘汰。小口径高射炮有牵引、自行两种,以自行为主;有 2 管、4 管和 6 管联装,以双管联装居多。其中有代表性的有美国"伏尔康"M163 式 20 毫米 6 管自行高炮,俄罗斯 ЗСУ-23-4 式 23 毫米 4 管自行高炮,德国的"猎豹"35 毫米双管自行高炮,瑞士"厄利空"35 毫米双管高炮等。这些火炮的身管长一般都为口径的 70～90 倍。

德国"猎豹"35 毫米双管自行高炮,炮管长度为口径的 90 倍,榴弹最大初速为 1 175 米/秒,脱壳穿甲弹最大初速可达 1 385 米/秒。

瑞士"厄利空"GDF 系列 35 毫米双管高射炮仍在许多国家服役。GDF-005 型 35 毫米双管轮式小高炮,属于 20 世纪 80 年代新型高炮。该炮射速为 2×500 发/分,有效射程 4 000 米,雷达搜索距离 0.3～18 千米,跟踪距离 15 千米。火控系统配有热成像装置,采用鼓夹供弹方式,运动体具有多方向转向功能,轮胎有自动充气系统。

近战不可或缺的航炮

航炮又称航空炮,是安装在飞机上与直升机上的自动炮,主要用于空中格斗,也可对地面和海上目标射击。航炮可以吊舱方式安装,也可用炮架安装在飞机内。航炮特点是：口径较小（一般为 20～45 毫米），射程较近，结构紧凑，质量小，射速高，后坐力小。在第一次世界大战中，首先将高射机枪搬上飞机，而后发展成专用航空机枪。后来也曾将一些身管较短、单发装填的地面火炮搬上飞机，但专用航炮的发展是在 20 世纪 30 年代以后。第二次世界大战期间，航炮成为各国飞机上的主要武器，其口径也从初期的 20 毫米增大到 23 毫米、25 毫米、30 毫米，最大曾达到 45 毫米。50 年代后期，空空和空地导弹取代航炮成为飞机的主要武器，航炮的发展受到挫折。然而，60 年代的几次战争证明，航炮具有不受电磁干扰，携弹量大，可持续射击，可重复使用，价格便宜等优点，是导弹所不及的，无论是近距离空战，还是对地面攻击，航炮仍是飞机不可缺少的有效武器。自 70 年代起，航炮的发展再度受到重视，并在技术性能上得到进一步发展。目前，航炮大多为全自动射击的自动炮，射速大大提高，具有结构简单、可靠性高、可控制性好、射击精度高、变射速射击等优点。航炮一般配有穿甲燃烧弹、带短延时引信的杀伤爆破弹等。对航炮系统的进一步要求是提高威力，可有效攻击地面装甲目标并减小后坐阻力。有的作战飞机除装有一般航炮外，还装有航空火箭，发射无控火箭弹，其发射装置为蜂窝式多管发射器，可以称为航空火箭炮。

目前装备在第三代战斗机上的航炮有俄罗斯的 ГШ-301、美国的"火神"M61、法国的"德发"544、德国的"毛瑟"BK27 等航炮和航炮吊舱，适应了新型飞机和直升机作战的需求。

退居二线但依然举足轻重的舰炮

舰炮是装备在舰艇上符合海上作战要求的火炮的统称。舰炮是水面舰艇对海作战、对空防御和对岸进行轰炸的主要武器之一，一般由炮身、炮架、基座、瞄准跟踪装置、弹药输送机构、弹药装填系统的等组成。在舰炮主要用于压制和摧毁敌舰时，舰上主炮所装的大口径舰炮成为主炮，而其他小于主炮口径的火炮称为副炮。第二次世界大战期间，各国装备的舰炮口径介于 20～475 毫米之间，达十几种，其中大口径舰炮射程达 20～45 千米。当时衡量军舰火力强弱的主要依据是舰炮，特别是大口径主炮（对战列舰、巡洋舰等重型军舰口径在 200 毫米以上）数量的多少。由于导弹的问世与发展，大口径舰炮的作用降低，目前大多数国家和地区不再装备 200 毫米以上口径的舰炮。而中、小口径舰炮成为现代军舰的装备重点,其特点是:① 中口径舰炮大多由以往的双联装改为单管炮,以便于实现操作自动化,同时减小了炮塔和火炮体积,便于较小军舰上装备中口径舰炮,加强火力。② 中口径舰炮大多高平两用,既可对空,又可对海面射击,并配备了对付不同目标的弹药。③ 现代中口径舰炮绝大多数都配备了先进的火控系统与完备的供输弹系统,自动化程度很高,反应时间短。④ 中口径舰炮发射制导炮弹,提高射击精度,减小弹药消耗。⑤ 除提高单管射速外,小口径舰炮向转管或转膛方向发展,以提高对低空或掠海飞行目标拦截的火力密度,同时配有先进的火控系统,提高对飞机和导弹的毁伤概率。现代军舰是以导弹、中小口径炮组成的综合火力来完成各种作战任务的,但对近距离(7千米以内)海上目标或低空、超低空、掠海攻击的目标主要依靠火炮;在中距离(7~12千米),火炮和导弹共同作用,导弹主要攻击远距离目标。因此,舰炮特别是中小口径舰炮在未来仍将是军舰主要武器系统之一。现代军舰上也能装载多管火箭炮,既可发射各种无控火箭弹,也可发射制导火箭弹。

三、核武器和生化武器

"人类可自我毁灭多次"——核武器

  核武器是一种利用核能的大规模杀伤破坏武器,真正被用于实战的是在第二次世界大战即将结束时,美国于1945年8月6日将代号为"小男孩"的铀弹投在了日本广岛,1945年8月9日将一颗代号为"胖子"的钚弹投在了日本长崎。两颗原子弹轰炸直接杀伤的人数约17万人,几年后又因辐射症死亡了几万人。两次原子弹爆炸给企图顽抗的日本侵略者以毁灭性打击,加速了日本军国主义无条件投降。由于核武器能给敌国造成难以承受的毁伤,它一直是有核国家最为隐秘的核心机密,被看成是克敌制胜的法宝,捍卫国家的基石。冷战时期,核武器对世界形势的影响主要表现为两个方面:一方面核武器的发展是世界面临核战争的危险;另一方面在核力量相对平衡,特别是双方都拥有第二次打击核力量的两极对峙中,美、苏(俄)双方都处于既拥有摧毁对方的能力,也面临被对方摧毁的困境。有人把这种状况生动地比喻为"困于瓶中的两个蝎子,彼此都可以置对方于死地,但自身也性命难保"。这样,核战争可能给双方带来的毁灭性后果,反过来起到了遏制核战争的作用。这就是常说的核武器的战略威慑作用。

  那么,人类究竟是怎样逐步发现核能,又把它研究成为大规模杀伤性武器的呢?19世纪末、20世纪初,物理学领域出现了一连串令人瞩目的发现和研究成果:电子、X射线、钋、镭和铀的天然放射性、狭义相对论及质量与能量关联公式、量子力学和原子模型等开创了原子理论发展的新阶段。20世纪20年代,史无前例的创造热情弥漫着整个物理学界并卓有成效:发现原子核、破解原子核正电荷的秘密、发现质子、实现人工核反应,一步步揭开了原子核的奥秘。20世纪30年代是核物理学的"黄金时代"。中子的发现导致了原子核由质子和中子组成假说的提出,翻开了核物理研究新的一页。对原子核结合能的研究和铀原子核在中子轰击下裂变现象的发现,打开了人类探索新能源——核能的大门。核能也就是原子能,它比化学反应释放的能量要大得多。以铀-235核裂变反应为例,"燃烧"(裂变)一个原子核,能释放约200兆电子伏的能量;而在煤、石油、天然气等燃烧(氧化反应)的过程中,一个碳原子氧化产生一个二氧化碳分子,只能释放大约4电子伏的能量。也就是说,一个铀核裂变反应释放的裂变能,是一个碳原子氧化反应所释放化学能的5 000万倍。我们再来了解一下聚变反应。太阳光辉普照地球已40亿年,却只用了它自身的一小部分资源。太阳之所以坐吃而不山空,是因为它拥有宇宙中的能量宝库——聚变核能。太阳的燃烧和自古使用的篝火燃烧完全不同。木头燃烧的化学反应,只是各个原子之间的组合状态起了变化,原子核没变,而太阳燃烧的核聚变反应是原子核组成发生了某种变化。无论核裂变反应或核聚变反应,原子核都转变为其他原子核。一般习惯上称利用核能制成的武器为原子武器,但由于能量释放实质上来自原子核的反应与转变,所以称之为核武器更为确切。

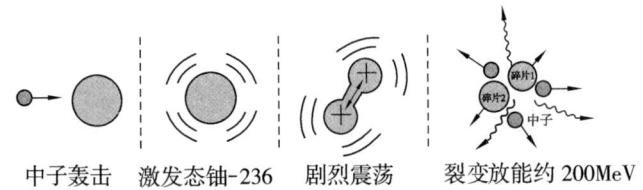

中子轰击　　激发态铀-236　　剧烈震荡　　裂变放能约200MeV

铀-235裂变示意图

从1938年12月18日德国放射化学家奥托·哈恩、F.斯特拉斯曼和奥地利物理学家丽丝·迈特纳发现铀原子裂变,到1945年7月16日第一颗原子弹在美国试验成功,前后只用了6年时间。这在现代武器发展史上,其速度之快是名列前茅的。一方面是由于核物理学取得了一系列重大发现,奠定了科学技术基础;另一方面,要归因于第二次世界大战迫使各国寻求杀伤威力更大的新武器。原子弹就是应运而生的产物。

核武器与一般常规武器的区别是:常规武器装的是化学炸药,如梯恩梯等,利用化学炸药爆炸产生化学能,主要来自化合物的分解反应;而核武器里面装的是核装料,如铀-235、钚-239、氘、氚等,利用原子核的裂变或聚变反应,瞬时释放出核能。核能的军事利用是武器发展史上新的里程碑。核武器具有一般常规武器无法比拟的杀伤破坏作用。一般炸弹最多装几百千克炸药,主要依靠爆炸效应或碎片进行杀伤,空中爆炸时杀伤半径只有几十米到几百米,而核武器威力可达从数百吨梯恩梯当量到数千万吨梯恩梯当量。一枚中等威力的核武器杀伤半径可达几千米至几十千米,而且还有常规武器所没有的其他多种杀伤破坏效应,如具有持久杀伤作用的放射性沾染等。核武器它能以最少的兵力、兵器在短时间内造成敌方人力物力的巨大损失。如第二次世界大战期间,美军在德国和日本消耗掉的常规炸弹总计约200万吨梯恩梯炸药,只相当于美军现在依然服役的B-52型轰炸机携载的两枚氢弹的爆炸威力。可见核武器毁伤作用之巨大,常规武器炸弹实难望其项背。

德国科学家最先注意到核裂变的军事价值,纳粹头子希特勒也曾想利用其巨大的能量去制造武器,以求掌握战争的主动权。一些物理学家为了不使这种武器掌握在纳粹手里,并为赢得第二次世界大战的胜利,在美国率先成功制造了威力巨大的原子弹。

"实战震撼人类"——原子弹

原子弹是利用链式裂变反应原理,在一个小的空间内瞬间释放出巨大能量,从而产生爆炸的武器。从物理学的角度说,原子弹应该称为"裂变弹"。

重原子核在中子或其他粒子轰击下分裂成中等的原子核,就称为核裂变反应。核裂变是先分裂成两块碎片,碎片的质量数不固定,可能这块大点,那块小点,经过衰变后形成稳定的原子核。所以铀核裂变产生的新原子核中可能有钡,也可能有镧,还有对应的另一半。我国核物理学家钱三强还发现了一个铀核裂变成三块的现象。

重核裂变时总会放出几个中子,这些中子如果不跑掉,只要有一个或一个以上能够打入另一个重核中,使之裂变,就会有新的中子产生。这些新的中子再去轰击另一些重核,如此下去,核裂变反应就可以持续不断地进行下去,核能就可以源源不断地释放出来。这种持续不断的核裂变反应称为"链式核裂变反应"。要实现链式核裂变反应需要一个条件,即当一个中子引起一个重核裂变后(第一代),至少要产生一个或一个以上中子,并保证至少有一个中子引起另一个重核裂变（第二代）。链式裂变反应有两种情况：一种是通过控制使每代裂变反应产生的中子刚好只有一个能引起下一级的原子核发生裂变，使裂变得以长期维持并持续放能。这一种称为可控链式裂变反应，常用于核电站、核潜艇的反应堆中。另一种情况是，每代裂变反应放出的中子有一个以上能引起下一级的核裂变反应，使裂变反应的规模越来越大。这一种称为不可控（或称发散型）链式裂变反应。例如：1个中子轰击1个原子核时释放出2个中子，放出的2个中子再轰击2个原子核，这时会放出4个中子，再去轰击4个原子核，再放出8个中子去轰击8个原子核，再放出16个中子……这样，中子和参与裂变的原子核雪崩式地发展，短时间内能量骤然增长，最终形成爆炸。核武器就是利用这种不可控的链式裂变反应原理做成的。

在不可控的链式裂变反应过程中，实际情况常常是这样的，由于原子核极其微小，一个中子射进去要碰上原子核是很不容易的。以铀裂变材料为例，中子射入后的命运有几种可能：① 碰着铀核使其发生裂变；② 碰着铀核而被散射；③ 碰着铀核而被吸收；④ 什么也没碰着，跑出去了；⑤ 碰着杂质（如硼原子核）被吸收。发生上述各种情况的概率与裂变材料是什么核素，与体积、形状、密度、纯度、表面积、周围介质等因素密切相关。显然裂变材料体积越大、密度越大、表面积越小，中子跑出去的概率就越小，发生裂变的概率就越大。裂变材料周围的介质还有可能把跑出的中子挡回来。裂变材料越纯，中子被杂质吸收的可能性就越小。当这块裂变材料周围条件一定时，如果中子减少的概率大于增加的概率，链式裂变就会中断，习惯上叫"熄灭"。一块裂变材料刚刚能够维持裂变反应进行而不熄灭时的质量，称之为"临界质量"。此时的体积就称为"临界体积"。铀-235裸球体的临界质量约为50千克，而α相钚-239裸球体的临界质量只有10千克，δ相钚-239裸球体的临界质量只有16千克。

原子弹爆炸是在极短的时间里实现的，其物理过程非常复杂。根据实现超临界的方式，原子弹可分为两种类型：用"压拢法"实现超临界的，称为"枪法原子弹"；用"压紧法"实现超临界的，称为"内爆法原子弹"。虽然用"枪法"和"内爆法"发的原子弹的爆炸过程稍有不同，但主要的物理过程并无多大差异。现在的原子弹都属于这两种类型。原子弹必须包含裂变材料系统和炸药系统。裂变系统包括裂变装料芯和惰层,炸药系统包括雷管、传爆部件和主炸药。此外,还有一个引爆控制系统和中子点火系统,引爆控制系统输出给雷管点火的电脉冲,中子点火系统输出给裂变系统点火的中子脉冲。

"威力登峰造极"——氢弹

早在 20 世纪 30 年代,科学家发现氢核聚变反应可以放出巨大的能量,太阳经久不衰的光辉就是来自氢核聚变。但人们未能首先开发利用聚变能,更没有想到把它做成武器,原因在于当时找不到任何能源能够提供聚变持续反应所需的温度和压力条件。原子能首先从裂变反应得到利用。在研制成功原子弹以后,核武器科学家进而想到,既然原子弹爆炸会产生极高的温度,是否可以用来点燃聚变?

1941 年 9 月,美籍意大利核物理科学家恩里科·费米和爱德华·特勒(Edward Teller),认为可以用原子弹爆炸的高温和压力使氘核产生聚变。由于它没有临界质量的限制,可以做成比原子弹威力大得多的武器。这个想法一直是研制氢弹的理论基础。1942～1950 年间,特勒提出的氢弹方案叫做"经典超级"弹,基本上是一个由液态氘组成的圆柱体。其设想是,用一个大的裂变弹引爆,使部分氘加热到极高温度,这部分被加热的氘核将发生核聚变反应。聚变反应释放的能量再传递给附近其他氘核,通过这种热能的传递使核聚变反应传播到整个氘圆柱体,从而释放出比引爆裂变弹大几百倍的能量。但是,"经典超级"弹设计中,在点火问题上存在难以克服的困难。原子弹爆炸提供的高温不足以保证引起氘—氘反应。为了克服这个困难,设想加些氚,因为氘—氚反应点火温度低于纯氘—氘反应。然而数学家 S. 乌拉姆(S. Ulum)仔细计算后,发现需要昂贵的氚太多,很不现实。除点火问题外,热核反应的传播也大成问题。费米和乌拉姆进行的计算表明,氘—氘反应即使在局部发生,其传播发展的可能性很小。因为氘—氘反应截面很小,而产生的能量损失很快,不足以点燃周围的氘而使反应持续下去。要克服上述困难,必须对热核燃料进行压缩的方案。即热核燃料(氘、氚)在点火燃烧前,先被压缩到很高的密度,这样,聚变反应释放的能量就会以一种复杂的方式与电子和辐射光子分享,而不会很快损失掉。这一点特勒等人早在1946年就想到过,但不知道如何实现,曾考虑用高能炸药产生的爆轰波来压缩,可是经过计算,这不足以显著提高聚变反应的效率。

直到1951年2月,乌拉姆在计算提高原子弹裂变效率的研究中得到启发。当时的计算模型是裂变、聚变材料在一起,他发现这种构型的核材料会在大规模热核燃烧发生之前飞散;同时又发现原子弹爆炸产生的X射线在周围材料中沉积能量时有很大的反冲作用。乌拉姆由此开了窍,他想能不能用裂变爆炸产生的X射线引燃聚变反应,即X射线能不能作为从裂变中把能量传输给聚变燃料的主要手段?他把这一想法告诉了特勒,特勒马上意识到用X射线去压缩聚变燃料。1951年3月,特勒和乌拉姆合写了一个报告,提出了用裂变初级的辐射能压缩热核次级的氢弹设计方案。同年4月,特勒又提出在热核燃料中间加一个易裂变材料部件,称为"火花塞",其作用是对压缩以后的热核材料点火。这就是现在常说的氢弹"分级辐射内爆原理",也称"特勒—乌拉姆构型"。1952年11月1日,根据"特勒—乌拉姆构形"设计的世界上第一颗氢弹试验装置——"迈克",试验结果威力高达1 040万吨梯恩梯当量。从此,核武器的威力开始用百万吨梯恩梯当量来衡量。

有关氢弹的具体结构是保密的。但在1974年出版的《大美百科全书》中,爱德华·特勒曾对氢弹的爆炸过程作的图示中,① 氢弹爆炸前的状态表明,氢弹是由一枚裂变装置来点燃热核爆炸;② 氢弹裂变装置爆炸过程表明,在梯恩梯炸药压缩下,铀-235达超临界而发生链式反应,使温度上升数百万度,并释放出大量中子;③ 氢弹聚变过程表明,由裂变装置释放的中子与热核装料氘化锂中的锂核反生反应,形成氦与氚,氚与氘聚变,释放出更多中子;④ 氢弹裂变过程表明一些中子打在铀-238外壳上,使其发生裂变,释放出更多的能量。这种典型的"裂变—聚变—裂变"过程,称为三相,这样的氢弹被称为"三相弹"。三相弹也称氢铀弹,是最早被用作武器的一种普通氢弹。

由于热核燃料氘化锂-6和辐射屏蔽层铀-238不存在临界质量问题,因而氢弹的威力原则上没有限制。按照特勒—乌拉姆构型原理,可以将聚变燃料一级一级地串起来引爆,像串"糖葫芦"一样。爆炸威力的限制只取决于军事的需要和投掷工具的载荷能力。原子弹威力通常为几百吨至几万吨梯恩梯当量,而美国第一颗氢弹原理试验装置的威力高达千万吨梯恩梯当量。前苏联 1961 年 10 月 30 日进行的超级氢弹试验,设计威力是亿吨级的,考虑到投弹飞机的安全,只好进行减威力试验(把核材料减掉一部分),在新地岛的 6 千米上空用图-95 飞机空投,爆炸威力为 5 800 万吨梯恩梯当量。

前苏联的超级氢弹——世界上爆炸过的威力最大的核武器

"似乎讲人道"——中子弹

核武器爆炸可产生光辐射、冲击波、早期核辐射(释放中子、γ 射线,也叫瞬发核辐射)、放射性沾染和核电磁脉冲等五种杀伤破坏因素。它们对人员和物体的杀伤破坏机理不同,效果也不同。特殊性能核武器是根据不同的作战目标,在设计时选用不同的装料和结构,对这些杀伤破坏因素进行剪裁,增强或者减弱某些杀伤破坏效应,使之成为具有某种特殊性能的氢弹。特殊性能核武器主要是中子弹、减少剩余放射性弹、增强 X 射线和核电磁脉冲弹。其中以中子弹最为引人注目。

20 世纪 50～60 年代,以美国为首的"北大西洋公约组织"(简称北约)和以苏联为首的"华沙条约国"(简称华约)两大军事集团在西德和东德对垒。当时,前苏联的常规力量比北约强大,特别是在东德部署了 5 000 多辆坦克,一旦战争爆发,北约的常规力量将无法抵挡前苏联大规模集群坦克的进攻。

于是，战术核武器就成为北约首选的武器。1954年，美国陆军的280毫米核大炮部署到北约欧洲国家，这种大炮炮弹为裂变弹，其爆炸时在半径约为1.5千米或2.5千米的范围内会造成人员的严重伤亡和建筑物的大规模破坏。1955年美国在北约进行的一场作战模拟演习中发现，如果在西德爆炸268枚核炮弹阻止苏联集群坦克的进攻，估计会有50万～250万平民死亡，350万人受伤，西欧的文化遗产也将遭受严重破坏。如果减小核武器的威力，军事效能也将相应地削弱。北约国家对使用战术原子弹会造成大量平民伤亡提出了异议，也使美国对在欧洲使用战术核武器感到担忧。在这样的背景下，为了增强对坦克乘员的杀伤，减少冲击波和光辐射造成附带毁伤，军事科学家于1958年提出了中子弹的概念。对于那些热衷于将核武器用于战场的军方人士来说，中子弹是一种比较理想的武器。它的冲击波和光辐射会大大减少，发出的瞬时核辐射却要大得多。目标区内的军事人员会被核辐射杀死或丧失战斗力，如果再适当提高中子弹的爆炸高度，冲击波和光辐射对平民的伤害和对建筑物的毁坏问题在很大程度上可以避免。

中子弹爆炸时放出大量看不见摸不着的高能中子，具有极强的穿透能力，对生物有很强的杀伤力，它可以轻而易举地穿透一定距离内的坦克装甲、掩体和砖墙等物，杀伤其中的人员，而建筑物、坦克、武器装备等却能完好地保存下来。因此，中子弹是集群坦克的克星。

"穷国的核武器"——生物武器

生物武器是指生物战剂及其施放器材的总称。而生物战剂一般是指使人畜致病的微生物（细菌、病毒、立克次体等）或其他生物制剂或毒素。它的施放器材包括为此目的而专门设计的武器、设备或运载工具。使用生物武器杀伤人、畜及农作物的军事行动叫生物战。

最早的生物战可以追溯到远古时代。比如古代的波斯、希腊和罗马文献中就记载有用人或动物尸体污染水源而导致敌军疾病流行的战例。最典型的一次发生在1346年造成整个欧洲鼠疫流行的"黑色死亡"之役。当时，鞑靼人围攻热那亚人据守的克里米亚东海岸的卡发城，3年久攻不下。这时亚洲发生的鼠疫被商人带到了克里米亚，并使鞑靼人感染了鼠疫。于是，鞑鞑人便将鼠疫死者的尸体抛入卡发城内，使守城的热那亚人大量染病死亡，最后不得不弃城逃走。逃亡者乘船途经西西里岛、撒丁岛、科西嘉岛，最终到达意大利的热那亚港。但这些逃亡者中的绝大部分人都发病而死，仅有不到1%的人活了下来。更为严重的是，他们的逃亡将鼠疫传遍到整个意大利，随后波及全欧洲。估计因鼠疫流行造成的死亡人数达2 000万之多，约占当时欧洲人口的1/3。类似的流行病导致战争失败的事例一直延续到19世纪的多次欧洲战争、美国南北战争以及1899～1902年的南非战争。但真正现代意义上的生物武器的出现却是20世纪的事。随着微生物学和武器技术的发展，生物武器的研制才有了坚实的基础。

生物武器发展的重要时期是在第一次世界大战之后。1943年德军在前苏联受挫，由党卫军赞助在波兹南建立起一个生物武器研究站。该站的工作主要集中于细菌悬浮液的飞机布洒分散研究。研究过的疾病包括鼠疫、霍乱、斑疹伤寒和黄热病等。对于利用昆虫来攻击敌方牲畜和庄稼的可能性也进行过一些研究，如使用科罗拉多甲虫来破坏马铃薯的收成等。到了1945年在前苏联红军的进攻面前，这个研究站终于在没有做出任何惊人事情的情况下撤退了。德国的生物战研究也就此寿终正寝。

在生物武器的发展研究方面真正取得成绩的是英、美、前苏联和日本。

在第二次世界大战期间，英国于1940年在波顿的化学战研究机构内建立了一个小规模的生物战研究单位。该单位1941～1942年间在苏格兰西北部海岸附近的格瑞纳德小岛上进行的试验之一，是用小型炸弹和加农炮来散布炭疽芽孢。英国的生物武器研究和发展计划还得到美国和加拿大的帮助与合作。美国的生物战计划的规模要大得多，也成功得多。它最大的生物武器研究和发展机构设在迪特里克堡。这里曾对多种致病微生物进行过研究。据说美国陆军已经储备了Q热、委内瑞拉马脑炎、野兔热和炭疽的病原体作为杀伤人员的生物战剂，以及稻瘟真菌、茎叶锈病真菌和谷类锈病真菌等毁坏农作物的生物战剂。迪特里克堡还研究了多种生物战剂的分散技术和装置，如有一种生物集束炸弹，可将约10%的液体悬浮状态的战剂分散成传染性溶胶。除了液体悬浮剂的形式外，他们也对干粉状生物战剂进行了研究。

在生物武器研究发展方面曾经取得实用性成果并把它大规模用于战场

上的,则是军国主义日本。日军不仅进行生物武器的研究和生产,而且还把生物武器大规模用于战争。当年侵华日军实施的细菌战是迄今为止人类历史上最大的细菌战。他们使用的生物战剂主要有:伤寒、副伤寒杆菌、霍乱弧菌、痢疾杆菌、炭疽杆菌、马鼻疽杆菌、鼠疫杆菌、破伤风杆菌、气性坏疽等。散布方式为投放细菌炸弹、飞机喷雾和人工撒布等。据中日学者最近调查考证结果表明,从1933年起到1945年日本战败,侵华日军在中国实施生物战长达12年之久。实施生物战的战区遍及现在的黑龙江、吉林、辽宁、河北、山东、山西、陕西、内蒙古、宁夏、甘肃、湖北、湖南、江苏、安徽、江西、浙江、福建、广东、广西、云南等20个省、自治区的63座城镇,至少造成27万中国民众死亡。日军进行生物战的滔天罪行理应受到全世界人民严厉谴责。

武器化生物战剂

武器化生物战剂亦称为标准化生物战剂,是指外军曾经装备成生物弹药的生物战剂,如炭疽杆菌、鼠疫杆菌等。下面介绍几种曾经装备的生物战剂。

(1)已用于实战的炭疽杆菌 炭疽杆菌芽孢的抵抗力强,在外界环境中能长期生存。在特定条件下,可以存活数十年。炭疽杆菌致病力较强,人的呼吸道半数感染量是8 000~10 000个芽孢,在无防护条件下,呼吸1分钟可引起人群50%发生吸入性炭疽病。它适合于大规模撒布,如撒布炭疽杆菌芽孢气溶胶,污染水源和食物或空投带菌昆虫和杂物,人、畜均可感染,并可造成疫源地。美国1999年发表的一份报告说,如果通过生物武器成功地向空中散播炭疽杆菌,炭疽杆菌孢子可在几个小时,最多一天内扩散。炭疽杆菌孢子无色无味,可以传播数千米。炭疽是一种死亡率很高的急性传染病。尤其吸入型炭疽杆菌的病死率高,病情急。吸入型炭疽,早期即出现高热、胸痛、咳嗽、血痰、呼吸困难、脉搏急促、紫绀,迅速发生周围循环衰竭,病人可发展为炭疽脑膜炎,出现颈强直、昏迷等症状,脑脊液呈血性,多在第2~3天死亡。皮肤型炭疽,病原体侵入裸露的皮肤部位(脸、手、脚、颈、肩、臂等),初为红色丘疹或斑疹,迅速变成浆液血性棕黑色血疱,数日后呈出血坏死性创口,形成黑色焦痂,创口不化脓、不痛,伴随有局部水肿扩大,附近淋巴结肿胀疼痛,且常有高低不等的发热和轻重不同的毒血症。胃肠型炭疽,主要表现为腹部剧痛、呕吐、腹泻、便血及低热,呕吐物及粪便常带血,可迅速出现休克及脑膜炎症状,患者多死于休克或毒血症,全病程约2周。炭疽分布于世界各地,无明显地区性。人与人之间不易传染,主要经直接或间接接触病畜而感染,也可由吸血昆虫叮咬传染。染病不受年龄、性别影响,男女老幼均可发病,主要取决于接触机会多少,如:夏季皮肤多暴露,接触染菌的机会多,皮肤型炭疽就多。湿度较大、碱性灰质土壤、富含有机物的土壤,特别是掩埋过炭疽病畜尸体,病畜分泌物、排泄物或炭疽杆菌污染过的地方,往往形成炭疽疫源地。几个世纪以来,人们已知炭疽杆菌能导致动物发病,尤其是草食性的动物,如马、牛、猪、羊等。该病极少在人身上出现。目前,大约82个国家发现过动物炭疽,人类炭疽病例通常发生在中东、非洲和独联体国家。炭疽在美国又被叫做"剪羊毛工人病",因为从1900~1978年美国发现的18个炭疽患者大多从事羊毛或羊皮处理工作。

(2)人可高度感染的鼠疫杆菌 鼠疫,特别是腺鼠疫,又称黑死病,曾是最流行的疾病之一。据记载,公元1334~1351年,世界范围内流行此病,使城市人口死亡大半。

鼠疫杆菌从20世纪30年代起就被日军选为战剂。日军在侵华战争中曾使用过鼠疫杆菌进行生物战。据估计,单架轰炸机的攻击可能产生的原始效果,如污染面积在城市中心上风向1千米,下风向9千米,宽约2千米,在无防护条件下对发达国家的50万居民城市可造成1.3%的人死亡,对发展中国家可造成11%的人死亡。对发达国家500万居民城市可造成0.72%的人死亡,对发展中国家可造成0.82%的人死亡。

鼠疫杆菌对人有高度感染性,估计吸入2 000~3 000个鼠疫杆菌即可使人感染发病。其感染能力与致死率均高于炭疽杆菌,并可通过多种途径传染,特别是肺鼠疫传播迅速,症状严重,死亡率高,属于烈性传染病。鼠疫杆菌可在许多实验介质中培养,如鸡胚培养,但通过原宿主培养效果最佳,可通过撒布鼠疫杆菌气溶胶或空投受感染的蚤类和啮齿动物造成疫源地。

鼠疫的临床症状由身上各部位的感染而表现出来,常见的有三种类型。腺鼠疫:发病急,有畏寒、高热、头痛、不安等症状。面部及眼结膜充血,走路不稳像醉酒。腋窝、颈部或腹股沟淋巴结肿大,同时有剧烈疼痛,肝脾肿大,脉搏速微,心音低弱,血压逐渐下降,常有严重的神经症状和皮肤、黏膜出血。全病程7~10天。肺鼠疫：除有上述腺鼠疫的严重症状外，还有咳嗽、胸痛、血痰、呼吸困难、紫绀以及两肺出现轻重不等的实质性病变体征，此型鼠疫如不及时救治，病人多在1~4天内死亡。全病程两周，病后可终身牢固免疫。败血症鼠疫：此型鼠疫无固定的病灶，却有严重的全身中毒症状和皮下黏膜出血以及极严重的神经症状，多数病人可继发性肺鼠疫。

本病分布于亚洲、非洲、北美洲及拉丁美洲，多流行于市郊，因其不整洁、杂乱环境有利于老鼠繁殖。我国已消灭了人间的鼠疫流行，但鼠间鼠疫仍偶有发生。我国邻国如印度、缅甸、尼泊尔、巴基斯坦等国仍有人间鼠疫流行。腺鼠疫在人与人之间不直接传染，但肺鼠疫病人可作为传染源，通过咳出的飞沫传播。该病的流行与气候、社会条件有关，特别是过于拥挤不卫生的住室更易传播。

(3) 肠道传染的霍乱弧菌　霍乱是被霍乱弧菌污染的食物和水引起的肠道传染病。自1961年起，霍乱从它的地方性流行区——印度尼西亚的苏拉威西岛传出，先在东南亚地区，以后逐渐传到欧、非以及美洲，造成霍乱大流行，许多第三世界国家连续20年受霍乱之害。

1952年，美国在朝鲜战争中曾用霍乱弧菌污染的文蛤在朝鲜大同郡引起两例霍乱病例死亡。霍乱弧菌不是一个合适的生物战剂，因为有良好的卫生环境条件和免疫预防时，霍乱不能蔓延。

本病菌致病能力强，如不治疗病死率高，流行性强，易经水广泛传播，可通过空投带菌物品、食品及带菌苍蝇或污染水源疫源地。它在外界环境中能存活较长时间，如在井水中存活18~51天，牛奶中存活2~4周，鲜肉中存活6~7天，蔬菜中存活3~8天。

感染霍乱弧菌后，起病突然，多无前期症状，一般可分3期：吐泻期，出现严重腹泻，大便初期为黄水样，后期为米泔样，没有臭味；排便次数增多，量大。呕吐多出现在腹泻之后，呈喷射状，随后出现腓肠肌痉挛，体温下降，脉搏微细，1天之内即进入脱水虚脱期。这一时期患者皮肤干燥，没有弹性，两颊深凹，两眼下陷无光，声音嘶哑，神志不安，全身出冷汗，口唇和四肢紫绀，腋下体温下降至34℃左右、失声、痉挛、心音微弱、血压下降、尿少或尿闭、血液浓缩、循环衰竭。最后进入恢复期，这一时期病人大部分在脱水纠正之后，症状很快消失，逐步恢复正常，但也有少部分病人出现发热反应，昏迷或钝性头痛、呃逆、深呼吸等尿毒症症状,病程 1 周左右,病后有免疫力。

该病分布于印、巴次大陆和印尼,呈地方性流行,但从 1960 年起亚、非洲也有本病发生,1977 年曾在中东地区流行,并传播到日本。人是该病的唯一感染来源,主要传播途径是污染的水源和事物,通常是人们接触了废弃物引起传染。该病有一定季节性,一般在 5~6 月开始出现病例,8~9 月为高峰,然后下降,到 10~11 月只有很少病例。

(4)失能性生物战剂——布鲁氏杆菌　第二次世界大战结束前,美国人认识到致死性生物战剂的局限性,开始研制非致死性或失能性生物战剂——布鲁氏杆菌。它的吸引力在于死亡率低,但给受害者带来极大的痛苦。它曾被美军列为标准生物战剂,代号为 US 剂。布鲁氏杆菌致病力强,人类吸入约 1 300 个菌即能患病。它对外界环境抵抗力较强,传播途径多种多样,可撒布微生物气溶胶或利用空投及特务污染食物和水源。慢性患者病程持久,治疗困难,可造成战斗力的丧失。

感染该菌后发病急,症状多样,开始很类似感冒。急性期表现为发热,典型的热型为波浪热型,亦有呈弛张热、不规则热或持续性低热,但神志清醒,同时有寒战及大量出汗,全身关节痛,肌肉酸痛,睾丸肿痛,神经痛,肝、脾、淋巴结肿大等。发热一般持续 2~3 天,体温可逐渐下降,全身症状消失。但间隔数日可再度发热,全身症状也再度出现。如此反复 2~3 次或更多。如经呼吸道感染时,可发生原发性布鲁氏菌肺炎,体检和 X 射线检查与结核病类似。可出现干性或渗出性胸膜炎和血痰,极易误诊。病程可迁延数月甚至数年。一般病程在 3 个月以内为急性期;病程在 3~12 个月为亚急性期;病程在 1 年以上转为慢性期,多为顽固性的关节或肌肉疼痛,并伴有神经症状等。病后可获得一定的免疫力。

该病无明显地区性。传染源主要是羊、牛、猪,病菌可随其尿、乳汁、流产的胎儿及阴道分泌物排出体外,通过直接或间接接触食品、尘土而传播。人与人之间不传播。

(5)最毒的天然毒素——肉毒杆菌毒素　肉毒杆菌毒素作为军用战剂研究是从 20 世纪 30 年代开始的。肉毒杆菌毒素是肉毒梭状芽孢杆菌产生的外毒素,毒素血清型分为 A~G 七型。其中 A,B,E,F 型对人有致病作用,美军曾将肉毒毒素列为标准致死性战剂,第二次世界大战后进行大量生产和储存。肉毒毒素的英国代号为 M16。英国间谍曾使用它暗杀德国保安机关头子海德里希,成为第二次世界大战期间特工人员使用细菌武器最典型的例子。肉毒毒素是目前生物毒素中毒性最强的,对人敏感的 4 型中,A 型最强。据报道,部分提纯的 A 型肉毒毒素干粉对人呼吸道致死剂量约为 0.3 微克。其化学成分为蛋白质,分子量为 150 000。毒素中毒无传染性,潜伏期短,病情严重,如不及时治疗,病死率很高。毒素易大量生产,对热较稳定,煮沸 5~10 分钟才能完全破坏。毒素对乙醇稳定,但可被卤素灭活。毒素溶液在 pH=6.0,4℃保存,效价半年不变,冻干毒素在低温条件下可长期保存。毒素本身无臭无味,识别困难,目前尚无特效治疗方法,可通过撒布毒素气溶胶或用各种方法污染水源和食物造成疫源地。该病是食物中毒的一种,主要引起副交感神经系统和其他胆碱能支配的神经生理功能的损害,病人多死于呼吸麻痹。前期的症状有全身无力,严重口干,食欲减退及呕吐等。重要临床症状为双侧对称性的视力模糊、复视、瞳孔散大、对光反射消失、眼睑下垂、斜视和眼球固定。严重者有吞咽、咀嚼、发音、语言、呼吸困难,甚至失声,共济失调,呼吸浅表,心动过速,但所有病人体温均正常或稍低。病程中知觉正常,意识始终清楚,这和神经系统的其他传染病不同。病程一至数周,病后可获得稳固的免疫力。

该病分布无明显地区性,在我国青海、新疆、宁夏等省、自治区均有本病发生。肉毒毒素中毒,传播途径除经口外,也可通过气溶胶经呼吸道感染。

(6)食物中毒的元凶——葡萄球菌肠毒素　葡萄球菌肠毒素是由葡萄球菌产生的胞外蛋白质。葡萄球菌食物中毒能使人疲惫,但一般只是短期的影响,特别是它的快速作用提示肠毒素可能成为有效的失能性战剂。SE 比较稳定,它用于气溶胶施放比肉毒毒素更容易生效。现在已发现 SE 共有五型(A,B,C,D,E),食物中毒以 A 型为多,C、D、E 型毒素也能致病。研究最多的是 B 型,美军将葡萄球菌肠毒素 B 型(SEB)列为失能性战剂。

SEB 的纯品是白色绒毛性粉状物,有吸湿性,易溶于水,不溶于有机溶剂,其化学成分为蛋白质,相对分子量 28 500。SEB 对热稳定。在 pH 为 7.3 时 SEB 加热到 60℃,经 16 小时仍保持其生物活性;加热至 99℃,经 87 分钟才能完全灭活,这时毒素已凝固;粗制毒素比纯毒素更耐热,毒素无臭无味,识别困难。毒素中毒潜伏期短,在短期内使人失能,失去战斗力。毒素易大量生产,毒素作用机理不明,无特效治疗方法,可通过撒布毒素气溶胶或污染食物和水源地造成疫源地。

葡萄球菌肠毒素无处不有,要从环境中排除是不可能的,因为50%的人带有葡萄球菌,只要人一接触食品就极有可能引起葡萄球菌污染。人感染葡萄球菌肠毒素后起病急,初期表现为恶心、干呕、口水多,随之出现腹泻、腹痛,有时便血、呕血等。严重病人发生脱水和电解质丧失,导致循环衰竭,肌肉痉挛,体温多低于正常,病程1～3天,也有个别病例恢复慢,身体无力达1周,病死率低于0.5%。该病无明显的地区分布性;传播途径除经口外,也可通过吸入毒素气溶胶经呼吸道感染;毒素中毒无传染性。

潜在性生物战剂

潜在性生物战剂是指具有作为生物战剂的可能性,并曾作为生物战剂研究过的一些致病微生物、毒素。外军潜在性生物战剂研制重点主要转向病毒类,原因在于病毒的分子性质决定于不同的基因密码,利用基因工程修饰不同的基因片段,可提高病毒分子的致病力,改变病毒的抗原结构,使之不易产生抗体并增强其敏感性,从而提高病毒抗热、光、紫外线等因素的能力,使之便于生产、贮存和使用。下面只选取介绍外军一些具有代表性的潜在性生物战剂。

(1)死灰复燃的祸根——天花病毒　天花曾是世界分布的古老的病毒性传染病。1977年在亚洲、非洲、南美等地区呈现地方性流行。1980年5月8日,世界卫生组织大会宣布天花已在全世界消失。目前,各国已不再接种牛痘,人群的易感性大大提高,这时如用天花病毒作生物战剂的可能性和有效性就会加强,因此,必须提高警惕。重型天花病毒被列为致死性生物战剂。天花病毒致病力强,传染性强,病情严重,病死率高。病毒对干燥抵抗力较强,病人的皮痂室温一年仍可分离出病毒。水疱液用肉汤稀释后,在4℃或-20℃封闭式保存数年仍有感染力。病毒对乙醚、氯仿、去氧胆酸盐、50%的甘油、酚和一些常用消毒剂都有较高的抵抗力,但对氧化剂则较敏感。甲醛溶液和紫外线可以灭活病毒。目前还没有有效的治疗药物,潜伏期12天左右(8～17天),不需要生物媒介,病毒存在于患者口、鼻分泌物和排泄物中,皮肤起的疹及结痂都含病毒。人与人之间接触感染,接触染有病毒的衣服、被褥和器具均可传染。施放气溶胶或投掷污染天花病毒的昆虫、杂物可造成疫源地。

临床表现有重型和轻型天花,重型天花病死率为 25.5%,45% 的病例出现融合性皮疹,79% 有出血现象。轻型天花病死率为 0.1%~1%。重型天花的典型病程可分为三期。前驱期,此期患者有毒血疹,体温激速上升至 39~41℃,伴有恶寒、头痛、全身痛、呕吐、咳嗽、咽痛、厚苔、面潮红、结膜充血、精神不安、惊厥等,2~4 天。皮疹期,在发病后第 3~4 日,体温迅速下降,皮肤出现斑疹→丘疹→水疱→脓疱。中央凹陷称"豆脐"。脓疱期体温重新上升,呈弛张型热,病人全身状况恶化,神志模糊,循环衰竭,口、咽部黏膜可有溃疡,出现吞咽和呼吸困难。此期约 5 天左右。干化—结痂期,在脓疱形成 2~3 天后,逐渐干缩成紫色厚痂,此时体温降到正常,全身状况好转 2 个月后开始脱痂,全部脱痂需 1~2 周,有时达 3 周以上。脱痂后因皮肤损害严重,可遗留永久性疤痕。全病程 3~4 周,病后可终身免疫。

(2) 兼攻人畜的战剂——裂谷热病毒　1912~1913 年已发现在肯尼亚的裂谷有该病的流行。当该病在家畜中流行时,接触病畜的人几乎均受感染或发病。1950~1951 年,南非流行此病时,至少有 10 万头牛、羊死亡,约有 2 万人感染发病。中国尚无此病,必须加以警惕。裂谷热病毒别名立夫特山谷病毒,可作为一种很强的兼攻人、畜的生物战剂,对人类,它是失能性战剂,失能时间大约 10 天左右;对牛、羊等家畜,它是致死性战剂。在室温使用一般消毒剂均可使本病毒灭活,但在血浆(血清)中的病毒却非常稳定,室温下至少可存活 7 天,4℃ 下可存活数月。病毒以气溶胶形式具有很高的感染力,耐受气溶胶化过程,在 23.9℃,相对湿度 50% 时,"喷"后的病毒最初回收率为 9.25%~19.4%。目前尚无特效疗法。撒布本病毒气溶胶或带病毒的蚊虫媒介可造成疫源地。感染裂谷热病毒后,高烧一般达到 40℃。发烧可严重影响智力和运动/肌肉神经,腹泻带血,在热病的后期肝部受损可能伴有黄疸。在退烧后,可能出现两个并发症:一是急性视网膜炎,视网膜结痂时,将永久性丧失视力。二是由于神经发炎或破坏而产生急性意识状态改变。此病分布于东非和尼罗河谷,无年龄、性别或种族差异,但和职业有密切联系,经常接触新宰牛、羊畜体和内脏的工人,感染率平均 18%,不接触任何畜体的屠场工作人员为 3%。传播媒介主要为蚊虫,患病的绵羊、骆驼、牛、山羊等是此病的感染来源和扩大宿主。人类可通过三种途径受感染：蚊虫叮咬，接触病畜肉、内脏或吸入带此病毒的气溶胶。人与人之间不直接传播。

(3)无需生物媒介的传染性战剂——拉沙病毒　拉沙病毒对人类的感染力很强，非常容易引起医院和试验室感染具有较高的稳定性，对热和冻融有相当高的耐受性，悬浮在血清或胸水中的拉沙病毒，60℃，60分钟才能灭活。病毒致病能力强，传播途径广泛，可大量繁殖。目前尚无特效疗法。撒布微生物气溶胶可造成疫源地。

拉沙病毒所致疾病是人类的一种严重疾病，患者的病死率高达20%。此病起病徐缓，早期症状不特异，持续一周左右，有35%～50%的患者从第二周起，病情开始恶化，表现为持续高热40～41℃，热型不特异，可持续到临死前才下降。面部、眼周围和颈部水肿并有出血现象，随后，患者进一步出现心、肾功能异常和全身中毒症状，最后休克、死亡。此病恢复缓慢，恢复期约数周或数月，多数患者在恢复期仍长期感到乏力，少数患者可又出现急性期症状。重型病例可长期遗留全身性神经功能障碍。

此病多分布于非洲，病例呈中、小流行或散在发生。此病患者的性别、年龄、种族等都无显著差异。在尼日利亚，此病多在1～2月份发生，但在塞拉利昂和利比亚全年均可发生。已证明接触传播和气溶胶传播是此病的主要传播方式。从鼠到人的传播主要是由于进入或栖息于人室内的鼠通过其尿液、口分泌物或其他体液污染器物、食物和空气，使人感染。人与人之间的直接传播，以接触传播为主，气溶胶传播次之。人间直接传播，多半只传播一代，继发感染者再传给另一人的例子，虽有记载，但极少见。

(4)可造成严重后遗症的战剂——森林脑炎病毒　欧洲捷克等地发生过较大的流行。别名：俄国春夏型脑炎病毒、蜱传脑炎远东亚型病毒。森林脑炎病毒在冷冻干燥条件下或在－70℃,可长期保持其感染力。具有高度感染性，致病性强，病情重。目前尚无特效疗法。通过撒布气溶胶或撒布感染病毒的蜱可造成疫源地。患者经过潜伏期后，初始症状是发烧和昏迷，起病1～2天就可出现神经系统症状，如意识障碍，嗜睡、昏睡、谵语等。并可能有心血管系统障碍，如心肌炎、循环衰竭等。森林脑炎引起身体器官变化并经常沿着消化系统传播开。特别是病情持续几天以上，对消化、内分泌、循环、呼吸系统可能产生永久性损害,留下严重后遗症。全病程10～20天。病后可获得终身免疫。

森林脑炎多分布于远东地区,为自然疫源性疾病,自然疫源地多分布于林区及附近,中国已知黑龙江、吉林、新疆北部的林区有此病的自然疫源地存在,人的发病也多在这些林区及其周围地区。全沟蜱是主要传播媒介,全沟蜱的幼蜱、稚蜱、和成蜱分别寄生于小啮齿类、鸟类、鹿、牛等动物和家畜,这种病毒循环与这些动物和蜱,通过成蜱叮咬而使人感染,吸入含该病毒的气溶胶亦可感染。全沟蜱已为贮存宿主,终生带病毒,且可经卵传递病毒,病人不排出病毒。此病有一定的季节性,在中国和远东,多在4～7月,6月为高峰,在中欧有两个高峰,为5～6月,9～10月。人与人之间无传染性。

(5)战争和灾荒的伴侣——斑疹伤寒立克次体　由斑疹伤寒立克次体引起的疾病在历史上曾大规模流行,并常与战争、灾荒相伴随,因而被称为"战争热"、"饥荒热"。第一次与第二次世界大战期间,在作战区曾大规模流行。前苏联与东欧在1918～1922年间,斑疹伤寒发病者达3 000万人,死亡300万人。20世纪50年代初,中国人民志愿军也曾发生流行性斑疹伤寒。此病毒感染力强,一旦感染,病势严重病死率高。病原体对热、紫外线及一般消毒剂均敏感,室温中数小时死亡,4℃冰箱中存活数日,但在干燥虱粪中可存活数月至一年,虱肠中保存两年,－70℃可长期保存。撒播微生物气溶胶可造成疫源地。

流行性斑疹伤寒侵袭中枢神经系统并损害神经,可引起昏迷,肝和脾肿大,并可能造成永久性伤害。严重的斑疹伤寒病会立即出现高烧、寒战、剧烈头痛、背和肌肉痛、全身无力,有呕吐和恶心现象,一般颈部周围皮肤会突然泛红等,在第4～9天出现皮疹,第10～12天皮疹逐渐扩散形成大的黑色斑。另外大约10%的临床病例发展成第二次细菌性肺炎。持续的高烧对于幸存者常常导致性格方面的改变。

此病流行于非洲、亚洲、拉丁美洲等地区不发达国家。病人为此病的主要传染源,主要传播媒介是体虱,虱受感染后,其传染性保持终生。虱并不是通过叮咬传播,而是人在瘙痒时,虱的排泄物或挤压虱子通过皮肤的伤口或裂口进入人体,或通过吸入被感染的虱子的排泄物而传播。此病主要发生于冬春季节,但在战时,由于人员流动性大,卫生条件差,在温暖季节也可继续流行。

(6)强效失能性生物战剂——鹦鹉热衣原体 由鹦鹉热衣原体引起的疾病成为鸟疫或鹦鹉热。据报道此病能使人高烧,症状像伤寒,能发展成肺炎。早在 1874 年,已有人因接触鸟类而患肺炎的记载。1892 年,巴黎出现肺炎流行,首次证明与鹦鹉有关,定名为鹦鹉热。随后在世界各地相继发现除鹦鹉外,许多禽鸟均可使人发生类似感染。美军研制鹦鹉热衣原体的最初代号为 SI,被认为最强效的失能性战生物战剂。

鹦鹉热衣原体致病力与传染性强,感染剂量小,强毒株甚至一个病毒颗粒剂可引起感染。它对外界环境抵抗力较强,在室温下可存活 1 周左右,在 6～10℃的暗处,其感染力可保持 25 天左右,在 －20℃保持一年以上,在 －70℃可长期保存。病毒加热到 56℃,5 分钟,紫外线照射 3 分钟,甘油、乙醚及乙醇在室温处理 30 分钟皆可灭活衣原体,0.1％甲醛溶液、0.5％碳酸、3％的甲酚皂溶液需在室温作用 24 小时以上才可将其灭活。其免疫原性弱,容易产生耐药性,因而诊断困难,防治不易。撒布微生物气溶胶、投掷各种带该病原体的物品(如羽毛)、施放感染的禽鸟类,均可在受袭击地区造成持久性的疫源地。

感染鸟衣原体后,患者临床症状差别很大,病程长,体力恢复慢。有的患者出现亚临床隐性感染,或呈轻型感冒,有的患者出现严重的中毒症状,如剧烈头痛、不安、谵妄、内脏功能衰竭等。患者起病急,无前期症状,急骤发热、全身酸痛、咳嗽、畏光、厌食、呕吐、眼结膜充血、表情淡漠。重症患者发热持续 10 天以上,呼吸道症状显著,出现神经系统症状或心肌炎等并发症。病程一般为 7～21 天,但完全恢复需数周或数月之久。病后的免疫力很不牢固,极易再感染。此病分布于全世界。鸟和家禽为主要的传染源,鸟类终生携带并排出此种衣原体,由鸟传播到人。人类通过接触气溶胶感染,受染后长期从痰和唾液中排出此种衣原体,可长达 10 年之久。

(7)感染症状类似癌症的生物战剂——粗球孢子菌 由粗球孢子菌引起的全身性感染疾病称为球孢子菌病,又名山古热、沙漠热。在美国西南部估计有 2 000 万～4 000 万人患本病或曾受感染。粗球孢子菌为双向型真菌。在培养基及土壤中为霉菌型,形成菌丝及筒状关节孢子,在人和动物细胞内为酵母型,不发芽,而靠形成内孢子来繁殖。球孢子菌能引起深部真菌病,属于专性需氧菌,营养要求不高。孢子在土壤中可生活数月至数年,对干燥及温度抵抗力强,在-15~37℃条件下,最少能存活6个月。高相对湿度有利于孢子存活,传染性强,能造成人、牛、马、羊、狗、猪、及野鼠等的感染,不需生物媒介,通过接触传播,可由空气或因皮肤外伤侵入体内。撒布微生物气溶胶可造成疫源地。

肺部吸入粗球孢子菌,初期仅有流感样症状,少数病例有结节性红斑过敏反应,多出在小腿前和膝关节周围。体弱者可发生全身播散型,表现为寒战、弛张热,病灶可传播及关节、皮下组织、内脏及脑膜等,形成单个或聚集脓肿,于数周或数月内死亡。通过皮肤传染孢子菌病,以反复发烧为主要特征。局部皮肤表现为结节、溃疡、肉芽肿及脓肿,病程数月或更长。严重的感染者经常有酷似生癌的现象,少数免疫功能缺陷病人可发生弥散性病变,全身各器官均可受浸染,最常受侵袭的是脑膜,其次是骨骼和关节,如果发生脑膜炎,不经治疗可全部死亡。多数病人病后可获得持久性的免疫力。此病分布局限于北美洲西南部的沙漠地带和南美洲以及委内瑞拉、洪都拉斯等国的部分地区。人吸入含有孢子或有破损皮肤、黏膜侵入而感染。被孢子污染的石膏绷带及衣物,也能感染远离流行地区的人,此病不直接由动物或人传染给人,多发生于干燥多尘的季节和地区。

未来生物战剂

近几年基因工程技术的飞速发展,给人类带来越来越多的好处,过去被认为是绝症的许多疾病可望被制服。2001年2月12日,由英、美、日、德、法、中等六国科学家参与的人类基因组工作的草图测定业已完成,这项工作被人们誉为是破译生命奥秘的里程碑。它首先给人类带来的是惊喜,因为它为解释生命现象和疾病发生机理提供了新的可能性,可以直接指导基因产业和医疗卫生工作。然而,基因组研究如同一把双刃剑,在造福人类的同时,它也为研制新生物战剂提供了技术支持,使人类再次面临一种新型武器的威胁。例如,蛋白质工程和遗传工程技术结合类似工程设计的方法,根据作战需要,在一些致病细菌的活病毒中接入能对抗普通疫苗或药物的基因,产生具有显著抗药性的致病微生物;或在一些本来不会致病的微生物体内接入致病基因,制造出新的生物战剂。

事实上，一些国家已经开始了基因武器的研究。已知的有两种类型：一种是针对某个种族的基因密码特征去杀伤特定种族；另一种是利用基因工程制造某种新生物战剂去破坏人的免疫系统。

目前基于生物技术大量研究的新生物战剂的主要方向是采用基因转移和重组以及细胞融合、细胞培养和生物反应等生物技术手段。自1983年以来，国外对20余种潜在性生物战剂的病毒分子的基因进行了研究，建立了8～9种病毒的基因信息库，研究其基因结构、抗原性、毒力、复制因子等，为改造和提高传统生物战剂的性能，研制新的生物战剂奠定了基础。有报道，美国军事医学研究所已经研究出一些具有抗四环素作用的大肠杆菌遗传基因与具有抗青霉素作用的金黄色葡萄球菌基因的拼接，再把拼接的分子引入大肠菌中，培养出具有抗上述两种抗菌素的新大肠杆菌。俄罗斯也早就着手研究剧毒的眼镜蛇毒基因与流感病毒基因的拼接，试图培育出具有眼镜蛇毒素基因的新流感病毒。德国军方也在研制可以对付抗生素的生物武器，研究范围包括改造大肠杆菌、霍乱和黑死病等致命病毒的病原体基因。应该说，此种基因武器的研制，是生物战的深化和发展。世界又将面临一种专门杀伤有生力量的新类型生物武器的威胁。

"小人的搏杀利器"——化学武器

化学武器是一类大规模杀伤性武器，它是利用化学物质的毒性以杀伤有生力量的各种武器和器材的总称。具体讲它由以下三个部分组成：一是以其直接毒害作用干扰和破坏人体的正常生理功能，造成他们失能、永久性伤害或死亡的毒剂（过去也称毒气）；二是装填毒剂并把它分散成战斗状态的化学弹药或装置，如钢瓶、毒气罐、气溶胶发生器、布洒器、各种炮弹、航弹、火箭弹以及导弹弹头等；三是用以把化学弹药或装置投送到目标区的发射系统或运载工具，如大炮、飞机、火箭、导弹等。

化学武器最早的大规模使用发生在第一次世界大战期间，始作俑者是德国人，选用的是一种有剧烈毒性的气体——氯气。以德国、奥匈帝国等为一方与以英国、美国、法国、比利时、俄罗斯、意大利等协约国为一方的各帝国主义国家之间，展开了一场重新瓜分世界和掠夺物质财富的激烈战争。

到了 1915 年，战争进入了僵持阶段，交战双方都构筑了坚固的工事，任何微小的推进都要付出高昂的代价。1915 年 4 月 22 日下午 5 时，随着 3 发红色信号弹腾空而起，德军在西线比利时的伊普尔地区 6 千米的阵地上突然从 5 370 个钢瓶中施放出 180 吨氯气。当巨大的黄绿色毒气云团随风飘向法军阵地时，驻守在那里的非洲兵团很快就全线崩溃。没有遇到抵抗的德国士兵带着用水淋湿的纱布和棉花制成的简易防毒面罩，小心翼翼地跟在毒气云团的后面，向前推进了几百米。他们看到一幅前所未有的恐怖场面：协约国士兵的尸体横七竖八地躬在地上，胳膊伸得老长，像要逃避毒气的样子；那些还没有死亡的受伤者趴在地上拼命挣扎，喘息着，咳嗽着，嘴里大口大口地吐着黄黄的黏液，并慢慢地死去。一些还能走动的法国士兵都仓皇逃命。他们大多数人已经说不出话来，只能指着自己的喉咙示意。到下午 6 时前，甚至 16 千米外的地方，毒气云团仍然使人感到眼睛刺痛，咳嗽不止。第一次毒气攻击得手之后，紧接着 4 月 24 日，德军又对加拿大部队的阵地发动了氯气攻击。

这两次化学攻击共造成协约国方面 1.5 万人的伤亡，其中死亡者达 5 000 余人。幸存者有 60% 的人完全失去了战斗力，有的成为终身残废。这次大规模毒气攻击的效果大大超出了德军指挥官们的想象，鼓动东线的德军指挥官在 5 月 31 日向俄国第二集团军的两个步兵师施放了共约 264 吨氯气，造成伤亡达 8 934 人，其中 1 101 人死亡。此后交战双方进行的毒气钢瓶攻击共达 200 余次，所用的毒气除氯气外，还有光气、双光气以及光气和氯气的混合物等。光气和双光气的作用和氯气相似，只是毒性比氯气更为剧烈。他们都是通过呼吸道引起中毒，对气管和肺产生刺激作用，导致严重的肺水肿，最后因窒息致死。这类毒剂被称为窒息性毒剂或肺刺激剂。

神经性毒剂

神经性毒剂是破坏人的神经系统正常传导功能的一类毒剂，由于已装备的神经性毒剂基本都是有机磷化学物质，所以又被称为"含磷毒剂"。它们是在研究农用杀虫剂的基础上发展起来的，主要代表物有塔崩、沙林、梭曼和维埃克斯等。

这类毒剂对脑、膈肌和血液中乙酰胆碱酯酶有强烈的抑制作用，能造成乙酰胆碱在体内过量蓄积，从而引起中枢和外周胆碱神经系统功能严重紊乱。因其毒性强、作用快，能通过皮肤、黏膜、胃肠道及肺等途径吸收引起全身中毒，加上其性质稳定、生产容易、使用性能良好，因此被称为"现代毒剂之王"。神经性毒剂主要有两大类：一类是氟膦酸酯与氰膦酸酯化合物，称为 G 类毒剂，挥发度较高，多作为非持久性毒剂使用；另一类为硫赶膦酸酯类化合物，称为 V 类毒剂，挥发度较低，可作为持久性毒剂使用，并且具有高透皮毒性，易于透过皮肤使人中毒死亡。

纯的 G 类毒剂均为无色水样液体，工业品呈淡黄或黄棕色，有淡的水果香味；V 类毒剂为无色、无油味状液体，工业品呈微黄或棕黄色，有硫醇味。

在常温下神经毒剂的纯品较稳定，含杂质的工业品的稳定性稍差。加热到 150℃ 以上时，塔崩、沙林和梭曼有明显分解（沙林在弹爆瞬间分解率可达 30%）；高纯度的维埃克斯性质稳定，在干燥并隔绝空气条件下，长期贮存也不易变质，爆炸时有少量分解。G 类和 V 类毒剂在水中均可缓慢水解，生成的产物均无毒。20℃ 时，每升水含 0.1 克沙林的溶液，在 6~8 天沙林可被完全水解；同样条件下，梭曼被完全水解需 76 天。维埃克斯水解最慢，常温下水解速度接近沙林的万分之一。加热可加速毒剂水解。如沙林水溶液（每升含沙林 10 克），加热至 50℃ 时，在 1.6 小时内可完全水解。加热虽也能加速 V 类毒剂的水解，但不完全。G 类毒剂能与碱迅速发生化学反应。20℃ 时沙林水溶液（每升含 16 克的沙林）与足量的氢氧化钠反应，3~5 分钟即可完成。空气中的 G 类毒剂可用氨水进行喷洒消毒。碱也可破坏 V 类毒剂，但速度较慢，常温下完全消毒需要数小时。V 类毒剂能被二氯胺、次氯酸盐、三合二等氧化氯化剂氧化，生成无毒的甲基膦酸乙酯和二异丙氨基乙磺酸，它们都是对付 V 类毒剂的良好的消毒剂。

神经性毒剂是外军装备毒剂中毒性最强的一类毒剂。它的吸入毒性比氢氰酸大数倍至数十倍，其中维埃克斯毒性最大。吸入致死量的毒剂后，数分钟之内即可引起人员死亡。皮肤染毒经一定潜伏期后出现全身中毒症状。维埃克斯对皮肤的毒性极强，染毒 6 毫克，如不及时消毒即可致死。野战情况下经口摄入的可能性不大。但如果误食染毒食物、水后，同样能引起人员中毒。毒物通过各种途径吸入人体内，或分布于全身，或选择性地蓄积于某些器官，在机体的作用下发生转化、消除等一系列过程。动物研究表明，神经性毒剂在体内的分布是不均匀的。猫或家兔静脉注射沙林后，在肺、肾分布较多，肝、血次之；小鼠腹腔注射维埃克斯后，肺中最多，血次之，脑中最少。神经性毒剂进入人体后，一方面与特异性蛋白质，如乙酰胆碱酯酶结合，使胆碱酯酶失去水解乙酰胆碱的能力，产生毒性作用；另一方面与非特异蛋白质结合起解毒作用。如 G 类毒剂在 G 类毒剂水解酶（一种普遍存在于哺乳动物血浆、肝、肾中的酶）的作用下，水解生成无毒的膦酸酯，然后被排出体外。

沙林是外军主要装备的神经性毒剂，其化学名称为甲氟膦酸异丙酯，美军代号 GB。沙林是德国人在 1939 年首先制得的。第二次世界大战后，美、苏都获得了这方面的技术，相继大量生产沙林并以其装填各种型号的炮弹、炸弹、火箭弹装备部队。沙林成为最重要的毒剂之一，生产和储存的量最大，是各国主要装备的神经性毒剂。纯沙林在常温下是无色液体，有微弱的苹果香味，像水一样易于流动，储存过久颜色会发黄，有时还因有沉淀析出而变混浊。沙林是一种挥发度很高的毒剂，中等温度时，持久度可达 1～4 小时；0℃时可达 15 小时。沙林极易渗入多孔表面和油漆表面，其蒸气易被多孔物体如砖瓦、水泥、木材、纺织品所吸附，且能与水和多种有机溶剂如苯、乙醚、乙醇等混溶。沙林在常温下的中性水中的水解速度较慢，但随温度的升高水解速度会显著加快，所以被沙林染毒后的水经过煮沸就能达到消毒的目的，但饮用水至少要煮沸 30 分钟后才能食用。沙林可以装在炮弹、炸弹等弹药中，以爆炸方式将其分散开来。其中蒸汽和气溶胶可经呼吸道、眼睛侵入人体，液滴则可使食物和水源染毒。人员中毒几分钟后便出现瞳孔缩小、流口水、多汗、呼吸困难等症状，中毒严重则呼吸中枢麻痹、心跳停止而死亡。

梭曼常被称为"最难防治的毒剂"。其化学名称为甲氟膦酸异己酯，美军代号 GD。梭曼是德国人 1944 年首先合成的，毒性比沙林大，但生产比较困难，在希特勒垮台前它还只是处于实验室试验阶段。第二次世界大战后，前苏联正式装备了梭曼。梭曼吸入毒性是沙林的 2～4 倍，皮肤毒性是沙林的 5～10 倍。其突出优点是挥发度适中，不仅初生云团很容易达到致死浓度（暴露 1 分钟），再生云团也能达到一定的伤害作用（暴露 20 分钟）。冬季其持久度在地面上能达到 10～15 小时。梭曼的另一特点是中毒作用快且无特效解药，因此有"最难防治的毒剂"之称。梭曼蒸汽在服装上吸附能力很强，一件军呢大衣约可吸附 0.1 克梭曼，如解析率为 50%，那么在 5 米×3 米×3 米的密闭空间内，只要有 10 个穿着吸附有梭曼的呢大衣的人，20 分钟就能使人致死。纯净的梭曼为无色液体，有微弱的水果香味，工业品呈黄色，有樟脑味，能溶于水，易溶于有机溶剂，能渗透皮肤和橡胶制品，易被多孔物质吸附。梭曼通常被装在导弹、航空炸弹、炮弹、地雷等兵器中使用，形成蒸汽、气溶胶或液滴等战斗状态，通过呼吸道吸入，也可通过皮肤吸收等途径杀伤人畜，或使食物和水源染毒，经消化道进入体内。中毒者会产生胸闷、缩瞳、流涎、流涕、呼吸困难和全身痉挛等神经性毒剂中毒的症状，严重时，迅速死亡。

塔崩的化学名称为二甲胺氰磷酸乙酯，美军代号为 GA。塔崩的发现比沙林早，德国在 1936 年就首先合成并装备了这种毒剂。1945 年希特勒垮台时，虽然没有来得及用于战场，但已经生产了 12 000 吨。这套生产设施与技术资料被前苏联俘获后，1949 年前苏联又恢复了生产，被列为苏军的装备毒剂，后来由于沙林的发现，它的作用才有所下降。纯塔崩是无色有水果香味的液体，易流动，工业品为黄棕色，不纯时或部分分解而生成的氢氰酸有苦杏仁味，浓度高时还有胺味。塔崩可用作持久性或半持久性的毒剂，常温下稳定，特别适用于地面染毒，当使其造成气溶胶状态时，也使空气染毒。在染毒区停留 10～20 分钟，其再生云团也能造成伤害，在 18℃时，其持久度可达 24 小时。

维埃克斯最重要的特点是它渗透皮肤的高毒性。它的化学名称为 S-β-二异丙氨基乙基流赶甲基膦酸乙酯，美军代号为 VX。1952 年英国人首先发现了它，而后由美国人重点发展，1958 年美国正式列为装备毒剂。20 世纪 60 年代初期苏军军事化学家首次披露，某种新的神经性毒剂只要皮肤染毒 2 毫克即可迅速致人死亡。之后西方报刊又报道了维埃克斯曾引发的 1968 年震惊世界的羊群诉讼案。当时美国牧场主状告美军在维埃克斯布毒试验中，误杀死了近 6 000 只羊。纯的维埃克斯是无色、无臭的油状液体，工业品或储存一定的时间后呈微黄色并有硫醇的臭味，弹爆炸后也能分解出硫醇，所以仅凭嗅觉就能发现它。维埃克斯主要装填在炮弹、炸弹内，以爆炸分散法使用，也可用飞机布洒。它主要以其液滴使地面和物体染毒，其蒸汽和气溶胶能使空气染毒，持续时间比其他神经性毒剂要长。维埃克斯的毒性极大，一小滴维埃克斯液滴落到皮肤上，如不及时消毒和救治，就可引起人员死亡。对维埃克斯毒剂的防护应穿戴全身防护器材，即防毒面具、防毒衣等。

糜烂性毒剂

糜烂性毒剂又称起疱剂，是一类能直接损伤组织细胞、引起局部炎症、吸收后能导致全身中毒的化学毒剂。曾装备的糜烂性毒剂有芥子气、路易氏剂和氮芥气等。其中芥子气在第一次世界大战中曾得到广泛使用，有"毒剂之王"的称号。

芥子气化学名称为 β,β-二氯二乙硫醚，美军代号为 HD。纯芥子气为无色油状液体，工业品为黄色至深褐色，因其有芥末和大蒜味而得名。根据不同的军事使用要求，芥子气有多种剂型。芥子气是德国人在 1886 年首先发现的，代号为"黄十字"。在第一次世界大战中德军首先在比利时的伊普尔地区对英法联军使用，获得极大的成功。芥子气主要经过皮肤或呼吸道侵入机体，引起中毒。其潜伏期 2～12 小时过后，皮肤就会出现红肿、水疱，同时眼睛出现模糊、红肿甚至失明。第一次世界大战中，希特勒作为参战士兵就曾遭到芥子气袭击而眼睛暂时失明。芥子气伤害途径较多，人员必须全身防护。芥子气沸点较高、比重大、难溶于水、易溶于有机溶剂、穿透性强、作用持久并有特殊气味。芥子气落入水中大部分沉于水底，少部分呈油状薄膜漂浮水面，可造成水源长期染毒。溶于水中的芥子气易于水解，生成无毒的硫醚类化合物。温度升高可增加芥子气在水中的溶解度并加速水解，加碱也能使水解加速。因此可采用加碱煮沸法对芥子气染毒物品进行消毒。芥子气可被漂白粉、三合二等氧化，生成无毒作用的芥子亚砜。但与强氧化剂（如高锰酸钾）作用生成芥子砜，芥子砜仍有弱糜烂作用。芥子气与皮肤黏膜接触 2～3 分钟后尚滞留于体表（此时用消毒剂可除去），10～15 分钟后大部分被吸收，其中约 12% 的芥子气被"固定"于局部皮肤或组织上，引起该部分皮肤或组织的损伤，其余大部分则进入血循环并分布全身，在肾、肺、肝等器官中含量较多。被吸收的芥子气在血液和体液中被很快转化，游离状态（未参加化学反应）的芥子气存留时间一般不超过 30 分钟，但严重中毒后在体内滞留可长达一个星期。皮肤是芥子气损伤的多发部位。潮湿多汗、四肢屈侧等皮肤薄嫩处及受摩擦部位都比较敏感。芥子气损伤的过程与染毒剂量、外界条件以及机体状况有关,高温高湿能显著增强芥子气毒性作用。芥子气能迅速穿透皮肤,大部分进入血液,小部分被"固定"于表皮与真皮内,形成结合芥子气。皮肤损伤的程度与此"固定量"有关。液滴态芥子气皮肤损伤典型临床可分为潜伏期、红斑期、水疱期、溃疡期、愈合期5个阶段。芥子气中毒后可遗留许多后遗症。如皮肤损伤可引起过敏现象,产生各种皮炎,疤痕形成可引起功能障碍;呼吸道损伤后可出现慢性支气管炎、支气管扩张及肺气肿等;中、重度眼损伤可遗留结膜炎、角膜炎、角膜溃疡、视力减退、甚至失明。另外,芥子气中毒后还可使癌变和畸变率增高。

全身中毒性毒剂

全身中毒性毒剂主要包括氢氰酸和氯化氰,因分子结构中都含有氰基(CN),故又叫做"氰类毒剂"。经呼吸道吸入后作用于细胞呼吸末端的细胞色素氧化酶,使细胞能量代谢受阻,功能失调,迅速导致机体功能障碍,是一种速杀性毒剂。1916年7月法军在索姆河战役中首先对德军使用了氢氰酸,但因炮弹爆炸引起燃烧、蒸气比重较空气轻、挥发度大和有效战斗浓度维持时间短等原因,未能造成人员严重伤亡。第二次世界大战期间由于弹药和施放技术的重大改进,在短时间内可造成2~3毫克/升的染毒浓度,在此浓度下,暴露15~30秒人员可迅速死亡。此类毒剂具有速杀作用,易透过防毒面具。平时作为化工原料有大量生产和贮存,其来源丰富,战时可直接转化为化学毒剂,目前仍受重视。

氢氰酸是全身中毒性毒剂的一种,化学式为HCN。氢氰酸是瑞典人于1782年发现的。氢氰酸及其剧毒特性已为人所熟知,若干有毒植物的果仁、根部含有氰甙,如苦杏仁、枇杷仁、木薯根等,分解后即释放氢氰酸,可致中毒。氢氰酸及其盐类是常用的工业原料,广泛用于化纤、冶金、电镀、有机玻璃工业中,作为剧毒物质,也屡屡用于毒杀、暗杀、自杀等目的。第二次世界大战中,德国奥斯威辛集中营就使用氢氰酸屠杀了大批无辜平民。纯氢氰酸为无色液体,有苦杏仁味,能与水任意互溶,易溶于酒精、乙醚等有机溶剂并能溶于氯化氢、光气及有机磷化合物中,氢氰酸可装填入炮弹、炸弹和火箭弹中使用。靠炸弹将其分散，造成空气染毒，通过人的呼吸道侵入机体，引起全身中毒。中毒者出现流泪、咳嗽、恶心、呕吐、呼吸困难、眼睛瞳孔散大、皮肤黏膜泛红以及痉挛等症状。人员只需用防毒面具即可进行防护。氢氰酸的毒性作用与浓度关系甚为密切，其致死剂量随浓度降低、暴露时间延长而增大。液体氢氰酸经口服中毒的半数致死剂量为 0.9 毫克/千克，氢化钠和氰化钾经口中毒的致死剂量分别为 100 毫克/千克和 144 毫克/千克。氰酸液滴落入眼内，除有局部刺激作用外，吸收后可以危及生命，其半数致死剂量为 12 毫克/千克。氢氰酸在水溶液中的离解常数很小，有利于透过细胞膜，故易通过肺泡壁、肠黏膜、眼睛和伤口吸收，大剂量也可通过皮肤吸收。氢氰酸进入体内后，通过多种代谢途径失去毒性。其中绝大部分（80%以上）在硫氰酸生成酶的催化作用下形成无毒的硫氰酸盐从肾脏排出，其余可呈原形由呼吸道和分泌腺排出，或经氰酸盐变成二氧化碳。氢氰酸的中毒机制是由于氢离子对细胞色素氧化酶具有很高的亲和力，与酶结合后使之失去活性，从而阻断细胞呼吸。氧化型细胞色素氧化酶与氰基（CN）结合后，便失去传递电子的能力，以致氧不能被利用、氧化磷酸化受阻、三磷腺苷合成减少、细胞摄取能量严重不足而窒息。

氯化氰是另一种全身中毒性毒剂，法国在第一次世界大战中首先使用。化学式为 CNCl。纯品为无色液体，有强烈刺激气味。可溶于水，易溶于醇、醚、汽油等有机溶剂，还可与氢氰酸、芥子气等毒剂互溶，不易被活性炭吸附。氯化氰比氢氰酸容易水解，加热、加碱可加速水解。氯化氰毒剂可装入炮弹、炸弹和火箭弹中使用，造成空气染毒，通过呼吸道引起中毒。氯化氰对眼和呼吸道有强烈刺激，浓度为 0.001 毫克/升时，有刺激感；浓度为 0.0025 毫克/升时，暴露数分钟即大量流泪。氯化氰的毒性与氰氢酸相当，但氯化氰又具有氯气的强烈窒息作用，可引起肺水肿。对氯化氰毒剂的防护与氰氢酸相同，须使用防毒面具。

窒息性毒剂

窒息性毒剂是一类主要损害肺组织，引起肺水肿，导致呼吸功能损害的毒剂，又名肺伤害剂，包括光气、双光气和氯化苦等。光气是这类毒剂的典型代表，它和它的衍生物是生产塑料、合成纤维、染料等的重要原料，化学工业发达的国家均大量生产。双光气现已被淘汰,氯化苦现在一般只作为训练用毒剂。

光气是英国人于 1812 年用一氧化碳和氯气在强光作用下首先制得的,1915 年被德军首次使用于第一次世界大战。光气为无色气体,沸点 7.6℃,是名副其实的气体,稍溶于水,易溶于甲苯、二甲苯、氯苯、卤代烷和煤油中,也能溶于毒剂芥子气和发烟剂四氯化钛等酸性物质中。光气溶于水后迅速水解。光气可装填于炮弹、迫击炮弹、地雷、航空炸弹和火箭弹中使用,造成空气染毒。光气和双光气有烂苹果或烂干草味。在常温下很稳定,爆炸时极易蒸发,分解量很少。光气很容易水解,不能使水源或含水较多的食物染毒。双光气在冷水中水解慢,完全水解需几小时到一昼夜,加热煮沸可在几分钟内完全水解。光气、双光气与碱作用失去毒性。因此,可用氢氧化钠、氢氧化钙和碳酸钠等碱性溶液或浸以碱性溶液的口罩进行消毒或防毒。氨水也能用于光气的消毒。

光气吸入中毒后的主要病变是中毒性肺水肿,原因之一是光气的化学性质非常活泼,它极易与肺组织蛋白中某些基因团发生化学反应,引起肺中酶的大量破坏,使细胞正常代谢及其功能受损。另外,光气中毒使肺泡表面活性物质受损也是引起肺水肿的重要原因。光气(双光气)中毒的典型临床可分为四期:① 刺激期:吸入光气立即出现刺激症状,主要表现为眼痛、流泪、咳嗽、胸闷气憋、呼吸率改变、嗅觉异常或久存光气味,咽喉部及胸骨后疼痛等。植物神经和中枢神经系统症状有头痛、头晕、乏力、不安或少言、淡漠、恶心、呕吐、上腹疼痛等。在吸入剂量相等的情况下,高浓度短时间中毒的刺激症状重,低浓度长时间中毒刺激症状较轻。② 潜伏期:刺激症状消失或减轻,自觉症状好转,但病理过程仍在发展,肺水肿在逐渐形成中。潜伏期一般 2~13 小时。重度中毒 2~4 小时,中度中毒为 8~12 小时,有时长至 24 小时。③ 肺水肿期:从潜伏期到肺水肿期可突然发生或缓慢发生,此期一般为 1~3 天。肺水肿期的早期症状有全身疲倦、头痛、胸闷、呼吸浅快、脉搏增加、咳嗽、烦躁不安等。肺泡性肺水肿进展很快,一般在 24 小时内达到高峰。④ 恢复期:中毒较轻或经治疗后肺水肿也可于发病后 2~4 天内吸收,全身情况好转。咳嗽、气短减轻,痰量减少、体温下降,肺部啰音减少或消失。如有继发感染,一般在中毒后期第 3~4 天病情恶化:体温继续升高,肺水肿吸收迟缓,可在中毒后 8～15 天因支气管肺炎而死亡。此外,还可能发生其他并发症,如胸膜炎、支气管炎,偶见肺栓塞、肺坏疽、肺脓肿以及下肢、脑、心、视网膜等处栓塞。后遗症主要有慢性支气管炎、肺气肿、支气管扩张、晚期肺脓肿、结核病体质等。死亡时间大多在中毒后 1～2 天内。死亡原因主要是肺水肿引起的严重缺氧及循环衰竭,晚期多半死于支气管肺炎。

失能性毒剂

失能性毒剂是一类中毒后主要引起精神活动异常和躯体功能障碍,能使人暂时丧失战斗能力但一般不会造成永久性伤害或死亡的毒剂,因而简称失能剂。电影、小说中经常出现的蒙汗药便属于失能剂,古典小说《水浒传》"杨志押送金银担,吴用智取生辰纲"一回,武艺高强的"青面兽"杨志,在饮用了蒙汗药酒后,眼睁睁地看着生辰纲被劫走,自己却动弹不得,便诠释了失能剂的妙用。失能性毒剂研制的品种繁多,按其毒效的不同,可以分为精神性失能剂和躯体性失能剂两类。其中精神性失能剂主要引起精神活动障碍,如知觉、情感、思维活动的异常和紊乱,主要代表有替代羟乙酸酯类和四氢大麻醇类化合物以及麦角酰二乙胺、蟾蜍色胺、西洛赛宾、麦斯卡林等。躯体性失能剂主要引起机体运动失调、瘫痪以及呕吐、失明、致聋、体温失调、低血压等,主要代表有苯咪胺、箭毒、震颤素等。与其他毒剂相比,失能性毒剂除了要求剂量小外,还要求安全比大(也就是既要使人员中毒失能但又不能使其死亡),毒效的持续时间可调(即中毒失能人员能在期望的时间范围自行恢复)和无"三致"(致癌、致突变、致畸胎)效应。失能剂使用的场合主要为交战双方混杂在一起或对特定重要目标实施袭击,以获取重要情报、设施和俘虏。其主要代表物是美国曾经装备的毕兹。

毕兹是一种无特殊气味的白色或微黄色的结晶粉末,沸点较高,不溶于水,可溶于氯仿、苯等有机溶剂中,微溶于乙醇。毕兹性质稳定,在 200℃ 下加热 2 小时只分解百分之十几。常温下毕兹很难水解,可使水源长期染毒。加热加碱可使水解加速,加压煮沸大部分可水解破坏。毕兹是碱性化学物质,遇酸生成盐,即可溶于水中。因此,毕兹在酸性水溶液中的溶解度较大。毕兹毒剂虽具有使人失能的作用,但因失能剂造成的效果难以预测,且生产成本要比其他毒剂要高,因此使用和发展这种毒剂受到较大限制。美国在

20世纪80年代已停止生产与装备毕兹。毕兹可装填于炮弹、炸弹等弹体内,靠炸药将其分散成气溶胶状态,从而使空气染毒。染毒空气经呼吸道吸入人体引起中毒。用适当的溶剂溶解后的毕兹溶液,可经皮肤吸收中毒。毕兹吸入中毒的半数失能剂量为110毫克·分/升,对人的半数致死剂量估计为200克·分/升,安全比(致死剂量与失能剂量之比)在2 000以上。毕兹属抗胆碱能类药物,它含有类似乙酰胆碱的结构,能与胆碱能受体结合形成牢固的"药物—受体"复合物,有效地阻止乙酰胆碱和受体的结合,破坏神经系统的正常生理功能。虽然毕兹与胆碱能受体的结合后是可逆的,但由于体内没有能够特征破坏它的物质,故毕兹在体内代谢较慢,需时数天。毕兹毒剂中毒后的潜伏期为半小时至1小时。人员中毒后的症状为口干、瞳孔散大、眩晕、步履蹒跚失控、丧失定向力。在操作毕兹时偶然中毒的人叙述,还产生莫名其妙的幻觉,如天塌地陷、飞鸟成群、洪水猛兽乃至妻妾成群的景象。中毒症状可持续几小时以致数日。

刺激剂

刺激性毒剂又称刺激剂、控爆剂、防爆剂和抗爆剂。它是最早出现的一类化学毒剂,曾在化学战的历史上广泛使用,军事上用于扰乱敌方或将敌方逐出掩蔽地域。在许多国家又常作为驱散群众、控制暴乱的重要警用控暴武器,也常装填于笔型、香水型等小型喷射装置中,作为商售的个人防身设备。刺激性毒剂不产生杀伤作用,只产生瞬时性感官刺激作用,一般不会造成伤亡以及后遗症。其主要作用是刺激眼、鼻、喉及皮肤感觉神经末梢,使人迅速出现流泪、眼痛、喷嚏、咳嗽、恶心、呕吐、胸痛、头痛以及皮肤灼痛等症状。按其对刺激作用部位不同,刺激剂可分为催泪剂和喷嚏剂。前者以刺激眼为主,极低浓度即能引起眼强烈疼痛、大量流泪、怕光和眼睑痉挛;高浓度催泪剂对上呼吸道和皮肤也有刺激作用,主要代表有苯氯乙酮和西阿尔。后者以上呼吸道强烈刺激作用为主,引起剧烈和难以控制的喷嚏、咳嗽、流涕和流涎,并有恶心、呕吐和全身不适,主要代表有亚当氏气。实际上,任何一种刺激剂的作用都是多方面的,将它们分类只有相对的意义。如西埃斯就对眼和上呼吸道均有强烈刺激,同时对皮肤也有明显的刺激作用。刺激剂主要刺激黏膜和皮肤,尤其以前者为重。一般引起眼睑痉挛、结膜充血、结膜炎、角膜炎或溃疡;接触上呼吸道可引起鼻炎、咽喉炎或气管炎。严重者可发生黏膜上皮坏死、黏膜下水肿。皮肤损伤严重者则发生小水疱和溃疡。刺激剂中毒的共同特点是低浓度即可对眼和上呼吸道产生强烈刺激,几乎没有潜伏期;伤员的主观感觉严重,客观检查体征少而轻;脱离接触后症状很快减轻和消失(亚当氏气中毒后可有后继作用)。历史上曾用作刺激性毒剂的化合物有数十余种,但各国军用与警用主要装备的刺激剂种类是上面提及的西埃斯、西阿尔、苯氯乙酮、亚当氏气。理想的刺激剂不仅要求具有强烈的感官刺激作用,由于它的特殊用途,对安全性的考虑也非常重要,因此不能对人产生杀伤与损伤作用,更不允许有长期毒性及致癌、致畸毒害作用,高安全性的西埃斯正逐步取代苯氯乙酮成为最重要的刺激性毒剂。此外,也有一些新化合物出现于刺激性毒剂的行列中,如环庚三烯(EA4923,1-甲氧基 1,3,5-环庚三烯)为易挥发性液体,刺激强度高于西埃斯,使用方便;辣椒素,代号 OA,对眼睛、鼻黏膜、皮肤有强烈刺激作用,安全性良好,可用于控暴武器。辣椒素个人防身武器在美国已有商售产品。

西埃斯化学名称为邻一氯苯亚甲基二腈,美军代号 CS。它是由美国人卡森和斯托顿于 1928 年最先合成的,取两人姓氏的头一个字母 C 和 S 命名该化合物。西埃斯纯品是白色片状晶体,有胡椒味,难溶于水,微溶于醇,易溶于苯、氯仿、丙酮等有机溶剂,不易水解,加热、或加碱则可加速水解。它能被高锰酸钾、次氯酸盐等氧化剂氧化,生成物不再有刺激作用。气溶胶状态的西埃斯对眼睛和上呼吸道有强烈刺激作用,中毒后出现灼痛、大量流泪、流涕等症状,脱离接触 5~15 分钟后症状消失。但皮肤接触处产生刺痛、红斑,其作用仍可保持数小时之久。西埃斯可装入手榴弹、枪榴弹和布洒器中使用。这种刺激剂被美国军队大量应用于 20 世纪六七十年代的越南战场,其使用量达 7 000 吨之多。西埃斯现已广泛作为军警控暴、维持治安的有力武器,而且也成为公众,特别是妇女防身的有力手段。西埃斯可装进枪弹和手提喷洒器之中,以及装入车载化学喷雾器之中机动使用。

苯氯乙酮的美军代号 CN,它虽然有荷花的清香味,但其强烈的刺激作用却让人退避三舍。纯的苯氯乙酮为无色晶体,工业品为黄色、棕色或绿色固体,难溶于水,易溶于有机溶剂,常温下很难水解,加热、加碱水解速度也很慢。它主要刺激眼睛,引起怕光和大量流泪。高浓度时也能刺激上呼吸道，引起咳嗽、恶心等症状，还会刺激潮湿多汗的皮肤，出现红斑甚至发生水疱。中毒者要迅速离开染毒区并用2%碳酸氢钠水溶液或清水冲洗眼睛并漱口。

西阿尔被誉为刺激剂新秀，美军代号CR。西阿尔在20世纪70年代才被美军列为装备。其纯品为淡黄色粉末，无臭味，难溶于水，易溶于乙醇、乙醚和苯等有机溶剂。西阿尔不但不容易水解，而且在水中仍具有更强的刺激作用，因此它可用作水源染毒。西阿尔对眼睛、鼻子、咽喉及皮肤有强烈的刺激作用，可使人出现流泪、喷嚏和皮肤红斑等多种症状。

四、军用信息装备

军用卫星

军用卫星是专门用于各种军事目的的人造地球卫星。军用卫星发射数量最多,约占世界各国发射航天器数量的 2/3。军用卫星按用途一般分为侦察卫星、军用通信卫星、军用导航卫星、军用气象卫星、军用测地卫星和截击卫星等。在 20 世纪 50 年代末期人造卫星出现以后,就开始试验用于军事目的。进入 60 年代,各种军用卫星相继投入使用。之后,随着卫星技术和卫星应用技术的进步,军用卫星得到了飞速发展。在 20 世纪 90 年代和 21 世纪初的几次局部战争中,军用卫星都直接参与了实战,成为一些国家现代化作战和指挥系统的重要组成部分,被喻为现代化信息战争中军事力量的倍增器。军用卫星主要发展趋势是在提高各种军用卫星性能的同时,打破各类卫星单独发展的条块分割模式,组成一体化天基信息网;提高信息获取能力和信息传输能力;引入新概念,提高信息融合能力,扩大应用领域;增强生存能力和抗干扰能力,延长工作寿命。

"环球顺风耳"——军用通信卫星

军用通信卫星是专门用于军事通信的人造地球卫星,包括战略通信卫星和战术通信卫星。前者提供全球性的战略通信,后者提供地区性战术通信以及对军用飞机、舰船、车辆和单兵的移动通信。20 世纪 80 年代以来,战略与战术通信的区分已不明显。军事通信要求迅速、准确、保密和不间断。与民用通信卫星相比,军用通信卫星具有抗干扰性好、机动灵活大、可靠性高和生存力强等特点。这些特点是靠选择不同通信体制、调整发射功率和接收灵敏度、改变天线波束宽度和指向、实行星上信号处理（跳频、解调等）和交叉组合连接、强化遥控指令系统和采用核电源等技术来达到的。通信的保密性主要靠地面通信终端设备对信息作特殊编码处理来保证。

从海湾战争到科索沃战争，军用通信卫星都发挥了重要作用，不仅是广泛散布的武器平台与作战部队有效集成，而且可使"观测、判断、决策、行动"（OODA）环路所需要的平均时间达到最短。军用通信卫星的未来发展重点是，采用极高频通信频段、波束切换与控制技术、自适应天线调零技术、扩展频率跳变技术、星上信号处理技术和星间链路等，提高卫星的抗干扰能力和生存能力。典型的军用通信卫星有美国的"国防通信卫星"、"舰队通信卫星"、"特高频后继星"和"军事星"，前苏联/俄罗斯的"闪电"卫星、"宇宙"战术通信卫星，英国的"天网"卫星和北约组织的"纳托"卫星等。

军用通信卫星的应用主要体现在：① 提高了战场指挥的时效性。如在1991年的海湾战争中，以美国为首的多国部队建立了庞大的卫星通信系统。美英军队共动用16颗通信卫星组成综合通信系统，为多国部队提供从战略到战术级的通信保障，此外还使用野战卫星通信系统为基层部队（或参战部队）的指挥活动提供通信保障。据报道，美国国防通信局处理的从沙特到美国本土的业务中，有90%是经卫星传输的，卫星通信系统真正成了远程战略通信的主角。② 增强了通信加密的灵活性。由于卫星通信采用数字传输方式，速率快，信息量大，易于加密，即使敌方截获了卫星通信信号，也很难在短时间内破译，因此增强了通信系统的保密性。③ 增强了通信系统的安全性。由于通信卫星远离地面，安全性高，通信的质量得到了极大改善，不再需要有线通信过程中的线路维护人员。

军用通信卫星根据所承担任务或功能的不同分为战略通信卫星、战术通信卫星、数据中继卫星和移动通信卫星等。随着技术的发展，通信卫星的性能不断提高，尤其是大功率通信转发器的使用，使通信卫星正在向大平台和多功能的方向发展，战略和战术卫星通信系统正合二为一。

"太空千里眼"——侦察卫星

侦察卫星是用于获取军事情报的人造地球卫星。这种卫星利用光电遥感器或无线电接收机等侦察设备，从轨道上对目标实施侦察、监视或跟踪，以及收集地面、海洋或空中目标的情报。侦察卫星收集到的目标辐射、反射或发射出的电磁波信息,用胶片、磁带等记录器存储于返回舱内,在地面回收,或者通过无线电传输方式实时或延时传送回地面接收站,而后经光学、电子设备和计算机等处理加工,从中提取有价值的情报。侦察卫星的侦察面积大、范围广、速度快、效果好,可以定期或连续监视,不受国界和地理条件限制,能获取用其他手段难以获得的情报,对军事、政治、经济和外交等均有重要作用。自1960年侦察卫星问世以来,它已成为有能力发射这类卫星的国家获取情报的有效工具,是现代信息化战争中的重要军事装备。根据执行的任务和携带的侦察设备的不同,侦察卫星一般分为照相侦察卫星、电子侦察卫星、海洋监视卫星和导弹预警卫星。为满足实战要求,及时准确地获取情报,侦察卫星正向以下几个方向发展:① 提高侦察信息质量,包括提高空间分辨率和时间分辨率,扩展侦察谱段,在全电磁谱段内实施侦察;② 力求快速和及时,实时或近实时地将侦察信息传送回地面提供应用;③ 卫星组成星座,增强综合侦察能力;④ 星上设备小型化、轻型化;⑤ 延长卫星工作寿命;⑥ 增强卫星生存能力。

侦察卫星的应用在近几场高技术局部战争中得到了充分体现。美国在海湾战争和科索沃战争中共投入各种卫星50~70颗,其中近一半是侦察卫星。1990年7月29日,即伊拉克入侵科威特前4天,美国的电子侦察卫星探测到伊南部的一部苏制雷达开始工作。原本这部雷达是用来监视伊朗的空中活动,1989年随着"两伊"战争结束而停止工作,其出乎异常的重新工作表明伊军将有重大活动。随后,美国的照相侦察卫星又拍摄到伊军进入科威特的照片。在海湾战争中,美国的一颗电子侦察卫星专门监听萨达姆与前线部队的通话,了解伊军的作战情况。而导弹预警卫星也为"爱国者"地空导弹提供了"飞毛腿"弹道导弹的预警信息。

(1)照相侦察卫星　照相侦察卫星分为返回型和传输型两种,它装有可见光相机、电视摄像机或合成孔径雷达等,借助照相机和感光胶片摄取的可见光图像、近红外图像和多光谱图像;借助侧视雷达获取目标的微波图像。所获取的图像信息记录在胶片或磁记录器上,通过地面回收胶片舱,或用无线电传输方式实时或延时送回地面,再经加工处理和判读,识别出军事目标并确定其位置。返回型照相侦察卫星的分辨率较高,侦察效果直观,但最大缺陷是无法实时获得侦察信息,容易贻误战机。随着技术的不断发展,传输型成像侦察卫星已发展成为侦察卫星的主力。典型的传输型成像侦察卫星主要有美国的"锁眼"-11、"锁眼"-12、"长曲棍球"雷达成像卫星和"8X"卫星,俄罗斯的混编于"宇宙"系列的第五代和第六代照相侦察卫星以及法国的"太阳神"-1侦察卫星。

(2)电子侦察卫星　电子侦察卫星是用于侦收雷达、通信和武器遥测系统发出的电磁信号,并测定信号源位置的侦察卫星。卫星上的电子侦察设备由天线、接收机和终端设备组成。电子侦察卫星不受地域和天气条件的限制,覆盖面积大,侦察距离远,能对大面积区域长期侦察和监视,获取高实效性情报。电子侦察卫星按侦察对象的不同,分为雷达情报侦察卫星和通信情报侦察卫星。按用途不同,可分成普查型和详查型卫星。按对信号源定位体制的不同,可分成单星定位制和多星定位制卫星。

(3)海洋监视卫星　海洋监视卫星是用来监视海面舰船和潜艇活动的侦察卫星。其主要功能有:截收舰船、潜艇通信信号、雷达信号、武器遥测信号(如舰载巡航导弹)等;舰船、潜艇无线电发射源定位;舰船目标外形和类别的成像侦察;海洋环境监测等。按星上遥感器的作用方式不同,分为电子侦察型(被动型或无源型)和雷达型(主动型或有源型)海洋监视卫星。电子侦察卫星侦收船只、潜艇的雷达信号、通信信号和武器遥测信号,利用多颗卫星以时差定位法测定船只的位置、航向和航速。为探测潜艇,还装备有侦测潜艇尾迹的微波辐射仪和红外扫描仪。雷达型卫星装备合成孔径雷达能全天候工作,侦察船只的外形和位置,多次探测数据和能有效减小或消除海面反射杂波的干扰。为达到最佳侦察效果,一般由主动型和被动型卫星协同工作。海洋监视卫星未来的发展趋势是提高对舰船、潜艇的定位精度;成像遥感器向多光谱、超光谱方向发展;卫星任务从单一型向综合型发展,提高星上处理能力,增强信息融合能力,利用成像侦察和电子侦察的融合信息完成海洋监视功能。目前拥有海洋监视卫星的国家有美国、俄罗斯和日本等。

(4)预警卫星　美国"天基红外系统"(SBIRS)卫星是美国在20世纪90年代初开始研制的新一代导弹预警卫星,可以纠正"国防支援计划"(DSP)导弹预警卫星预警时间短、存在虚警、不能对导弹实时跟踪的缺点。

SBIRS 系统由高、低轨道卫星组成。高轨道部分包括 4 颗地球静止轨道卫星(含 1 颗备用星)和 2 颗大椭圆轨道卫星,低轨道部分包括 12~24 颗卫星。整个系统建成后,美国的弹道导弹预警能力将跃上一个新台阶。SBIRS 卫星不仅能比 DSP 卫星更出色地完成战略导弹预警任务,而且能对战术弹道导弹的攻击实施有效的预警和跟踪,因而能满足 21 世纪美军对战略和战术弹道导弹预警的需求。

高轨道 SBIRS 预警卫星对导弹在发射时所喷出的尾焰初始探测,采用了双探测器结构,即卫星同时装有高速扫描型和凝视型探测器,两者元器件 90% 以上是共用的。扫描型探测器用一个一维阵列扫掠地球的北半球和南半球,然后将探测到的数据提供给凝视型探测器。凝视型探测器用一个更精细的两维阵列跟踪导弹,将发射画面拉近放大,以提供详细信息。

SBIRS 的低轨道部分称为"空间和导弹跟踪系统"(SMTS)。运行在多个轨道面上的 SMTS 卫星将成对工作,以提供立体观测。每对卫星通过 60 吉赫卫星间链路进行相互通信。每颗卫星装有一台宽视场短波红外捕获探测器和一台窄视场凝视型多色(中波、中长波红外及可见光)跟踪探测器。它们将按照先看地平线以下、后看地平线以上的顺序工作,以捕获和跟踪目标导弹助推段的排气尾焰及其发热弹体、中段的弹体、弹头和诱饵,以及最后的冷却再入弹头。通过中段跟踪及对弹头和其他物体的辨别,卫星还能为地面防御系统提供提示性信息。SMTS 使早期和中段拦截成为可能。同现有系统相比,它可将防区范围扩大 2~4 倍。

作为战略预警卫星,DSP 卫星只装有一台扫描型探测器,大约每 10 秒扫描一次的速度工作,需要扫描 4~5 次(即 40~50 秒)才能确认一枚导弹的发射并判断它会飞向何处。这样长的探测时间对于洲际导弹和潜射弹道导弹的预警绰绰有余,但对于探测"飞毛腿"之类的战术导弹并做好反击准备,预警时间就不够充分了,因为这类导弹的助推段时间只有 55~80 秒。相比之下,高轨道 SBIRS 卫星的两种探测器协同工作,使扫描速度和灵敏度比 DSP 卫星提高 10 倍以上。它们还能透过地球大气层,探测到弹道导弹的初始发射,并能对中段飞行的导弹进行跟踪,实施测量导弹的弹道。因此,SBIRS 卫星有能力探测短程导弹的发射,并能在导弹发射后 10~20 秒内把有关信息传给地面部队。

军用气象卫星

军用气象卫星是专门用于军事目的的气象卫星,一般由多颗卫星组网工作,利用星载各种遥感器拍摄云图和获得其他定量气象参数,提供全球范围内的战略和战术实时气象资料。与民用卫星相比,军用气象卫星具有保密性强、图像分辨率高等特点。军用气象卫星也常常与照相侦察卫星相配合,为其提供与拍摄地区的云层覆盖情况,以科学制定侦察路线,避免云层遮挡,提高侦察效率。军用气象卫星获得的气象信息还能用于校正其他军用卫星的轨道测量和洲际弹道导弹的飞行弹道,提高卫星的测轨精度和导弹命中精度。美国的军用气象卫星主要有"国防气象卫星计划"卫星系列。前苏联/俄罗斯的军用气象卫星混编在"宇宙"卫星系列中。

美国"国防气象卫星计划"(DMSP)作为一个系统,通常情况下有两颗卫星部署在同一轨道面上,其中一颗每天早上当地太阳时(即以相对于太阳的地球自转为基准的时间)6时30分左右从南向北穿过赤道,另一颗则在每天中午2时左右从南到北穿过赤道。卫星在绕地运行的轨道上每圈可覆盖和扫描2 965千米宽的地球表面,12小时内便可覆盖全球一次。这种轨道选择可使卫星每天向军事部门提供两次特定地区的云图及气象资料。"国防气象卫星"携带的星载遥感器有7种。光学"线扫描"系统可获得一定分辨率的可见光和红外云图。白天可见光和红外云图分辨率为560米,夜间可见光通常可摄取1/4月光照射下的云图,分辨率为2 780米。该仪器采用横跨轨道扫描方式,扫描幅宽为2 965米。多光谱红外探测器可探测无云或部分有云地区大气温度和水汽的垂直分布以及臭氧总含量等资料。微波温度探测器可探测有云地区地表到30千米高空的大气温度垂直分布。微波水气探测器可以探测有云地区1 500米以下、1 500~5 000米和5 000米至大气层各层大气的水气含量。特殊微波成像仪可探测降水强度、云中液水含量、地表温度、冰雪覆盖、土壤湿度和洋面风速。空间环境探测器组合可探测空间环境、沉积的电子和质子、外界电子、离子温度和密度、等离子体漂移和起伏、地球磁场变化及电子密度廓线。γ和X射线波谱仪可检测15~120千电子伏特、45~165千电子伏特和60~375千电子伏特的γ和X射线。

新一代"国防气象卫星"的主要特点是能进行全球、全天候和全天时观测,资料分辨率高。星上的可见光系统成像能力很强,红外、微波等各种测量仪器可以提供分辨率较高的全面气象资料。由于是军用气象卫星,它采用了加密信道,资料只有美军可以使用。

"人造北斗"——导航卫星

导航卫星是通过星上发射的无线电信号,为地面、空中、海洋和空间用户导航定位的人造地球卫星。导航卫星按导航方法分为多普勒测速导航卫星和时差测距导航卫星。前者通过用户测量导航信号的多普勒频移求出距离变化率进行导航定位;后者则通过用户测量导航信号时差求出距离进行导航定位。用户可以向卫星发射信号的卫星称为主动式导航卫星;只发射导航信号、不能接收用户信号的卫星称为被动式导航卫星。数颗导航卫星部署在中或中高轨道,形成导航星座,就具有全球和近地空间的立体覆盖能力。美国的"全球定位系统"(GPS)和俄罗斯的"全球导航卫星系统"(GLONASS)均属于这一类。正在论证的欧洲"伽利略"系统则是静止轨道卫星与低轨道卫星的混合系统。

美国的"全球定位系统"(GPS)又称"导航星"系统。美国军民两用的卫星导航定位系统,军事应用十分广泛,已成为现代战争不可或缺的空间支援力量。GPS包括空间部分、地面控制中心和地面应用系统。空间部分由24颗卫星组成,1978年开始发射,迄今已经发射了三代共40余颗卫星,它们均匀分布在6个倾角55度的轨道面上,每个轨道面有4颗卫星。此外还有3颗热备份卫星在轨运行。

美国主导的近几次局部战争表明,GPS已成为战场上必不可少的关键性作战支持系统。它一方面为战机、战舰和地面部队在全世界任何地方执行军事任务提供比其他任何导航系统都更精确的航行保障,另一方作为远程精确制导武器系统的导航基准直接用于作战。GPS在军事上的应用主要有:① 为各种精确打击武器制导。远程弹道导弹、巡航导弹,以及精确制导炸弹和炮弹均已开始装备卫星导航/惯导组合制导系统,使命中精度大为提高,极大地改变了作战样式。② 已成为C^3I的重要组成部分。GPS可通过数据通信网络让所有参战成员了解整个战场上已方参战单位的实时分布及相对位置,极大地方便了指挥员的决策和同友邻部队的作战配合。GPS所提供的统一而准确的时间信息，是 C³I 各组成部分协调工作的基础。有了 GPS 提供的准确位置和时间信息，作战部队可以按指挥部命令的准确时间出现在准确的地点，从而使新型作战样式能够得以实现。③ 用于各种作战行动的精确定位。如海上及陆上布雷与扫雷、部队侦察、海上及陆上救援、火炮及雷达阵地布设和快速测绘等都可以利用 GPS 获得精确的定位信息，大大提高了效率。④ 用于武器试验场的高速武器试验。高速武器试验数据的获得一直是各国武器专家的难题，如导弹及反导弹的跟踪和精确轨道测量、时间统一系统的建立与维护以及雷达威力和精度校验等。利用 GPS 都可以顺利解决此类难题，极大地提高了工作效率。

军用雷达

雷达是英文 Radar 的音译，意为"无线电探测和测距"（Radio Detection and Ranging）。它是利用电磁波对障碍物（目标）的反射特性来发现目标的一种电子设备，通常由收发天线、发射机、接收机和显示器组成。其工作原理是：首先由雷达发射机发射出一串短促脉冲式的电磁波（称为入射波）照射目标（譬如一架正在飞行的飞机），并利用雷达接收机接收从目标反射回来的电磁波（称为回波）。然后根据雷达发射电磁波和接收回波的时间差以及电磁波在空间的传播速度，计算出雷达到目标的距离，而目标的方向则由雷达接收回波的天线指向角测出。由此即得到目标所在的空间位置，从而可对目标的距离、角度和速度进行跟踪。因此，雷达能探测到的目标类型非常广泛，包括飞机、舰艇、装甲车辆、导弹、卫星以及建筑物、桥梁、铁路、山川、雨云等。而军用雷达是专门为特定的军事用途而设计制造的无线电探测和定位装置。军用雷达种类繁多，按其发射接收天线所在位置可分为单基地雷达、双基地雷达和多基地雷达；按其发射波形分为连续波雷达、调频连续波雷达和脉冲波雷达；按其装载的平台可分为地基雷达、机载雷达、舰载雷达和星载雷达；按其使用的波长可分为短波雷达、米波雷达、分米波雷达、微波雷达和毫米波雷达；按其探测的目标类型和目的可分为预警雷达、截获雷达、跟踪雷达、制导雷达、寻的雷达、成像雷达和地形回避雷达等；按其最大有效距离可分为视距雷达和超视距雷达。军用雷达是获取陆、海、空、天战场全天候、全天时战略和战术情报的重要手段之一,是防天、防空、防海和防陆武器系统和指挥自动化系统的首要传感器。它不但可以预警、截获、跟踪、识别、引导拦截空中、海面、地面和外空的各类飞行目标,而且具有依靠空中或外空平台对地大面积固定目标进行成像的能力。目前其分辨率及测量精度虽不及光学和红外传感器,但军用雷达的全天候、全天时以及大空域高数据率的性能则是其他传感器无法替代的,因而军用雷达在军事领域担负着极其重要的角色,具有广泛的应用前景。

警戒雷达

警戒雷达是在特定的空域内探测发现目标完成任务的雷达。它是指挥控制系统的前哨雷达,为指挥员提供最早的来袭目标的情报信息。警戒雷达的首要战术指标是警戒空域、警戒目标类型、最大和最小探测距离、数据更新率、处理目标容量、目标识别能力和抗摧毁能力。警戒雷达按其警戒区域可分为对空警戒雷达、对海警戒雷达、对外空警戒雷达(又称外空早期预警雷达)。按其最大警戒距离可分为超远程警戒雷达、远程警戒雷达、中程警戒雷达、近程警戒雷达。按其提供的空间坐标数可分为两坐标(距离、方位)警戒雷达和三坐标(距离、方位、高度)警戒雷达。警戒雷达一词是早期雷达技术尚未成熟,雷达功能单一,对目标的警戒、截获、跟踪、目标识别、制导等功能分别由不同的雷达完成时所采用的。近代多功能相控阵雷达的出现,警戒、跟踪、目标识别、制导等多种功能已在1部或2部雷达中完成,因此警戒雷达已很少单独存在。

引导雷达

引导雷达是一种用来引导我机进入目标区域去截击敌机的雷达。它可以比较准确地测定敌机的高度、方位和距离等信息,把测得的数据及时报知我机,以便顺利地找到敌机进行截击。其特点是既要有一定的作用距离和发现概率,还要有较高的定位精度和数据率,以保证有较宽的引导空域和实时的准确引导。它一般有三坐标雷达(如V形波束雷达、多波束3D雷达、频率或相位扫描3D雷达等)担任,也可由二坐标雷达和测高雷达共同组成的配高制3D雷达系统担任,机载预警与控制系统(AWACS)也能很好地完成引导任务。

有源相控阵雷达

有源相控阵雷达是采用有源相控阵天线的相控阵雷达,也是一种电扫描雷达。有源相控阵雷达天线中每一个天线单元或子阵上均有一个 T/R 组件,这使有源相控阵雷达具有一些显著特点和优点:可获得足够大的天线阵面辐射功率;可降低相控阵天线中馈线网络即信号功率分配/相加网络的功率损耗;由于馈线损耗降低,与无源相控阵雷达(指集中馈电的相控阵雷达)相比,降低了对发射机总输出功率及发射初级电源容量的要求,降低了馈线系统承受高功率的要求;接收系统易于获得更大的范围。有源相控阵雷达的上述特点适合于观测远距离高速飞行目标。美国在 20 世纪 70 年代建成的用于空间监视和弹道导弹预警的 AN/FPS-115("铺路爪")就是有源相控阵雷达,共有 1 792 个固态发射/接收组件,为整个天线阵面提供 600 千瓦峰值功率和 150 千瓦平均功率。80 年代以来,固态有源相控阵天线已开始广泛应用于各种战术雷达。随着固态发射/接收组件成本的降低,有源相控阵雷达将成为相控阵雷达发展中的主流。

稀布阵综合脉冲孔径雷达

稀布阵综合脉冲孔径雷达是一种采用正交编码全向发射,接收用匹配滤波处理获得发射和接收天线阵方向图的雷达。采用大孔径天线阵列系数布阵,各发射阵元为全向天线,辐射一组相互正交的宽脉冲信号,在空间形成无方向性的均匀照射;各接收单元也是全向天线,各路接收通道对不同方向、距离的回波信号进行匹配滤波处理,使各发射单元的回波信号同相叠加,等效获得发射阵的方向图,经匹配滤波处理后同时可得到窄脉冲,再采用数字波束形成的方法获得接收阵的方向图。这是一种发射和接收阵均为计算机波束形成的雷达,具有低截获概率(LPI)特性。应用于米波段,具有米波雷达在反隐身和抗辐射导弹方面的优势,可利用大孔径获得与微波雷达相当的角分辨率,并可采用自适应波束形成提高抗有源干扰的能力,这种雷达因采用长时间相干积累而具有精细的速度分辨能力,因而是一种四坐标(距离、方位、仰角和速度)新型米波雷达。

超视距雷达

超视距雷达为不受地球曲率的影响探测以雷达站为基准的水平视线高度以下目标的雷达,狭义而言是指雷达发射和接收的电磁波以凹曲向下的路径,非直线传播的地面雷达,因此可探测到在距雷达 R 处,距海平面高度 h 小于 R^2/D 的目标,D 为符合直线传播电磁波情况的等效地球直径,约为 16 800 千米。通常超视距雷达所指的是工作于短波波段,或称高频(HF)波段的地波超视距雷达以及雷达辐射和接收的电磁波经过电离层折射路径传播的天波超视距雷达。利用海面上水蒸气密度随高度升高而减小,造成折射指数在垂直方向的变化而形成的"大气波导",使微波波段电磁波能在有限高度沿地球表面曲率传播而工作的微波雷达,有时也称为微波超视距雷达。但由于"大气波导"现象不能全部时间稳定存在,且只适用于探测距海面高度很低的目标,故一般只称为超折射探测。在陆上,由于昼夜地面与空气中温度变化的影响,靠近地面上空的空气,也会在垂直方向造成折射探测现象。广义而言,在升空平台(如预警机、直升机、系留气球)上面的雷达,虽辐射和接收的电磁波是按直线传播的,但其作用也属于超视距雷达范畴,视其完成的不同任务,常称为超视距探测仪或超视距目标指示仪。

脉冲多普勒雷达

脉冲多普勒雷达是工作在脉冲波形下的一种多普勒雷达,其工作原理是对脉冲列信号进行频谱分析,并对其单根谱线进行滤波,以测得目标的径向速度和距离。与一般时域监测的脉冲体制雷达不同之处是脉冲多普勒雷达是频域检测,对回波脉冲列进行频谱分析,利用运动目标的回波信号具有多普勒频移的特点,将其与固定目标区别开来,所以能在十分强的地杂波、海杂波背景中检测出微弱的运动目标信号。因此脉冲多普勒雷达从体制上根本解决了杂波抑制问题,这使得诸如机载雷达能够下视等成为可能。脉冲多普勒雷达的优点十分突出,但信号处理设备很复杂,随着数字技术的发展,使信号处理设备得以实现。脉冲多普勒雷达应用十分广泛,如机载火控雷达、机载预警雷达、低空防御雷达、舰载雷达、战场侦察雷达、火炮定位雷达、气象雷达、导弹导引头等。

合成孔径雷达

合成孔径雷达是置于运动平台(如飞机、卫星)上,在飞行过程中顺序地发射和接收信号,形成合成孔径的雷达。用合成孔径提高横向距离分辨率可以从多个方面加以解释,最常用的是多普勒分辨、探测地面上横向相邻的两个点目标,由于雷达运动,其多普勒频率有微小差别,因而通过较长时间相干处理(等效加长合成孔径)就可以提高横向距离分辨率,而将两个点目标区分开。合成孔径雷达满足二维成像要求,采用宽带脉冲压实现距离分辨。合成孔径雷达成像具有全天候、全天时和易于远距离工作的特点。一般合成孔径雷达使用条带测绘(侧视)模式,具有覆盖大面积区域的成像能力。在特殊情况下使用聚束式合成孔径雷达可使相对较小的区域具有较高的分辨地形数据,得到高度数据,实现三维成像。

无源雷达

无源雷达又称被动雷达。雷达本身不发射信号,而是利用目标发射的信号、目标自身的辐射或目标对其他辐射源的散射能量来完成目标检测、分选和坐标参数估计的设备。无源雷达能够对目标进行定位、跟踪,并以一定的数据率显示目标点迹、航迹和目标特征,向其他系统提供目标位置和其他信息。由于缺乏有关辐射时间的信息,对辐射源距离估值要从不少于两个站点的数据来确定,因此无源雷达一般由两个以上的同时接收辐射信号的站点组成。无源雷达常见的体制主要有多站时差定位和测向交叉定位,多用于目标辐射信号的实时定位跟踪。其主要优点是隐蔽工作、生存能力强、可靠性高,缺点是系统性能对目标信号的依赖性强、精度及分辨率较差、多目标时分选困难等。现代探测系统将采用有源雷达和无源雷达互补协同工作,组建综合探测系统。

预警飞机

预警飞机的作用在1982年春夏季节发生的两场战斗中体现得泾渭分明。一是在东方,以色列武装力量6月初发动了对黎巴嫩的进攻,并与叙利亚驻黎的装甲部队遭遇。叙利亚人在附近的贝卡河谷构筑了有20个地空导弹营组成的防空网，装备了苏制的先进的导弹系统，有这样强大的防空火力，对叙利亚的战机来说理应取得明显的地区空中优势，但事实并非如此。当100多架叙军飞机在6月9日分批升空时，以色列人用他们购自美国的E-2C预警机在海岸上空飞行，监视着每一批叙机，并及时引导己方战斗机拦截。以色列共派出了90架飞机，除了拦截叙方飞机外，又组织对防空导弹阵地的攻击。以色列人还使用机载干扰机干扰叙方地面防空雷达、机载雷达和地空通信。叙方既没有预警机又没有先进的电子对抗措施。叙机在空中既听不到地面指挥命令，又探测不到敌机的拦截攻击，成了以方在E-2C引导下战斗机的靶子。经过两天激战，叙方被击落了79架飞机，被炸毁了19个导弹营，以方只损失1架飞机。二是在西方，5月初英国的远征舰队到达马尔维纳斯群岛的海面，准备进攻在4月里被阿根廷武力收回的群岛。由于英国舰队没有装备预警机，不能发现远距离的低空飞机。因此当5月4日阿根廷两架携带飞鱼式导弹的攻击机掠过波浪尖顶低空飞向舰队时，英方舰队毫无察觉。阿机发射导弹后，导弹亦是掠海飞行，直到近距离才被目视发现，但为时已晚。导弹击中了"谢菲尔德"号的中部，引起大火，这艘价值2亿美元的先进军舰因缺乏了预警机的掩护，而被一枚低飞导弹击沉。

预警机是装有远程搜索雷达用于搜索和监视空中、地面和海上目标的军用飞机。预警机的作用相当于将雷达站放在高空，可以克服地面雷达站难以发现远距离低空飞行目标的缺陷，增加雷达搜索的范围和距离。早期的预警机只能搜索监视中空、高空和海上目标，对于陆上低空飞行的目标探测能力较差。20世纪70年代以后，美国、英国和前苏联研制的新一代预警机采用了能够抑制地面杂波干扰的脉冲多普勒雷达，具备了探测陆地上低空和超低空飞行目标的能力。同时，机上还装有用于敌我识别、情报处理指挥控制、通信导航和电子对抗的航空电子系统，使预警机不仅能及早截获和监视低空入侵的目标，而且还能引导和指挥己方战斗机进行拦截和攻击，成为空中预警指挥机。

预警机多用续航能力强、载重量大的亚声速运输机改装而成，如美国的E-3预警机就是由波音707旅客机改装成的。为了进一步提高预警机的性能，人们在20世纪90年代研制了采用相控阵雷达的预警机，这种预警机探测目标的能力、抗干扰性和可靠性更高。为提高对地面目标的搜索、监视能力,国外于 80 年代开始研制带有合成孔径雷达的预警机。海湾战争中,美国的 E-8 首次实战就取得了很好的效果。

大型预警机

(1)美国的 E-3 系列大型预警机 E-3A 是美国在 20 世纪 70 年代后期研制成功的大型陆基预警机系统。它较好地解决了陆上远距离下视探测飞行目标的难题。陆地对雷达波的反射比海面强几十到几百倍。要对付这样强的地杂波必须采用高性能的脉冲多普勒雷达技术。这一技术在 20 世纪 70 年代才在 E-3A 的雷达 APY-1 上获得成功。E-3A 采用大型运输机波音 707 作载机,雷达天线装在一个直径 9.14 米能旋转的扁圆形天线罩中,看上去像一个大蘑菇。雷达工作在 S 波段,能探测小型战斗机的距离大于 300 千米。E-3A 机舱内有 9 个雷达显示控制台,供同时进行监视、控制和指挥。机上装备了 13 部通信电台,包括通话台、数据传输台等。全机起飞重量约 150 吨,在 8 500～9 000 米高度上,航速 850～950 米/小时,续航 11 小时,可在离基地 1 600 千米处巡逻 6 小时。在批量生产中对 E-3A 系统作了各种改进,包括雷达改进为 APY-2,电台增加到 14 部,增加了电子侦察系统和显示控制台,改进了电子计算机系统。E-3 系列共生产了 68 架,除美国空军有 34 架外,还装备北约国家与沙特阿拉伯等国。1993 年后提供日本 4 架,载机改为波音 767,型号亦改称为 E-767。

美国 E-3A 预警机

(2)前苏联的 A-50 预警机　A-50 预警机是前苏联研发的大型预警机,采用伊-76 运输机作载机。其预警雷达与 E-3 系列的预警雷达有很多相似处,天线也采用蘑菇形旋罩,但直径更大些(10.2 米),雷达探测小型战斗机的距离不小于 230 千米,机内有 8 个雷达显示控制台,12 部通信电台以及电子侦察系统和自卫用电子干扰系统。A-50 起飞重量 190 吨,在 9 000～10 000 米高度上航速 700～760 千米/小时,续航 7.5 小时,在离基地 1 000 米处可巡逻 4 小时。前苏联共生产了约 30 架 A-50 预警机,装备空军与防空军,现在仍在俄国空军中服役。

俄罗斯 A-50 预警机

小型预警机

(1)美国 E-2 系列预警机　美国 E-2 系列预警机是美国海军的制式舰载预警机,以 4 架为一组配备到每艘航空母舰上,亦可用于岸基。20 世纪60 年代开始装备时,称为 E-2A,70 年代改进后称为 E-2B 与 E-2C。E-2C 在 90 年代生产量超过 100 架,除装备美海军外,也出口到以色列、日本、埃及、新加坡等国。1995 年非法提供给台湾当局 4 架(称 E-2T)。E-2C 的雷达工作在超

美国 E-2C 预警机

短波频段（400～440兆赫兹），天线是12个单元的八木天线阵,安装在直径7.32米的扁形旋转罩内。雷达采用机载动目标监测电路滤除地面杂波,能在恶劣海情中与平坦陆地上探测低空飞行目标,距离可达200～300千米,但不能在山区、森林等强杂波的陆地上空下视小型飞行目标。E-2C全重23.5吨,能在航母甲板上起降,航速450～480千米/小时,可在离航母300千米处巡逻4小时。E-2C机内有3个雷达显示控制台,并配备通信设备与电子侦察设备。

(2) 瑞典"埃里眼"预警机　瑞典的"埃里眼"(Erieye)预警机采用了先进的相控阵雷达技术,设计了一个安置在飞机机背上、外形像平衡木的有源平面阵天线（亦称背鳍式天线）。"平衡木天线"长9.7米,高0.8米,重量（包括天线与固态化发射、接收模块）仅800千克,因此可安装在起飞全重只有7.85吨的梅特罗III型运输机上,机内仅能容纳一个雷达显示台。雷达天线波束能在平面阵天线两侧扫描各120°。探测距离对小型机达200千米,但机前和机尾方向各有60°的"盲区"。因此这种小预警机适宜于沿国境线巡逻监视,如要进行全空域监视和控制引导己方飞机,则需要两架同时交叉飞行,相互配合。1992年瑞典国防部订购了6架"埃里眼"预警机,但载机改为瑞典萨伯公司生产的萨伯-340机。该机较梅特罗III大,全重13吨,机内可容纳4个雷达显示台与相应操作员以及较多的通信设备,基本具备了监视和控制两重功能。该机飞行高度7 500～8 000米,航速450～470千米/小时,可在离基地185千米处巡逻7～9小时。

(3) 英国/瑞典"防御者"预警机　美国出口的E-2C,每架（连同后勤支援）售价0.5亿～1亿美元。E-3A售价则更贵,为1.5亿～2亿美元,它们的维护使用费也很高,如E-3A,飞行1小时平均耗费7 000美元。因此很多国家既买不起也"养"不起这些昂贵的武器系统。而作为海、空军不可或缺的机种,很多国家需求又很迫切。为占领军火市场,也为了满足用户需要,英、美一些电子和航空公司提出了几种简化的小型预警机方案,虽价格低廉,但仍可完成一定的预警和控制功能。其中研制成功并获得国外订货的就由英国索恩电子公司与瑞典P.B.诺曼公司合作的"防御者"预警机。该机的雷达是用X波段机载对海监视雷达改造而成,天线口径为1.37米宽,0.86米高,装在飞机鼻下的天线罩中。天线圆周扫描,但后向90°由于机身阻挡的缘故是盲区。雷达探测小型飞机的距离约 120 千米。飞机全重 3.63 吨，巡航高度 2 100～3 000 米，航速 250～280 千米/小时。续航时间约为 4 小时。机内可容纳 2 个雷达操纵员，有简单的通信设备与电子侦察设备。"防御者"预警机的功能水平较低，但其售价与运转费都只有美国两种预警机的 1/10～1/20，其市场还是有的。

预警机作为现代作战的一项关键装备，价格高昂，其性能特点决定了必然是敌方要摧毁的首选目标。因此对预警机的防护是十分重要的。通常预警机出动时都有战斗机群护航，随时准备拦截敌机进犯。同时预警机本身亦有多种自防措施，包括：① 预警雷达发现敌机接近自身时（如距离小于 100 千米）发出告警信号；② 预警机上的电子侦察设备中含有告警接收机，对跟踪自身的火控雷达信号发出告警；③ 有的预警机上还装有专用导弹告警雷达，能对飞向自身任何导弹发出告警，并自动控制预警雷达停止发射，自动抛射出干扰导弹导引头的电子与红外干扰物。预警机本身在遇告警时则迅速作规避机动。

预警机未来的发展方向应有下列几点：① 增加预警雷达的功能，兼顾对空与对地探测两种能力；② 采用双/多基地雷达工作体制，使预警机更易于防护；③ 采用与机身基本共形的雷达天线，减少雷达大天线罩加之飞机的阻力；④ 降低预警机系统的成本与运行费用，如有可能可选用大型无人机作载机。

五、新概念武器装备

21世纪"杀手锏"装备的代表是已经出现的新概念武器。新概念武器是指在工作原理、破坏机理和作战方式上与传统武器有显著不同,可大幅度提高作战效能和效费比,或形成新军事能力的高技术群体,新概念武器最显著的特征是创新性强。它们不仅高科技含量丰富,而且在设计思想、杀伤机制和作战方式上有革命性的变化,是创新思维和高技术相结合的产物。目前正处在探索和发展中的新概念武器主要有定向能武器、动能武器、非致命武器等。而定向能武器主要有激光武器、高功率微波武器、粒子束武器。动能武器主要包括动能拦截器和电磁发射武器。非致命武器可分为反人员、反装备、反基础设施三大类。其中,发展比较迅速、影响比较大的新概念武器是强激光武器、高功率微波武器、动能拦截弹、电磁发射武器等。

激光武器

激光武器利用定向发射的激光束直接毁伤目标或使之失效,已渐趋成熟。根据激光功率的大小和用途的不同,激光武器可分为激光干扰与致盲武器、战术激光武器、战区激光武器和战略激光武器。激光干扰与致盲武器是低能激光武器,在武器装备的分类中属光电对抗装备。后三者为高能激光武器,也就是通常意义上的激光武器。

激光干扰与致盲武器采用中、小功率器件,平均功率在万瓦级以下,但脉冲峰值功率可达10万至百万瓦级;战术防空激光武器的平均功率需达10万瓦以上,射程在10千米左右;战区防御激光武器的平均功率需达百万瓦以上,有效射程大于 100 千米;战略反导激光武器功率需达到 107 万～108 万瓦,射程在几百千米到几千千米,战略反卫星激光武器的作用距离一般为 200 千米,最高平均功率需达到几百万瓦。

与火炮、导弹武器等相比,激光武器具有许多独特的性能:① 反应迅速。光速以近每秒 30 万千米传输,打击战术目标基本不需要计算射击提前量,瞬发即中。② 可在电子战环境中工作。激光传输不受外界电磁波的干扰,目标难以利用电磁干扰手段避开激光武器的射击。③ 转移火力快。激光束发射时无后坐力,可连续射击,能在很短时间变换射击方向,是拦截多目标的理想武器。④ 作战效费比高。化学激光武器仅耗费燃料,每次发射费用为数千美元,远低于防空导弹的单发费用。

激光武器的功用及组成

(1)激光武器的作战效能和应用前景　一般来说,激光武器对目标的毁伤或影响分为以下几种:① 迷惑:用激光直接照射目标或者间接地将激光反射到目标上,使之受到袭扰,引起慌乱,或者被诱骗至其他方向,偏离轨道。② 致眩:利用激光可使敌方飞机驾驶员、高炮射手等关键作战人员的眼睛短时间内眩晕,暂时失去跟踪目标的能力,为己方作战行动提供有利时机。③ 致盲:用激光使人眼或光电装置完全失去观测能力。④ 毁伤:对目标造成破坏,甚至将其完全摧毁。

激光干扰与致盲武器是重要的光电对抗装备,现已开始装备部队使用。这种武器能干扰、致盲甚至破坏导引头、跟踪器、目标指示器、测距机、观瞄设备等,并可损伤人眼,在战场上起到扰乱、封锁、阻遏或压制作用。目前各军事大国正在积极发展激光对抗系统,用于高价值飞机的自卫。

战术防空激光武器主要用于攻击战术目标,可通过毁伤壳体、制导系统、燃料箱、天线、整流罩等方式拦截大量入侵的精确制导武器和非制导武器。用于对导弹导引头、整流罩等目标造成软破坏的激光防空武器,射程可达 10 千米以上。用于对导弹等目标的壳体造成硬破坏的激光防空武器,射程在 10 千米以下。将战术防空激光武器综合到现有的弹炮系统中去,可弥补弹炮系统的不足,形成弹炮光结合的综合防空体系,可用于保卫指挥中心、舰船、机场、重要设施等小型面目标和点目标。目前发展的主要是车载和舰载激光武器。

战区防御激光武器主要用于从远距离上（可达 500 千米）对战区弹道导弹实施助推段拦截。目前主要是美国在开展这类武器的研制工作。美空军正在大力推进大型机载激光器（ABL）计划，美陆军拟发展小型无人机载固体激光器方案。

实施助推段拦截具有下述优势：发动机正在工作，喷出的火焰易于探测；此时导弹飞行速度相对较慢，弹头没有分离，也没有施放诱饵，易于跟踪、瞄准与拦截。助推段飞行一般处于发射方上空，拦截后弹体碎片，特别是携带核、生、化弹头的碎片将落在发射方境内，不会对防御方造成较大威胁。

战略反导激光武器主要用于摧毁敌方的战略弹道导弹。目前重点发展的是美国的天基"阿尔法"化学激光器计划。

战略防御反卫星激光武器主要用于攻击敌方的卫星，争夺制空间权和制信息权，可采用天基、空中或地基的部署方式。

(2)高能激光武器的组成及关键技术 高能激光武器主要由高能激光器和光束定向器两部分组成，其中光束定向器又由大口径发射系统和精密跟踪瞄准系统构成。高能激光武器系统主要涉及 6 项关键技术：高能激光器、大口径发射系统、精密跟踪瞄准系统、激光大气传输及其补偿、激光破坏机理、系统集成与平台适装性。

① 高能激光器：高能激光器是激光武器的核心部件。研制功率大、光束质量高、波长适中、目标耦合系数高、适应实战环境的高能激光器件，是研制高能激光武器的关键。高能激光器的发展已历时 30 多年。在此期间，由于国际政治、军事环境发生了深刻的变化，军事战略与主要作战目标不断变更，新型器件的不断出现，使得激光武器的发展几经起伏，主要器件的研制也发生了相应的更迭。目前看来，具有武器应用前景的高能激光器件主要有下述几种类型：气动激光器、脉冲高能电激励分子和原子激光器、准分子激光器、化学激光器、固体激光器以及自由电子激光器。其中最有可能在近期内发展成为高能激光武器并投入部署的将是化学激光器。

② 光束定向器：光束定向器是激光武器中与激光器匹配的重要部件。它由大口径发射系统和精密跟踪瞄准系统组成。发射系统相当于雷达的天

线,用于把激光束发射到远场,并汇聚到目标上,形成功率密度尽可能高的光斑。跟踪瞄准系统用于使发射望远镜始终跟踪瞄准目标,并使光斑锁定在目标上的某一固定部位,从而有效地摧毁或破坏来袭目标。

③ 大气传输及其补偿技术:激光束在大气中传输时,会受到大气分子和气溶胶的吸收与散射,其强度将逐渐衰减。由于大气的影响,将导致目标上的光斑扩大。当激光功率足够大时,还会产生非线性的热晕现象。这些效应将会使目标上的激光功率密度下降,影响激光对目标的破坏效果。为减小激光大气传输时受到的各种影响,通常采用自适应光学技术和非线性光学技术进行大气补偿。

④ 激光破坏机理:激光辐照目标表面后,可能产生一系列的热学、力学等物理和化学过程,使目标的某些部件受到暂时或永久性破坏。飞行目标遭到激光的损伤后,可能从空中坠落,也可能因丧失精确制导能力而脱靶。激光对目标的破坏作用大致分为软破坏与硬破坏两种:软破坏主要指用激光破坏导弹和制导炸弹等精确制导武器的导引头等易损部件,或暂时致盲卫星上的光学传感器;硬破坏主要指用激光破坏空中目标的外壳等结构件,或摧毁卫星上的光学传感器。

⑤ 系统集成与平台适装性:目前研制的化学激光器的体积比较庞大,近地面使用时,还需要加装同样庞大的废气排放设备。真正实现武器系统的实战能力,必须能够将这些设备集成到一个相对固定和集中的运输平台上。同时要解决平台稳定性等一系列工程问题。

激光武器的发展现状及趋势

激光武器的研制始于 20 世纪 60 年代末期。经过多年的发展,美、俄、英、德、法、以色列等国在激光武器研制方面均已取得长足进步。激光干扰与致盲武器已经在部队中投入使用。当前,美国在高能激光武器的发展方面处于世界领先地位,已具备近期部署能力。

(1)战术防空激光武器　多年来,美国陆军和海军一直在开展战术防空高能激光武器研究,所采用的激光器件主要有二氧化碳激光器(波长 10.6 微米)和氟化氘激光器(波长 3.8 微米),并曾经有过在战术距离上击落飞行目标的记录。

(2) 战区防御激光武器 美国空军目前正在大力推进机载激光(ABL)战区弹道导弹助推段拦截方案，这是美军联合多层战区导弹防御(TMD)体系的主要组成部分。该计划是目前美国投资规模最大、进展最快的激光武器计划。

(3) 战略反导激光武器 天基激光器计划是美军实现远期、有效的弹道导弹防御能力的重要举措。该计划最初由弹道导弹防御局管理，在完成该天基激光武器部件的"闭环"试验之后，移交空军负责。

天基激光武器的卫星将运行在 1 300 千米高空，有效射程达 4 000～5 000千米，可摧毁 9～11 千米高空的弹道导弹，单个卫星可覆盖 10% 的地球表面。在空间部署由 12 个平台或更少的平台构成的小星座，就有可能提供连续的战区覆盖，可覆盖诸如中东、北非和东北亚战区；部署由 18 个平台构成的星座，可对特定战区提供更全面的覆盖；部署由 20 个以上平台构成的星座，将能实现连续的全球覆盖。

2000 年 12 月，天基激光器地面演示系统成功地完成了地面光束控制试验。美国国会要求军方加快天基激光器计划的进度，并为此每年拨款 2 亿美元以上。按照最新的计划进度，第一颗载有激光武器的卫星将在 2013 年发射升空，并进行弹道导弹拦截试验。

(4) 战略反卫星激光武器 为了争夺制空间权，美俄双方都在积极发展反卫星武器，并均已具备不同程度的激光反卫星能力。

微波武器

未来战争将是信息化的高科技战争，作战双方的指挥、控制、通信、情报系统以及武器系统本身均离不开信息技术的支持，制信息权将成为战争获胜的重要保证。在战场上，地面、空中和空间的各个信息系统、信息节点通过使信息链路构成网络。高功率微波(HPM)武器由于其自身具有的独特性能，将成为战场信息战中最为有效的攻击性手段之一。随着武器系统电子化程度的进一步提高，其作用会更加明显。

微波武器是高功率(峰值功率 100 兆瓦以上)微波武器的简称，又称射频武器，它是利用定向发射的高功率微波束毁坏敌方电子设备和杀伤敌方作战人员的一种定向能武器。这种武器的辐射频率一般在 $1\sim30$ 吉(10^9)赫，功率在 1 吉瓦以上，其特征是将高功率微波源产生的微波经高增益定向天线向空间发射出去，形成高功率、能量集中且具有方向性的微波射束，使之成为一种杀伤破坏性武器。它通过毁坏敌方的电子元件、干扰敌方的电子设备来瓦解敌方武器的作战能力，破坏敌方的通信、指挥与控制系统，并能造成人员的伤亡。

在特殊设计的高功率微波器件内，电子束与电磁场相互作用，产生高功率的电磁波。这种电磁波经低衰减定向发射装置变成高功率微波波束发射，到达目标表面后，经过"前门"（如天线、传感器等）或"后门"（如小孔、缝隙等）进入目标的内部，干扰、致盲或烧坏电子传感器，或使其控制线路失效，亦可能烧坏其结构。

高功率微波武器主要分为单次使用的微波弹和重复频率的发射装置两种类型。微波弹分为常规炸药激励和核爆激励两种。目前主要研究的是前一种，它可以通过在炸弹或导弹战斗部上加装电磁脉冲发生器和辐射天线的方式来构成高功率微波弹，利用炸药爆炸压缩磁通量的方法把炸药能量转换成电磁能，再由微波器件把电子束能量转换为微波脉冲能量，并由天线发射出去。

重复频率的发射装置由能源系统、重复频率加速器、高效微波器件和定向能发射系统构成。多脉冲重复发射装置可使用普通电源，能够进行再瞄准，也可以多次打击同一目标。

与传统的武器相比，高功率微波武器能够以光速对敌人的电子系统进行全天候攻击；利用最少的目标特征信息对目标进行攻击；在特定的作战等级上进行外科手术式的打击（毁伤、中断、性能下降）；没有严重的传输问题；产生的附带损伤很小；具有方向性，但又有一定的覆盖范围，能攻击多目标，简化瞄准和跟踪；采用电源供电，"弹仓"大，作战成本低；峰值功率高，也可实现高平均功率，可攻击多种目标。

微波武器的功用及关键技术

高功率微波武器的主要作战对象为雷达、战术导弹（特别是反辐射导弹）、预警飞机、卫星、通信设备、军用计算机、隐身飞机、车辆点火系统等。

根据所需功率等级和作战目标的不同,其效能可分为以下几个方面:

(1)干扰作用　当使用 0.01～1 微瓦/平方厘米功率密度的微波束照射目标时,能干扰在相应频段上工作的雷达、通信设备和导航系统,使其无法正常工作;当功率密度达到 0.01～1 瓦/平方厘米时,可导致雷达、通信和导航设备的微波器件性能下降或失效,还会使小型计算机芯片失效或烧毁。

(2)"软杀伤"作用　当使用功率密度为 10～100 瓦/平方厘米的强微波束照射目标时,其辐射形成的电磁场,可在金属目标表面产生感应电流,通过天线、导线、金属开口或隙缝进入飞机、导弹、卫星、坦克等武器系统的电子设备的电路中,如果感应电流较大,会使电路功能产生混乱、出现误码、中断数据或信息传输,抹掉计算机存储或记忆信息等。如果感应电流很大,则会烧毁电路中的元器件,使电子装备和武器系统失效。

(3)"硬杀伤"作用　当使用功率密度为 1 000～10 000 瓦/平方厘米的强微波束照射目标时,能在瞬间摧毁目标,引爆炸弹、导弹、核弹等武器。

(4)对人员的影响　高功率微波武器对人员的杀伤分为"非热效应"和"热效应"两类。前者是由较弱的微波能量照射引起的,后者是由较强的微波能量照射引起的。当人员受到 3～13 毫瓦/平方厘米的微波束照射时,会产生神经混乱、行为错误、烦躁、致盲、心肺功能衰竭等现象;功率密度达 10～50 毫瓦/平方厘米,频率在 10 吉赫以下时,人员会发生痉挛或失去知觉,飞机驾驶员受到照射后会发生坠机事件;当功率密度达到 0.5 瓦/平方厘米时,可造成人员皮肤的轻度烧伤;功率密度达 20～80 瓦/平方厘米时,仅需照射 1 秒钟,即可造成人员死亡。

高功率微波武器的出现,在一定程度上可以认为是电子战向更深层次的发展,其特点是攻击性更加突出,范围更广,并能对设备和人员造成不同程度的杀伤。因此高功率微波武器技术的发展将对武器系统和人员的防护提出更高的要求,对作战范围、作战方式和作战效果产生重大影响,从而使军事上电磁频谱的对抗进一步升级。

在未来的战争中,对高功率微波武器的需求包括以下几个方面:

点防御:用于舰船自卫,对付来袭的反舰导弹,或用于保护雷达等地面设备,对付反辐射导弹或其他战术导弹,毁坏其电子部件或使其战斗部提前引爆。

反弹药:用于水面或地面排雷。

压制敌防空:对敌方防空系统中的电子设备进行攻击,使其全部或部分失效,丧失或降低防空能力。

攻击敌方信息链路的节点:对无人机、预警机甚至卫星进行攻击或压制,使其探测范围缩小或失效,从而破坏敌方的指挥、控制或通信能力。

高功率微波武器系统通常由以下几部分组成:初级能源、能量转换装置、脉冲调制装置、高功率微波源和发射天线。其中初级能源可能是电能或化学能,能量转换由加速器或磁通压缩发生器完成,脉冲调制装置的作用是将电脉冲调制成上升前沿、波形和脉宽都较为理想的脉冲,从而有效地激励高功率微波源器件产生高功率微波,最后由高增益的定向发射天线射向目标。

高功率微波武器系统涉及的关键技术主要有如下几项:

(1)脉冲功率源技术　脉冲功率源是高功率微波武器的基础部件。通常的脉冲功率源有 Man 发生器、Tesla 变压器、磁流体发电机、磁通压缩发生器等,根据不同需要进行选择和参数调整。这些装置的作用就是利用常规的电能或化学能产生高功率的电脉冲,提供给高功率微波系统作为能源。

(2)高功率脉冲开关技术　脉冲功率源产生的电脉冲通常不能直接有效地激励高功率微波源,因为脉冲的各项参数一般都不适合高功率微波源的正常运作。脉冲开关的作用就是使脉冲的峰值、上升前沿和脉宽更为理想,使其能有效地激励微波源器件,并在一定程度上实现整个线路的阻抗匹配,提高能量转换效率。

(3)高功率微波源技术　高功率微波源是整个高功率微波武器系统的"心脏",其作用是利用高功率电脉冲产生高能电子束流,通过在特别设计的结构内与电磁场相互作用,产生高功率的微波脉冲。目前主要发展的高功率微波源有回旋管振荡器、自由电子激光器、相对论磁控管振荡器、虚阴极振荡器、束——等离子体振荡器、返波振荡器、速调管振荡器、固体功率源等。

(4)天线技术　用于高功率微波武器的天线有特殊的技术要求,既要实现普通发射天线的功能,又要克服一些普通天线难以解决的问题。它必须实现高增益,提高微波武器的杀伤能力,并尽量抑制副瓣,避免对己方人员和设备造成不良影响。同时,由于脉冲功率峰值很高,它还必须具有较强的耐压性能,避免发生电击穿。天线的结构不能太大,重量要轻,并具有一定的灵活性。

(5)超宽带和窄脉冲技术　超宽带和窄脉冲技术是高功率微波武器发展的一个新趋势,它是利用极快的电路直接激励低色散宽带天线,产生纳秒级超短脉冲,使脉宽和频率接近于同一数量级。

微波武器的发展现状及趋势

20世纪80年代以来,美、俄、英、法、澳、瑞典等国家纷纷大力开展高功率微波武器的研制工作,并取得了显著进展。国外有关高功率微波武器的研究基本处于保密状态,进入90年代后才陆续披露了一些试验和样机的研制情况。美国和俄罗斯在这一领域保持世界领先地位,其个别的系统已经或接近实现武器化。

美国从事高功率微波武器及其相关技术研究的主要部门有国防部、能源部和三军的一些研究机构,具体有:洛斯·阿拉莫斯国家实验室、劳伦兹·利弗莫尔国家实验室、桑迪亚国家实验室、海军研究实验室、空军菲利浦实验室、陆军哈里·戴蒙德实验室、马里兰大学、麻省理工学院、加州大学、通用动力公司等。劳伦兹·利弗莫尔国家实验室已经对高功率微波武器的各种效能进行了研究,模拟了高功率微波装置对军用电子系统的杀伤效果,并研究了传输效应问题。20世纪90年代中期,该实验室研制出频率5.9吉赫、功率1.2吉瓦的虚阴极振荡器和40吉赫兹、功率超过1吉瓦、效率为30%的自由电子激光器。马里兰大学和哈里·戴蒙德实验室建立了多波切伦科夫发生器的实验装置。菲利浦实验室研制出轴向激励的虚阴极振荡器,频率1.17吉赫,功率7.5吉瓦。菲利浦实验室还建立了大型的微波暗室,利用吉瓦以上的高功率微波武器照射飞机,研究飞机中的电子系统对高功率微波武器的易损性。海军研究实验室和空军菲利浦实验室在研究相对论磁控管。通用动力公司的波蒙纳分部已经研制出舰载防空高功率微波武器样机,用于对付敌方的反舰导弹。海军水面武器中心也在研究能取代舰载"密集阵"舰炮系统的高功率微波武器。20世纪80年代末至90年代初,功率频谱有限公司研制出由砷化镓芯片组成的体雪崩半导体开关,能将直流电直接变为微波信号,可大大降低微波源的重量。休斯公司研制成功等离子体辅助慢波振荡器,体积小,重量轻,工作频率4～8吉赫,电子束转换效率15%～25%。

在武器系统的研制方面,美国重点研究了微波弹和重复频率的高功率微波武器。前者已接近成熟,并具备近期内部署的能力。目前的研究主要集中在常规炸药激励的微波弹,对核激励的微波弹也作了效应分析。据外刊报道,1991年海湾战争中美国海军首次使用了试验性的高功率微波弹,从战争开始的第一天起,就从潜艇和驱逐舰上发射了带有这种弹头的海军"战斧"巡航导弹,干扰和毁坏伊拉克防空系统和指挥控制中心的电子系统。

1999年在空袭南联盟的过程中,有报道称美军也使用了微波弹试验装置。根据美国公布的研究计划,微波弹的先期概念演示验证工作已经在2000年结束,应该初步具备作战能力。美空军的研究工作集中在飞机自卫、压制敌防空、指挥控制战、夺取空中优势、空间控制等方面。1995年,美空军开始研制用于压制敌防空系统的高功率微波试验系统,目的是利用微波能量烧毁敌防空系统中的敏感电子元件。1996年对选定的综合防空设施进行低功率耦合和高功率破坏实验,并选定休斯公司为承包商。该实验采用爆炸驱动脉冲功率技术,能在敌防区外进行发射,利用有限的目标信息实现攻击效果。它可以对敌方的射频威胁系统造成永久性电子损伤,具有发射后不管的能力,单次发射能杀伤大量目标,有一定的覆盖范围,对发射精度要求不高,天线产生的副瓣对己方的附带损伤很小。这项工作在休斯公司位于加州的兰考·库卡蒙卡进行。

美空军和洛斯·阿拉莫斯实验室在1991～1995年间对核电磁脉冲武器进行了深入研究,主要目的是对核电磁脉冲武器系统进行优化。在这种武器方案中,射频能量由在高空爆炸的核弹头提供,可对敌方的电子系统进行干扰和破坏。1996年7月,洛斯·阿拉莫斯实验室的专家对已经完成的工作作了评估。他们认为,这种武器具有对电子设备的破坏能力,但目前技术尚不够成熟,核爆激励的射频能量不仅会对敌方的人员和电子设备造成杀伤和破坏,也会对友方造成不必要的伤害。

目前俄罗斯发展高功率微波武器的主要计划如下:

自20世纪70年代以来,前苏联的高功率微波技术取得了迅速发展,在研制近程战术高功率微波武器方面已经不存在较大技术障碍,某些技术可能领先于美国。

前苏联对高功率微波技术的研究主要集中在强流电子学研究所(托姆斯克)和应用物理研究所(高尔基城)等机构,研究重点是相对论磁控管和返波振荡器。其主要成就有:在多波切伦科夫发生器等多波器件上实现了高功率;研制了驱动高峰值功率和高平均功率源的小型重复脉冲功率源;努力使装置的设计精巧,性能优化。在20世纪80年代,前苏联就研制出频率10吉赫、功率15吉瓦的多波切伦科夫发生器,其工作于X波段的单脉冲返波振荡器可实现15吉瓦的功率输出,能量转换效率50％,同频段内的重复运行的返波振荡器功率为1吉瓦,效率30％。小型便携式微波源在100赫的重复频率下可产生0.1~1吉瓦的峰值功率。书桌大小的爆炸磁压缩发生器可产生100兆焦耳的微波能量。

在武器方面,前苏联已经研制出部分试验样机。其中有一种防空系统,微波功率为1吉瓦,杀伤距离10千米,1千米远处的功率密度为400瓦/平方厘米,10千米远处功率密度为4瓦/平方厘米。该系统主要用于保护重要的指挥中心,它不仅能使敌方的电子设备失效,还具有抗反辐射导弹的能力。系统总重量13吨,分载在三辆越野卡车上,第一辆运载约10吨重的微波功率源和燃料;第二辆运载约3吨重的微波武器,武器与功率源分置,可使武器不受功率源振动的影响;第三辆车运载与武器配套使用的对空监视雷达。

据报道,瑞典最近已从俄罗斯购买了一种高功率微波炸弹,并且进行了试验。这种炸弹可以放在手提箱中,使用时能释放10吉瓦的高功率脉冲,相当于10个标准核电机组的功率,可用于攻击战斗机、核电站等目标的计算机系统,而且不发出任何声音。据说每枚炸弹的市场价还不到10万美元。澳大利亚也购买了这种武器。

动能拦截弹

动能拦截弹是相对于采用高爆战斗部(弹头)的常规导弹而言的。常规导弹对目标的主要杀伤方式是,在进入目标附近一定区域内时引爆战斗部,形成的一定数量的高速飞行破片对目标实施杀伤。另外,在大气层内低空作战时,战斗部爆炸而产生的冲击波对目标也有一定的辅助杀伤作用,然而这种情况在大气层内高空或大气层外作战时并不会出现。动能拦截弹与常规导弹的关键性区别在于,动能拦截弹的战斗部无需引爆,而是以极高的相对速度与目标直接碰撞,就好比是"用一颗子弹击中另一颗子弹"。这种高速直接碰撞将释放出极大的动能,足以摧毁现有任何类型的目标。

动能拦截弹的组成

典型的动能拦截弹通常由高加速运载器和作为战斗部的动能拦截器(KKV)组成。针对不同的作战用途,运载器可能是单级助推火箭(如THAAD拦截弹),也可能是多级助推火箭(如"海军全战区"系统所用的"标准"-3拦截弹即采用三级助推火箭)。作战时,通常由运载器在各种探测器(地基、空基或天基)和火控雷达的支援下,将动能拦截器运送至特定空域,然后动能拦截器与运载器分离并捕获目标,通过自主引导实施目标拦截。例外的情况是,动能拦截器与运载器之间并没有明显的划分,作战时也没有分离动作,而是整个导弹与目标直接碰撞(如PAC-3拦截弹)。

动能拦截弹的运载器一般是通过改进现有导弹的助推火箭或研制新型助推火箭而获得的,而其最为核心技术则是集中在作为"弹头"的动能拦截器上。与业已成熟的助推火箭技术相比,动能拦截器所需的技术更为先进和全面,包括直接侧向力控制、组合导航、凝视成像探测、大推质比快响应姿/轨控动力系统以及高速信息处理等多种正处于探索和试验之中的新兴技术。

动能拦截器是一种光电、信息高度密集的信息化飞行器,依靠高速运载器提供每秒数千米的飞行速度,具有自动寻的能力,利用其与目标直接碰撞产生的巨大动能杀伤目标。其核心技术是智能化、高精度的制导与控制技术,所追求的目标是实现"零脱靶量"。

动能拦截器主要由导引头、弹载计算机及电子设备、姿/轨控系统和电源系统等组成。导引头相当于动能拦截器的"眼睛",用于探测并捕获目标。根据工作频段可将导引头分微波、可见光和红外三种,其中可见光和中/长波红外焦平面凝视成像导引头代表了目前导引头最先进的技术水平,也是动能拦截器通常所采用的导引头。弹载计算机及电子设备相当于动能拦截器的"大脑"和"神经",由其对搜集到的各种信息进行处理,形成各种控制指令,并发送到姿/轨控系统等执行机构。姿/轨控系统则相当于动能拦截器的"四肢",根据收到的控制指令执行响应动作,具体控制整个动能拦截器飞行。轨控系统用于调整动能拦截器的飞行路径,通常由4个位叫拦截器纵轴线垂直的平面之上,彼此成90度角且其轴线交叉于动能拦截器质心的小型火箭发动机组成;姿控系统用于调节动能拦截器的飞行姿态,常由多个安装在动能拦截器尾部的小型火箭发动机组成。姿/轨控的关键部分在于响应速度快、推力大且体积小的小型火箭发动机。在作战过程中,动能拦截器与运载器分离后,利用其"眼睛"探测并捕获到目标,然后由"大脑"按照特定的制导算法进行计算,形成控制指令,并通过"神经"传送到"四肢",由"四肢"执行相应的动作,调整动能拦截器的飞行路径,直至与目标直接碰撞而摧毁目标。整个过程均是由动能拦截器自主进行的。

动能拦截弹的功用

动能拦截弹与常规导弹的根本区别是,它依靠与目标的直接碰撞所产生的巨大动能杀伤目标。其特点主要体现在命中精度高,拦截脱靶量接近零;杀伤力强,可有效对付核、生、化等大规模杀伤性武器;轻质小型,机动性好;采用直接侧向力控制,可在大气层内外作战;不存在引信与战斗部的配合问题。

(1)命中精度高,拦截脱靶量接近零 常规导弹采用主动或半主动微波导引头,由于目标角噪声和近距离时不能提供有效制导信息,形成盲控距离,另外采用翼面气动力控制方式,响应时延不小于300毫秒,在25千米以上高空时甚至可达1 000~1 500毫秒,这些因素导致导弹脱靶量大体上处在9~15米左右。而动能拦截器采用焦平面凝视成像导引头,没有角噪声,不会形成盲控距离,且利用快响应姿/轨控发动机进行直接侧向力控制,响应时延小于10毫秒,与目标的碰撞点不会越出目标本体,从而实现零脱靶量。

(2)杀伤力强,可有效对付核、生、化等大规模杀伤性武器 在动能拦截弹的作战过程中,动能拦截器与运载器分离时,其飞行速度通常达到3~5千米/秒,与目标碰撞时的相对速度理论上可达5～10千米/秒。就目前美国在研的几种主要动能拦截弹而言,其动能拦截器的质量为20～60千克,按通常认为推进剂占总质量的70%左右计算,动能拦截器与目标碰撞时的质量至少为6～15千克。如此高的速度和质量,在碰撞时产生的能量可高达数亿焦耳,将会产生气化效应,形成摄氏几百万度甚至几千万度的高温高压等离子体,其瞬间的爆炸威力足以彻底摧毁现有任何类型的目标,包括弹道导弹所携带的核、生、化弹头,并且能够消除生物和化学弹头可能造成的污染。

(3)轻质小型,机动性好　动能拦截弹采用碰撞杀伤方式,所携带动能杀伤拦截器的质量远小于传统的高爆战斗部(如美国正在探索的最轻型的动能拦截器质量仅为6千克)。因为战斗部的质量较小,其运载器的尺寸也可减小,从而使得整个拦截弹的尺寸得以缩减。另外由于质量小,在同等推力下具有更高的机动能力。

(4)采用直接侧向力控制,可在大气层内外作战　常规导弹依赖气动力进行控制,只能在大气层内作战。动能拦截弹采取的是直接侧向力控制方式,不依赖于气动力,既可在大气层内作战,也可在大气层外作战。

(5)在拦截弹道导弹时不存在引战配合问题　常规导弹带有战斗部和引信,在拦截弹道导弹上必须采用引战配合技术,即利用引信在适当的时候引爆战斗部,使得战斗部爆炸产生的破片正好覆盖目标的要害部位,以达到杀伤的目的。由于弹道导弹的飞行速度极快,对引战配合的时间精度要求非常高,例如对于射程3 000千米的弹道导弹,要求控制引爆时间的误差小于0.2毫秒,现有引战配合技术还达不到这样的精度,很难实现有效的拦截和摧毁。而动能拦截弹对弹道导弹实施拦截时,依靠很高的制导控制精度来实现对目标的直接碰撞,利用碰撞产生的巨大动能摧毁目标,故不要求引战配合。

动能拦截弹在未来战争中的重要作用之一就是防御弹道导弹,这也是美国发展动能拦截弹的初衷。鉴于动能拦截弹的上述特点,它在弹道导弹防御作战方面具有常规防空导弹不可比拟的优势。动能拦截弹可在陆、海、空、天全方位部署,既可在大气层外,也可在大气层内拦截弹道导弹。尤其是在对付携带生物、化学弹头的弹道导弹时,不但能够实现完全摧毁,而且可彻底消除生物、化学材料可能带来的污染。

动能拦截弹的另一项重要作用是在未来空间攻防作战中作为反卫星武器或卫星自卫武器。动能拦截弹既可通过直接碰撞对卫星实施硬摧毁,也可采用其他手段进行软杀伤(使卫星暂时失去作用),如在接近卫星时向其光电部件喷涂化学材料使之暂时致盲。另外,由于动能拦截弹体积小,质量轻,可部署在己方的卫星上作为自卫武器,对来袭的敌方武器实施主动拦截防御。

动能拦截弹作为新型的防空导弹,毫无疑问能够对飞机、巡航导弹等目标实施防御。在远期,动能拦截弹将作为未来可能发生的空间战的主战武器之一。随着动能拦截弹的日益成熟和轻小型化,它还可用于地面小目标(如防空阵地、雷达站、指挥控制中心等关键部位)自卫,甚至能够作为飞机、舰船、车辆等的自卫武器。除此之外,未来还将出现空空、空地及反坦克多用途动能导弹。

动能拦截弹的发展现状及趋势

美国是目前世界上最积极发展动能拦截弹技术的国家,主要用于导弹防御计划和动能反卫星(KE-ASAT)计划。迄今为止,美国正在研制五种动能拦截弹,分别是地基拦截弹(GBI)、陆基战区高空区域防御(THAAD)拦截弹、舰载"标准"-3(SM-3)拦截弹和陆基"爱国者先进能力"3(PAC-3)拦截弹,以及地基动能反卫星(KE-ASAT)拦截弹。其中最为成熟的是PAC-3拦截弹,已经装备部队投入实际作战运用。

动能拦截弹技术,特别是作为动能拦截弹弹头的动能拦截器及其关键技术正在朝着轻小型化、智能化和通用化的方向发展。

(1)轻小型化 在过去的十余年期间,动能拦截器的尺寸和重量几乎减小了一个数量级,这是动能拦截弹技术的重大突破。随着动能拦截器的轻小型化,美国一直在探索各种新的动能防御武器方案。例如,美国曾经研究利用"爱国者"导弹的助推火箭,携带多个轻小型的动能拦截器以拦截多个目标的方案;为了对付携带子弹头的弹道导弹,美国正在研究利用多个,甚至大量的轻小型动能拦截器,分别拦截多个子弹头的方案。

(2)智能化 导弹防御技术的发展,必将促使拥有弹道导弹的国家发展各种突防手段,这就要求未来的动能拦截弹必须具有识别真假弹头的能力,甚至具有"发射后不管"的独立作战能力。智能化已经成为动能拦截弹技术发展的一个重要方向。

（3）通用化　目前，美国正在从两个方面追求发展通用的动能拦截弹：一是在当前重点研制的计划之间，如在陆军的THAAD拦截弹与海军的"标准"-3拦截弹之间寻求通用；二是在远期发展具有通用性的动能拦截器。

电　炮

电炮是利用脉冲能源提供的电能或利用电能与化学能相结合，使弹丸或其他有效载荷达到的速度或动能大大超过传统发射方式，是一类新原理的发射技术。电炮总体上分为两大类：电磁炮和电热炮（化学炮）。

电磁炮是利用运动电荷或载流导体在磁场中切割磁力线，产生的电磁力（洛仑兹力）来加速弹丸，是完全依赖电能和电磁力加速弹丸的一种超高速发射装置。电磁炮主要分为电磁线圈炮、电磁轨道炮两类。电磁线圈炮是利用感应耦合的固定线圈产生的磁场与弹丸线圈上的感应电流相互作用产生的电磁力，推动弹丸加速；电磁轨道炮（EMG）是利用流经导电轨道和滑动电枢的强电流与其所产生的磁场作用的电磁力驱动弹丸。目前国外发展的电磁炮主要是轨道炮，其炮口初速可远高于其他类型的电磁发射器，理论上可达十几至几十千米每秒。

电热炮是利用放电方法产生的等离子体，在封闭的放电管或炮膛内做功来推动弹丸。按照等离子体形成方法的差异，电热炮又分为直热式和间热式两种。直热式电热炮就是通常所说的纯电热炮，它是完全依靠电能工作，利用高功率脉冲电源放电产生高温高压等离子体，以等离子体膨胀做功直接推动弹丸前进；间热式电热炮是先利用高功率脉冲电源放电产生高温高压等离子体，然后再用此等离子体去加热化学工质，产生高温高压燃气，膨胀做功来推动弹丸。由于间热式电热炮的能量部分来自电能，部分来自化学能，因此又称作电热化学炮（ETC）。

电磁轨道炮

电磁轨道炮是由一对平行的导轨和夹在其间可移动的电枢以及开关和

电源等部分组成的。开关接通后,强大的电流从电源流入一条导轨并经过电枢沿另一条导轨流回,载流电枢在导轨电流产生的磁场中,受到洛仑兹力的作用被加速,推动弹丸射出。

电磁炮的关键技术主要包括大功率电源技术、大电流开关技术以及具有适当电阻率、压缩强度和热性能的材料技术等。其中瞬时功率大、体积重量小的电源技术是电磁轨道炮关键技术的重中之重。初看来,电磁轨道炮的工作原理非常简单,但它要求具有高达 4 兆安或更大的电流和巨大的功率。如发射质量为 1 千克、初速 3 000 米/秒的弹头,就必须具有高达 4.5 兆焦的动能,这相当于 90 毫米坦克炮发射弹头的动能,发射期间必须具有高达 200 万千瓦的功率。预计,未来实用型电磁轨道炮的电源技术指标要达到能量密度为 17 千焦/千克,质量在 1 300 千克以下。

与常规火炮相比,电磁炮具有以下显著特点:

一是炮口初速高。传统火炮理论上的炮口初速极限为 1 600～2 100 千米/秒,由于物理技术等原因,实际上,炮口速度只能达到 1 600～1 800 米/秒,而电磁轨道炮的炮口初速可达几十千米/秒。这样可以大大缩短交战时间,提高对高速目标的命中概率。同时与目标相撞时可产生巨大的动能,增加对目标的毁伤力,特别是可以明显提高对装甲目标的穿透能力。

二是轻小型化、隐蔽性好。电磁炮几乎全部发射重量都是有效载荷,因此弹丸体积小重量轻,既容易实现装填自动化,也便于减轻后勤供应的负担;而且电磁炮是靠电磁力发射弹丸,几乎没有烟火、声音和后坐力,有利于隐蔽作战。

三是射击速率高,可控性好。常规速射炮的重复发射频率最高也只有几十发/秒,而电磁炮可以达到几百发/秒,使火力大大提高。此外,由于弹丸的初速和射程都可以通过改变电流的大小进行调节,因此,可以较好地控制发射。

总之,电磁炮独特的优点,使其在未来战场的广泛领域中拥有重要的应用价值。在防空防天与反导方面,电磁炮可广泛用于反飞机、反巡航导弹、反弹道导弹甚至反卫星作战。在 5 千米的射程内,若用初速为 4 千米/秒的电磁炮攻击飞行速度 500 米/秒的飞机时仅需 2 秒左右,其脱靶误差可降低 90%,击毁概率接近 100%。当电磁炮射弹质量为 100 克左右,速度为 4 千米/秒时,可有效拦截4马赫以下飞行的战术导弹;地基电磁炮的射弹初速达到5~7千米/秒时,可对战略导弹实施中段和末段拦截。天基电磁轨道炮射弹速度达到5~10千米/秒时,可对战略导弹实施中段拦截;当速度达到20千米/秒时,能对战略导弹实施助推段拦截。当地基电磁炮射弹初速达到6~10千米/秒时,可直接命中杀伤轨道高度为300~1000千米的低轨卫星。在反装甲方面,电磁炮将成为侵彻各种新型装甲的有效途径,炮口动能15兆焦以上的电磁炮可以击毁常规火炮不能击毁的未来坦克。此外,在反舰、航天发射等方面也具有非常广泛的应用前景。

电热化学炮

电热化学炮是介于常规火炮和电磁轨道炮之间的一种新概念火炮,主要由电源、脉冲成形网络、炮身、炮架等部分组成。炮弹由等离子体喷管、推进剂和弹丸等部分组成。典型电热炮的发射原理是:由电源发出的高电压大电流经脉冲成形网络的调节,使其成为波形符合弹道要求的电流脉冲,输入等离子体喷管,引起电极间产生电弧,烧蚀塑料毛细管壁,产生高温、高压等离子体射流,高速喷入推进剂,发生化学反应生成高温、高压燃烧气体驱动弹丸高速运动,从炮口射出。

理论上,电热化学炮弹丸的初速可达2~3千米/秒。电热化学炮的主要优点是:弹丸的初速度大,射程远,其炮口初速比相同口径的常规火炮高10%~15%,炮口动能提高30%~40%,推进剂的化学反应速率可由输入的电流脉冲调节控制,射程改变灵活,除发射电热化学炮弹以外,也可发射普通炮弹。

电热化学炮采用新的发射原理,突破了常规火炮的弹丸初速物理极限,从而较好地解决了动能武器"快"的问题。电热化学炮的炮口初速虽然低于电磁轨道炮,但由于其对脉冲电源技术的要求相对较低,又可与定型的火炮主要构件相兼容,技术上容易突破,因此成为世界主要军事强国竞相发展的重点。从目前研制进展来看,电热化学炮近期内可望进入实用阶段,取代传统火炮,在远程火力支援、反装甲、舰艇近距离防御、防空等作战中发挥重要作用。由于电热化学炮可以较大幅度地提高弹丸初速和火炮射程,且与现装备火炮的衔接性较好,因而有可能比电磁炮更容易作为火力支援武器应用在野战火炮上。美军要求用于野战火炮的电热化学炮要以 1～1.9 千米/秒的初速发射 30～50 千克重的炮弹,射程达到 50～100 千米,这一射程远超过现有野战火炮的火力范围。为了更好地完成未来的坦克作战任务,坦克炮必须大幅度提高穿甲威力。从目前的研究进程看,坦克炮有可能优先发展电热化学炮。美国陆军提出的坦克用电热化学炮指标是发射 2.2～4 千克弹头,初速达到 2.5～4 千米/秒;将电热化学炮用于对付反舰导弹,可使 3～4 千克的弹头初速达到至少 2.5 千米/秒,这样高的初速将大大提高拦截导弹的概率。此外,美国海军制式 MK45 式 127 毫米舰炮的未来改进可能采用电热化学炮发射技术;美空军还计划用电热化学炮装备 A-10 那样的近距离支援飞机,以摧毁 5 千米以外的地面装甲目标。

电炮的发展现状及趋势

(1)电磁炮　电磁炮的概念早在 19 世纪末就已出现,但电磁炮的发展并没有想像的那样快,人们意识到电磁发射技术尚未成熟,还有许多技术难题有待解决。例如弹丸与空气之间极高速摩擦引起弹丸不均匀燃烧,将造成弹道轨迹精度、弹丸飞行速度下降,从而降低了穿甲威力,因此必须采用更高强度耐烧蚀的弹体材料;必须量化弹丸与导轨间的排斥力,以确定其对于安全性、结构完整性和可重复发射性等方面造成的影响;身管的重量要进一步减轻,同时要确保导轨足够的耐烧蚀能力和使用寿命;超高速状态下流体力学、热力学等方面对弹丸侵蚀目标的影响还需进一步深入研究;电容器、单极电机等电气设备的尺寸重量要大幅度减小;此外,能量转换效率、耐强电流的各种开关、滑动触点的研制问题也都亟待解决。

(2)电热化学炮　电热化学炮的研究始于 1980 年初,尽管起步比电磁炮晚得多,但进展相当迅速。高功率脉冲技术的发展,解决了为电热化学炮提供所需能源的问题。特别是进入 20 世纪 90 年代以来取得了突破性的进展,世界各国都对电热化学炮表现出了很大的兴趣,美国、俄罗斯、以色列、英国、法国、日本等发达国家已在这一技术领域进行了理论探索和实验研究,尤其以美国的进展最快,技术最为领先。

非致命武器

非致命武器是指为达到使人员或装备失能,并使附带破坏最小化而专门设计的武器系统。由于它不以杀伤人员和毁坏装备、设施为目的,而是针对人员、装备、基础设施的薄弱环节,使其失去作战能力或不能正常发挥作用,从而达到作战目的,因此又称作失能武器或非杀伤武器。从广义上讲,它是涵盖信息战装备、反机动、反人员等各种非杀伤性武器的一种新概念武器群体。

美国国防部将非致命武器定义为"为了使人员或装备失能,同时又使得人员死亡或永久性伤残以及对财产和环境造成不良损害的程度降低至最低限度而设计和使用的武器系统。"这一定义中没有包括信息战、电子战或并非为降低人员死亡和永久性伤残以及对财产和环境造成不良损害程度的目的而专门设计的任何军事能力,尽管这些能力也可能具备非致命效能。

非致命武器的主要特征:

一是非致命性。可使敌方人员或装备失去战斗力,但并不造成敌方人员的伤亡和装备设施的严重破坏。

二是准确性。可在距离非战斗人员很近的地方准确攻击敌人或敌设施的特定部位而不危及平民或造成附带破坏。

三是打击效果的可控性和可逆性。可对攻击效能进行选择和控制,在多数情况下打击后果具有可逆性,遭受打击的人员可恢复正常机能,冲突过后的重建工作也可迅速完成。

四是作用范围广、可重复使用。极具扩大杀伤范围的潜力,甚至可以在同一时间内将杀伤范围扩大到敌国全境,并可在各种条件下重复使用,使敌方难以采取有效的反制措施。

非致命武器的功用及组成

目前,国外发展的非致命武器,按照用途基本上可分为反装备非致命武器和反人员非致命武器两大类。

(1)反装备非致命武器　反装备非致命武器主要是通过破坏装备本身

的材料结构或外部条件，使其无法正常发挥作用，通常以阻止装备快速实施机动为主要目的，主要包括超级润滑剂、材料脆化剂、超级腐蚀剂、超级黏胶剂以及动力系统熄火弹等。

超级润滑剂是采用含油聚合物微球、表面改性技术、无机润滑剂等作原料调配而成的摩擦系数几乎为零的化学物质，且附在物体上极难消除，主要用于攻击机场跑道、航母甲板、铁轨、高速公路、桥梁等目标，使飞机难以起降，汽车难以行使，高速行驶的列车滑出轨道，造成交通阻塞，使敌方军事行动受到极大干扰和破坏。目前，美国正在积极研制一种能大大提高路面润滑效果的超级润滑剂。

材料脆化剂是一些能引起金属结构材料、高分子材料、光学视窗材料等迅速解体或破坏分子键合力的特殊化学物质。液体金属脆化剂包括两种：一种是可使金属脆化的液体；另一种是液体金属。材料脆化剂被涂刷、喷洒或泼溅到金属部件上，可对敌方装备的结构造成严重损伤并使其瘫痪，可以用来破坏敌方的飞机、坦克车辆、舰艇及铁轨、桥梁等基础设施。

超级腐蚀剂是一些对特定材料具有超常腐蚀作用的化学物质。这种腐蚀剂有两类：一类是比氢氟酸强几百倍的高级腐蚀剂，可破坏敌方铁桥、飞机、坦克等重型设施和装备；另一类是专门腐蚀、溶解轮胎的化学物质，它可使汽车、飞机的轮胎迅速报废，无法执行战斗和运输任务，从而达到使敌方基础设施和军事装备瘫痪的目的。目前美国正在研制一种代号为C＋的超级腐蚀剂，其腐蚀性超过了氢氟酸。当其被喷洒在车辆、坦克等装备上时，不仅能毁掉汽车和坦克，还能破坏车上的其他装备和武器，甚至能使燃料变成毫无用途的凝固胶。

超级黏胶剂是一些具有极强黏结性能的超黏性聚合物，这种聚合物可以像胶水一样将武器装备粘住。国外正在研究将它们用作破坏装备传感装置和使发动机熄火的武器，以及将它们与材料脆化剂、超级腐蚀剂等复配，以提高这些化学武器的作战效能。例如可将胶黏剂反坦克弹由单兵火箭筒、导弹发射或空投至坦克周围或坦克上方爆炸，产生黏结性极强且不透光的胶黏剂云雾。这些云雾胶黏剂一部分进入坦克发动机在高温条件下瞬时固化，使气缸内的活塞运动受阻，导致发动机"停喘"，使坦克失去机动性能。另一部分胶黏剂直接附着在坦克的各种光学窗口，遮断光路，干扰乘员操作,致使整个坦克失去作战能力。

动力系统熄火弹是利用阻燃剂来污染或改变燃料性能,使发动机不能正常工作而熄火的武器。美国在这方面已取得重大进展,研究开发出了一批高性能的阻燃剂。美国将这种新概念武器视为遏制敌方坦克装甲车集群的有效手段之一。其中一种特殊性能的化学添加剂,投射到敌阵地后弥漫在空气中。如果敌人的坦克发动机吸入后,将使燃料改变粘滞性和其他性能,阻滞燃料的正常工作而使发动机发生故障。另外,在炮弹内灌入某些具有使发动机窒息作用的化学气体,引爆后产生大量窒息性气体,当敌自行火炮、装甲战车驰经这一地段时,发动机吸入窒息性气体后形成缺氧状态而自动熄火。还有的国家正在研究将特殊的陶瓷材料制成极微细的箔条装进弹内发射到空中,当低空飞行的飞机经过时,它们的发动机会因吸入箔条而发生故障。落到地面的箔条会使地面的车辆无法继续行驶。有的实验室还在研究一种可以产生自燃作用的微小颗粒状物质。发动机吸入这些微小颗粒后由于发生自燃而使温度骤然升高,发动机受到破坏后武器功能也就遭到完全毁坏。

(2)反人员非致命武器 反人员非致命武器可使敌方战斗减员,给敌方造成沉重的伤员负担。目前国外正在研究的反人员非致命武器主要开发几种专门的非致命反人员能力。其中包括:用于控制骚乱的非致命能力;使人员失能的能力;阻止人员进入某一(地面、海上和空中)区域的能力。反人员非致命武器主要有激光武器、次声武器、化学失能剂、刺激剂和黏性泡沫等类型。

非致命激光武器主要是非致命激光致盲武器,它利用低能量的激光束照射人的眼睛,导致其视网膜暂时或永久失明,从而丧失战斗力。激光致盲武器包括便携式和车载式。美国麦道电子系统公司研制的"眼镜蛇"激光枪,就是一种单兵携带和使用的激光枪,外形与 M-16 型步枪相仿,充电一次可发射 2 000 发"子弹",它的有效射程为 1 千米。1995 年驻索马里的美国海军陆战队使用了非致命的 M203"军刀"(Saber)激光照明器。这种激光照明器装在 40 毫米榴弹发射器上,有效射程约 300 米。在发展激光致盲武器问题上国际间的争论相当激烈,1995 年 10 月 6 日,参加联合国常规武器公约会议的 44 个国家一致通过了禁止激光致盲武器协定书。1995 年 10 月 22

日美国国防部宣布取消陆军的手持式激光对抗系统发展计划。

美国还将激光致盲武器安装在"布雷德利"装甲车辆上。该系统可以暂时或永久性地使通过车辆潜望镜观察的乘员失明,干扰微光电视摄像机。美国陆军通过野外试验证明:用一辆安装着激光致盲武器的车辆可与4～5辆普通装甲车辆对抗。

此外,美国还研制出一种新型激光非致命武器,但这种称作"反步兵射束武器"激光枪并不是致盲武器,它能够发出两束波长分别为193纳米和248纳米的紫外线激光射束,直击人体的骨髓肌肉,进而使其麻痹或僵直,其最大有效射程为2千米。这种武器发射后几个毫秒内即可发生作用,所产生的10毫安电流强度足以穿透人体目标所穿着的服装,但远不至于对皮肤造成损伤,更不会产生任何致命后果,因而比手枪或其他类型非杀伤性武器更为安全,尤其在对付犯罪份子过程中也更为有效。

次声武器是利用低于50赫的低频声波在短时间内使人体器官产生强烈的共振,从而使人头昏、恶心、肌肉痉挛、神经错乱、呼吸困难、惶惶不安。次声对机体的基本作用原理是生物共振,人体内部各器官的振动频率均在次声频率范围内。当人体处于次声作用下时,只要声压级达到一定程度,体内器官就会发生共振。共振的结果是各部位出现不同程度的不适,甚至造成器官破坏。

次声武器有四个基本特点:① 传播速度快。次声在空气中以每秒340米、时速约1 200千米的速度传播。在水中传播速度更快,时速可达6 000千米。② 不易察觉,便于突袭。只要强度不是特别高,次声就不能为人耳所听觉。③ 不易被吸收,传播距离远。由于空气的热传导、粘滞和分子吸收效应与频率的平方成正比,而次声的频率低,所以衰减小。例如,核爆炸所产生的次声可绕地球好几圈。④ 穿透力强,不易防护。声波的穿透能力与频率成反比。例如,7 000赫的声波可用一张厚纸挡住,而对于7赫的次声,墙壁也阻挡不住。实验表明,次声可穿透十多米的钢筋混凝土、建筑物、坦克、装甲车、深水下的潜艇等。

次声武器的概念产生于20世纪60年代中期。1968年2月,英国《观察家报》刊登了法国在马塞附近的次声研究所秘密研究一种声波武器——"声枪"的报道。20世纪70年代匈牙利向国际裁军委员会提出了禁止开发次声武器的建议,认为次声武器"甚至比原子武器还可怕"。70 年代中期美国警方开发了一种用于控制人群骚乱的次声武器。进入 90 年代,美国科学应用与研究协会在军方资助下研究了高功率次声发生器的小型化问题,并进行了战场模拟仿真。1998 年 9 月美国《防务新闻》报道了美正在进行非致命低频声波武器研制和试验,报道称,这种武器利用压电晶体产生次声波,可使敌人不辨方向、痛苦和恶心。在技术上,能量转换成声音的效率约为 70%(传统的仅为 1.5%～3%),而且可以制成手持型。目前,美国正在研制的"声学子弹"可利用高能量、低频率的爆炸所产生的冲击波使对方人员丧失战斗力。

化学失能剂是国外当前非常活跃的非致命武器技术研究领域,其主要作用原理是利用某些化学物质的独特性质造成对方人员精神障碍、躯体功能失调或使人昏昏入睡,从而暂时丧失战斗能力。化学失能剂主要有精神失能剂和躯体失能剂两种:前者主要引起活动紊乱,出现幻觉;后者主要引起运动功能障碍、瘫痪、麻痹等。

刺激剂是指以刺激眼、鼻、喉和皮肤为特征的一类非致命性的暂时失能性药剂。人员在短时间接触到这类物质便会出现中毒症状,脱离接触后几分钟至几小时症状自行消失,不留后遗症。若长时间、大量吸入可造成肺部损伤,严重的甚至可导致死亡。刺激剂中还包括催吐剂、催泪剂、臭味剂、致晕剂等。美国已研制成功一种辣椒喷射剂,这是一种从辣椒中提取出来的含油树脂辣椒素(OC)的化学战剂,并正在用 OC 来取代 CN(苯氯乙酮)和 CS(西埃斯)催泪剂。它具有使人体黏膜发炎的功能,从而可有效对付高度亢奋者、精神病人、吸毒者及酗酒者等,而 CN 与 CS 催泪剂对这些人员是无效的;另一方面,OC 是一种生物降解物质,易于清洗,一般不会有后遗症。它只有直接与人的皮肤、黏膜接触才能有效。若皮肤沾上它,立刻会出现烧灼感;眼睛接触到会灼痛、流泪、肿胀、视力暂时受损;口鼻吸入后将导致呼吸道内黏膜充血肿胀,引起咳嗽,呼吸不畅。1995 年美国参与联合盾牌行动的海军陆战队就使用了这种武器。

黏性泡沫属于一种化学试剂,喷射在人员身上立刻凝固,束缚人员的行动。美军在索马里行动中使用了一种"太妃糖枪",外形类似冲锋枪或小型灭火器,里面装满了特制的泡沫粘合剂。由一个肩式发射器发射一种压缩黏性泡沫，喷射出来后遇到空气迅速变成黏性极强的固体胶状物，将目标粘牢动弹不得而失去抵抗能力。这种武器可以作为军警双用途武器使用，既可供追捕逃犯、控制歹徒时使用，也可在军事上用来破坏武器装备，控制敌人行动。美国目前已开发出了第二代肩挂式黏性泡沫发射器。国外正在研究的另一种捉人武器，构思颇为独特。它的发射装置类似一具轻型火箭筒，发射出来的弹药既不爆炸也不伤人，而是撒开一张大网。网丝是用尼龙丝一类高强度材料制成，张开来足有2个篮球场那样大，撒到骚乱人群或逃跑匪徒身上。网上涂有黏稠的物质，粘到人体上越缠越紧无法解脱。有的还可根据需要通电，胡乱挣扎会遭到电击。这种武器还可与激光致盲武器配合使用，激光使对方处于眩晕状态，然后再将其网捆起来。如要遏制大规模骚乱时，还可用火箭炮一类武器连续射出许多网。

非致命武器的发展现状及趋势

作为一种维持治安手段，一些属于非致命范畴的武器早已被广泛应用。但是，非致命武器真正成为一种新概念武器类别，还是"冷战"结束后，首先从美国逐渐兴起的。随着"冷战"的结束，发生大规模战争的可能性逐渐减少，而军队参与"维护和平"以及"非战争军事行动"日益增多，迫使军事指挥员对武器系统提出新的要求，从而使非致命武器的作用日益突出。美军认为，在现代军事冲突条件下，非致命武器可以减少双方人员伤亡，使美军赢得国内外的支持，并保证美国的武装部队实现其最终目的。为此，美国成为非致命武器的主要发展国家。

20世纪90年代初美国国防部制定武器装备关键技术计划时，在列入的22项中有10项与非致命性武器有关，约占全部关键技术项目数的45%。1994年下半年美国国防部长佩里签署了一项命令，指示国防部在适当的时候采购和使用非致命武器系统。国防部1995年度开始实施这项新倡议，并为此拨款4 100万美元。1995年7月参议院武装部队委员会针对过去非致命技术的发展工作零散和难以评价的情况，希望将非致命武器和技术的研究计划及经费加以调整，并由战略与战术系统办公室进行管理。1996年美国国防部专门成立了非致命武器联合领导小组，负责监督非致命武器的开发和部署，并颁发了非致命武器共同条令。1998年美国国防部公布了《美国非致命武器发展指南》,目的是为国防部的非致命武器项目指引发展方向,为研究适用于各种军事行动的非致命武器核心能力建立一套指导原则。美国陆军训练与条令司令部《陆军作战中非致命能力的概念》附录列出的潜在非致命技术就有50余项,表明非致命武器和技术有很大的发展空间。美国陆军装备司令部制订的计划中指出:"非致命武器的潜在应用包括阻滞人员行动(控制人群、设置路障、阻止人员逃离),阻止车辆机动(阻止车辆机动时尽量减少车辆中的人员伤亡)等"。美国国防部非致命武器高级指导委员会推荐的1996年项目有反人员次声武器和非侵彻型橡皮弹、车辆阻滞装置、使人员不能行动以及使车辆丧失机动能力的网状物与障碍物。为加速采办战略的实施,美军继1996财年为新立项和已立项项目拨款500万美元之后,还计划将再增拨1 000万~1 500万美元。国防部可能着重投资发展的未来项目包括干扰人眼、夜视器材和光电装置的非致盲激光武器,作为心理战工具的全息成像、镇静剂等。目前,美国各军种已开始了相关训练,派往波斯尼亚的美军部队已配备了非致命武器。

非致命武器在现代冲突中可以成为配合常规武器的重要补充手段,在某种条件下甚至可以起到战略性作用。例如,在冲突早期,非致命武器可以用作抑制冲突升级的压制性手段,从而能够有力地配合、支持经济制裁和军事打击。在高强度冲突中,非致命武器可以对敌武器系统、侦察通信系统、指挥控制系统、交通要道等目标进行干扰破坏,取得直接的战略性效果,从而加快战争进程。

宇宙飞船和空间站

宇宙飞船分为载人飞船、货运飞船和无人飞船,一般情况下多指载人飞船。载人飞船是由运载火箭发射进入宇宙空间,有人驾驶和乘坐并进行载人航天活动后返回地面的无翼载人航天器,一般不能重复使用,主要用于近地轨道飞行试验(包括载人航天技术试验和各种科学实验),进行对地观测、勘探和军事侦察,向空间站运送人员和货物,进行载人登月飞行以至行星际飞行。载人飞船一般由乘员舱(或称座舱、指令舱,也是返回舱)、轨道舱、服务舱和应急救生装置组成,主要包括结构系统、防热系统、制导导航和控制系统、推进系统、环境控制和生命保障系统、测控通信系统、返回着陆系统和救生系统。载人飞船的关键技术主要有航天员安全救生、生命保障、飞行器可靠性要求与保障、返回着陆、控制、气动热力学和防热结构与材料。载人飞船技术的发展方向是研制可以重复使用的载人飞船和乘员返回飞行器，并探索可以重复多次、重复使用的垂直起降、单级入轨飞船。

空间站又称太空站、航天站或轨道站，是具备一定试验和生产条件、可供航天员生活和工作的长期在轨运行的航天器。现代空间站通常由对接舱、气闸舱、实验舱、生活舱、服务舱、专用设备舱和太阳能装置组成。对接舱一般有多个对接口，有的用于停靠接送航天员和运送货物的航天器，有的用于组合扩大空间站。气闸舱是航天员在轨道上出入空间站的通道。实验舱是航天员在轨道上的主要工作场所。生活舱是航天员进餐、睡眠和休息的地方。服务舱内装有推进剂、水、气源和电源等设备。专用设备舱是根据飞行任务安装专用试验仪器和生产设备的舱段。太阳能装置为站上仪器设备提供电源。空间站主要用于医学和生物学研究、微重力环境下材料试验和加工、对地观测等。

俄罗斯"联盟"号系列飞船

"联盟"号系列飞船是三舱式飞船，主要有近球形的轨道舱、呈钟形的返回舱、呈圆柱形的设备舱和逃逸救生火箭4部分组成。轨道舱位于飞船的前部，是航天员在轨工作、生活的场所。它又分为工作区和生活区两部分。飞船上的仪器设备大部分安装在该舱内，有电视摄像机、出舱活动的设备、交会对接设备、航天员食品和生活用具，以及部分通信和生命保障系统。舱内四面设4个舷窗。轨道舱和返回舱之间有通道相连，航天员可在两舱之间活动。轨道舱的前端有一个与空间站对接的舱口，安装有对接机构。轨道舱和空间站对接以后，航天员通过对接舱口进入空间站。"联盟号"飞船的出舱活动舱口和对接舱口共用，供非对接状态下出舱活动使用。返回舱也是航天员座舱，位于飞船中部，是飞船惟一需要回收的部分。其外形为钟形，外部覆盖有防热层，装有返回、着陆时的控制设备，以及部分通信和生命保障系统。再入时姿态可利用气动升力进行控制。舱体有两个侧舷窗，舷窗有两层玻璃，中间是空的。下侧有一潜望镜可以看到前方和下方情况。返回舱与轨道舱对接处有一扇形的密封舱口。设备舱也称服务舱,位于飞船的后部,主要是提供飞船机动飞行和返回时的动力,以及安放为减轻再入质量而不必安放在返回舱的设备。在设备舱外面安装有两个对称的大型太阳能电池翼,面积达 14 平方米。太阳能电池翼在发射入轨前折叠在舱壁上,入轨后再展开。救生火箭位于轨道舱前端,由 3 层各自独立的一组固体火箭组成,分别用于分离、轨道转弯和微调。若运载火箭在发射时出现故障,救生火箭可将轨道舱、返回舱从设备上分开,脱离危险区。

"联盟"-T 飞船是在"联盟"号基础上改进而来的,其外形与"联盟"号飞船相同,主要做了以下改进:① 重新安装了曾一度去掉的太阳能电池翼。飞船的供电能力大大增强,提高了在轨飞行能力,使其寿命增至 100 天。与"和平号"对接后,飞船太阳能电池阵可为空间站供电 1 220 瓦。返回时飞船也使用太阳能电池阵供电,仅靠它即可独立飞行两天时间。② 安装了一部 16 位计算机。新型计算机处理能力大大提高,能计算出飞船与空间站对接时最有效的交会路径,并能提供对接过程中所需的各种瞬时数据,实现了对接过程的自动控制。同时它也保留了"联盟"号手动操纵对接的功能,进一步提高了可靠性。③ 推进系统采用了组合式发动机装置。飞船主发动机和 4 个姿态控制发动机都是用四氧化二氮和偏二甲肼作为推进剂。姿态控制发动机可作为主发动机的备份。推进剂储量比"联盟"号有所增加,使飞船获得了更大的推力和变轨能力。④ 改进了指令系统程序,采用了数字化遥测系统,提高了遥测速率。当飞船准备返回、制动火箭点火前,即可将轨道舱分离抛掉,安全性和可靠性都大大提高。⑤ 使用一种轻便的新型宇航服,航天员穿上后,能方便地从火柴盒里取出单根火柴,这使得航天员的生活和工作更加方便和安全。

"联盟"-TM 飞船是在"联盟"-T 基础上改进的型号。M 表示现代化之意,即在"联盟"-T 的基础上进行了现代化的改进。飞船的外形尺寸也与"联盟"号相同,乘载 3 名航天员,可以从地面携带 350 千克的仪器设备到空间站,返回时可带回 150 千克的货物("联盟"-T 只能带 50 千克)。"联盟"-TM 飞船的主要改进为:① 改进了对接系统中的定向机构,使对接变得更容易;② 通信系统利用了中继卫星,保证了飞船和地面飞行控制中心的长时间通信;③ 降落伞采用了新型轻质高强度材料;④ 推进系统更为可靠,推进剂质量达到800千克;⑤应急救生系统也有改进。

美国"阿波罗"登月飞船

"阿波罗"登月飞船由三部分组成:①指令舱　指令舱呈锥形,高3.2米,底面直径3.1米,质量约6吨,与一辆旅行客车大小差不多,供3名航天员居住和工作。舱内存放有航天员14天的必需品,还安装有姿态控制、导航系统。舱壁上设有5个窗口,其中2个供航天员观测和摄影、3个用于安装望远镜等设备。指令舱是飞船唯一返回地球的舱段。②服务舱　服务舱呈圆柱形,长6.7米,直径4米,质量约25吨。后端安装一台推力约9.8千牛的主发动机,提供飞船进入环绕月球轨道和返回地球所需的动力;16台小发动机,用于飞船与第三级火箭分离、指令舱与登月舱分离后,在进入大气层时烧毁。③登月舱　其形状像一只甲虫,高7米,宽4.3米,质量为14.7吨。它把两名航天员从月球轨道送到月球表面,作为航天员在月球上的探险基地,然后再把航天员送回在月球轨道上飞行的指令舱。它有4条"腿",用于在月面上支撑。登月舱分为上下两段:下段像个八角形箱子,架在4条"腿"上,装有一台反推发动机,推力可在4.67~46.7千牛范围内调节,保证登月舱安全降落到月面;上端有个密封舱,容积6.58立方米,保持温度为24摄氏度,装有一台推力为15.6千牛的发动机,可重复启动35次。航天员完成月面考察任务后,乘上段返回指令舱,下段则留在月面上。在其后的3艘"阿波罗"飞船上,还增加了四轮月球车,航天员用一只手就可操纵,也可从地球上控制,并向地球发射彩色电视信号。

俄罗斯"进步"号货运飞船

"进步"号货运飞船是唯一实际使用的货运飞船,是专为空间站运送物资、一次性使用的无人货船,被称为"太空大卡车"。"进步"号货运飞船是用"联盟"号飞船改装而成,质量约7吨,由对接装置、货舱、推进剂和加注舱及仪器舱组成,其有效载荷为2.3吨,其中1.3吨货物装在货舱内,1吨燃料装在加注舱内。"进步"号货运飞船可自主飞行4天,与空间站对接飞行可达两个月。仪器舱内装有可供交会和姿控用的推力器,用它可提高自身的轨道,从而也延长空间站的寿命。"进步"号货运飞船一般执行两个月任务后在返回大气层时烧毁。为维持"和平"号正常运行，每年至少要发射6艘"进步"号飞船。

载人飞船的军事用途展望

载人飞船是人类走向太空的第一种航天器，它不仅是人类通向太空的天梯，而且在军事上也有重大的应用价值：① 可作为对地监视的有效手段 载人飞船可以用作有人侦察设备使用，在有人控制侦察设备的情况下，可以对重点目标进行直接的、反复的观测，相对于无人侦察效率高、观测效果可以人为调整精度。俄罗斯的"联盟"号系列飞船曾进行过这方面的试验和研究，如在海湾战争期间，"联盟"号飞船上的航天员曾观测到海湾地区的战况，甚至报告了油井着火的详情。② 建造大型航天器的有力工具 宇宙飞船既可载人，也可载货，可以为建造大型航天器"添砖加瓦"，是建造大型航天器的有力工具。目前，在美国的航天飞机屡屡受挫的情况下，俄罗斯的"联盟"号飞船是建造国际空间站的主要工具之一。③ 仍是输送航天员的主要方式 载人飞船可以根据作战的需要，将航天员输送到大型作战平台上，也可以把航天员送回地面修整。④ 空间作战的主要装备 航天员可以利用载人飞船上的武器装备向敌方的航天器或者地面系统发动攻击，夺取制天权和对地面、海上和空中作战提供支援。随着科技的进步，尽管能多次使用的航天飞机、空天飞机等将会在未来的太空中占据主导地位，但是，一次性使用的载人飞船将因廉价、技术相对简单和可靠性高，在未来的太空争夺中仍会保有一席之地。

前苏联/俄罗斯"和平"号空间站

"和平"号空间站是前苏联/俄罗斯发射的舱段组合式大型长久性空间站，是20世纪质量最大、在轨工作时间最长和技术领先的航天器，也是世界上第一座采用多舱段组合方式的空间站。"和平"号质量达135吨，全长33米，由核心舱和"量子"1号（用于天文观测及医学和生物学研究）、"量子"2号（用于在轨维修和工艺试验）、"晶体号"（用于研究空间加工工艺及生产新材料和生物制品）、"光谱号"（用于对地遥感和生物学实验）和"自然号"（用于地球生态研究）等5个专用实验舱组成。最早发射的核心舱于1986年2

月 19 日升空，最后发射的"自然号"舱于 1996 年 4 月 26 日入轨对接，全站建设用了 10 年时间。"和平"号空间站在轨工作期间创造了一系列世界之最，包括男女航天员连续驻留太空时间记录和多次太空行走记录。共有 12 个国家的 135 名航天员到访过"和平"号，有 31 艘载人飞船、62 艘货运飞船和 9 架次美国航天飞机与它实现了对接。"和平"号原先设计寿命为 5 年，实际在轨工作了 15 年。在长期在轨运行过程中，"和平"号也暴露出了电力不足和设备老化等一系列问题，曾发生过火灾和货运飞船与站体相撞等严重事故。前苏联解体后，俄罗斯出现财政困难，难以保证该站昂贵的运行维护费用，最终作出了让其退役的决定。2001 年 3 月 23 日，"和平"号离轨再入，在南太平洋预定海域上空解体焚毁。

国际空间站

国际空间站由美国、俄罗斯等 16 国联合建造、可供航天员工作和生活并能长期在轨运行的特大型航天器。1984 年美国总统里根提出建设一座永久性空间站，当时命名为"自由号"，后曾改名"阿尔法"，最后定名为国际空间站，该空间站 80% 的建设资金由美国负担，并由美国航空航天局负责从总体上领导和协调计划的实施以及在空间站运行期间发生紧急情况时进行具体指挥。参加该项目的有美国、俄罗斯、欧洲 11 国（包括比利时、丹麦、法国、德国、意大利、荷兰、挪威、西班牙、英国、瑞典和瑞士）、日本、加拿大和巴西。国际空间站构建由 3 种运载器（俄罗斯"质子号"、"联盟"运载火箭和美国航天飞机）分 45 次送入轨道。国际空间站是迄今世界上最大的航天工程，也是世界航天史上第一座国际合作建设的空间站。国际空间站采用桁架挂舱式组合结构，建成后的国际空间站将包括 6~7 个主要舱段（功能货舱、服务舱、实验舱、居住舱等）、2~3 个节点舱以及结构系统、供电系统、服务系统和运输系统等。其总质量将超过 438 吨，密封舱增压容积达 908 立方米，长 110 米，宽 85 米，轨道高度 426 千米（建成后），轨道倾角 52.6°，它的总功率达 110 千瓦，可乘 6 人，工作寿命 15 年。它从建造到运行直至退役的全寿命费用预计 1 047 亿美元。由美、日、欧洲和俄罗斯提供的实验舱将用于进行生物学、化学、物理学等科学研究及各种工程技术和应用研究，主要研究领域有蛋白质晶体研究、生命科学研究、材料研究、试验和加工、空间环境特性研究,天文观测和地球观测等。国际空间站还将成为新型能源、航天运输技术、自动化技术和下一代传感器技术的测试基地。它的建设将对空间探索、开发和应用产生重要影响。

空间站的军事应用前景

空间站如同地面上的车站、机场、码头一样,是放置在太空的多用途航天中心,是迎送航天员和物资的长久性太空基地。它由若干对接口,可同时与数个航天器对接组成大型轨道联合体,可变轨机动,可在轨道上长久载人。新一代空间站还具有远高于航天飞机等航天系统的自主能力。因此,空间站不仅可以用于科学实验,而且可以广泛应用于军事领域。一些军事专家预言:"在未来的战争中,空间站将是航行于天际间的航天母舰和布设于太空的军事基地。"它在军事上主要有以下 6 方面的应用前景:

(1)进行侦察监视　空间站可应用于战场侦察、监视、气象观测及预报,获得有价值的战场实时景况,支援整个海、陆、空三维战场上的一体化作战。如果在空间站上安装光学观测仪器、雷达等先进遥感仪器,航天员可在站上对所获得的数据及时进行筛选、分析和处理,去伪存真,这比不载人卫星具有更大优势。特别是在空间站上安装大型雷达天线,不受阴雨、云雾及昼夜等天气条件的影响,由人操作,对地球观测能获取最好效果。在空间站上安放一架六分仪,可以测定海洋、陆地的经度和纬度,能精确地确定地形特征及冰、水和气象系统的位置。这些资料对作战具有重要作用,可用于绘制军用地图,拟定作战计划,并提供其他不载人系统难以获得的资料。

(2)实施作战指挥　空间站可以充当作战指挥所,航天员的视野异常广阔,可以观察、探测、判断敌我双方作战态势,为己方陆基、海基、空基攻击平台导航和指示目标,引导导弹攻击目标。人的鉴别和跟踪能力比传感器的能力要好得多。战场上毁伤评估对作战非常重要,如果能及时准确地获得毁伤信息,将大大提高作战效率。而空间站具有的这种能力比任何卫星都要强得多。利用长久空间站可以获得大量的军事情报,为拟定作战方案提供决策依据,并向地面报告整个战场实况。

(3)组织空间管理　随着航天活动的增多,太空碎片和垃圾也越来越多,它们不仅有对载人空间站和卫星直接碰撞的危险,而且也增加了航天器预防碰撞的技术成本。利用空间站可以控制太空碎片，并由空站间的航天员去鉴别太空碎片有没有危险，以便收集或清除它们。

（4）充当通信枢纽　空间站可以充当一个军用通信中心，能满足各种军事需要，可把航天员从太空中收集到的情报和观察到的战场实况直接送达到指挥部，尤其是把侦察到的敌方军事情报告诉指挥员。空间站也能安放组装大型系统，如大型通信天线、天基雷达，为地面提供通信、预警支持。

（5）完成太空攻击　空间站可以作为一个战斗站利用站上的太空武器进攻陆、海、空部队以及太空目标。目前正在研制的动能武器、激光武器等是未来空间站的先进武器系统，它将是太空战争中卫星战、导弹战的必备武器。

（6）试验新式武器　在空间站可以进行各种新式武器的试验，尤其是在空间站试验动能武器、激光武器、粒子束武器等新概念武器，可获得空间作战应用的第一手资料，这些试验直接有人监视，使之更加有效并且能降低费用。

尽管空间站有上述广泛的军事应用前景，但具体到国际空间站作为多个国家共有的空间设施，其军事应用必然受到国际政治形势、国家关系等诸多因素的限制，很难成为某个国家或军事集团独占的作战工具，更多的将是用于和平目的。然而却无法排除其用于军事科学试验以及用于军事侦察的目的。

航天飞机和空天飞机

航天飞机是一种垂直起飞、水平降落、部分或完全重复使用的近地轨道有翼航天运载器。它综合利用火箭、飞机、飞船等航空、航天的先进技术，多以火箭发动机为动力上升入轨，完成轨道飞行后再入大气层，像飞机一样滑翔着陆，可重复使用数十次，主要用于在地球表面和近地轨道之间运送各种有效载荷，释放、维护和回收卫星，天文观测、对地观测和军事侦察，空间科学实验，为空间站运送人员和货物，或作为应急救生飞行器等多项航天任务。航天飞机可分为部分重复使用航天飞机和完全重复使用航天飞机两大类。部分重复使用航天飞机可有重复使用轨道飞行器和火箭助推器及一次性使用外贮箱并联组成,其中轨道器带有主发动机,如美国现役航天飞机和前苏联的"暴风雪号"航天飞机,也曾出现过有重复使用轨道器和一次性使用火箭串联的航天飞机方案。完全重复使用航天飞机方案的特点是主发动机和推进剂贮箱均放在机身内,又可分为单级入轨和两级入轨两种形式。航天飞机的关键技术主要有氢氧主发动机、防热系统及材料、计算空气动力学及风洞试验、环境控制与生命保障、应急逃逸系统、机动飞行和准确着陆技术等。真正用过航天飞机的国家,目前只有美国。美国航天飞机主要有"哥伦比亚号"(2003年2月1日意外失事整机解体)、"挑战者号"(1986年发射时爆炸后,由"奋进号"接替)、"发现号"和"亚特兰蒂斯号",这些航天飞机着陆后,经检查维修,均进行了多次飞行。而前苏联的"暴风雪号"航天飞机只进行过一次无人验证飞行。

空天飞机又称航空航天飞机,兼有高超声速运输飞机和航天运输系统功能的重复使用的航空航天飞行器。它水平起飞,以高超声速穿越大气层,进入宇宙空间,完成航空航天任务后返回大气层,水平着陆,经过短期维护后重复使用,可使用多达数百次。它既可进行全球性的高超音速运输、军事侦察和战略轰炸,又可完成将大型卫星送入地球轨道、维护或回收在轨卫星、为空间站运输人员和货物、任务等航天使命。空天飞机按其组成形式和入轨方式可分为两级入轨空天飞机和单级入轨空天飞机两大类。两级入轨空天飞机有运载级和轨道级组成,其代表方案为德国"森格尔"空天飞机。单级入轨空天飞机集运载级和轨道级于一身,其代表方案为英国"霍托尔"空天飞机和美国"国家空天飞机"及其试验机X-30。空天飞机的关键技术主要有超燃冲压发动机或多循环组合发动机,结构、防热与推进一体化设计及其材料,流体力学计算与模拟试验设施,飞行管理系统等。

美国的航天飞机

(1)美国航天飞机组成 美国航天飞机整个系统分为三大部件,即轨道器、一个不回收的外挂贮箱和两台可回收的固体火箭助推器,最大起飞质量2 022吨,有效载荷29.5吨,轨道器返回地球时的质量约96吨。整个航天飞机系统总长56米,总宽23.8米,总高23.2米。轨道器是航天飞机的主体,可完成航天飞机的各种功能。平常我们从电视画面上见到的航天飞机就是轨道器。它是整个系统中唯一可以载人、真正在地球轨道上飞行的部件。轨道器的外形很像一架大型三角翼飞机。其质量和尺寸与 DC-9 型运输机相当,全长 37.27 米,起落架放下时高 17.27 米,三角形后掠机翼最大展宽 24 米。机身结构主要用铝合金制造,表面用可重复使用的隔热材料保护。整个机身结构分前、中、尾三段。前段结构可分为头锥和乘员舱两部分。头锥处于航天飞机的最前端,具有良好的气动外形和防热系统。头锥内只装反作用控制系统。前端的核心部分是处于正常气压下的乘员舱。乘员舱分为三层:上层是驾驶舱,中层是生活舱,下层是仪器设备舱。舱的下部装有飞行中可收起的头部着陆架。乘员舱为宇航员提供宽敞的空间。宇航员在舱内可穿普通地面服装工作和生活。一般情况下舱内可容纳 4～7 人,紧急情况下也可以容纳 10 人。轨道器的中段主要是有效载荷舱,长 18 米,直径 4.5 米,容积 300 立方米,一次可携带重达 29 吨的有效载荷,是个名副其实的大型货舱。舱内可以装载各种卫星、空间实验室、大型天文望远镜和各种深空探测器等。为了在轨道上施放所携带的有效载荷或回收轨道上运行的有效载荷,舱内设有一二个自动操作的遥控机械手和电视装置。机械手是一根细细的长杆,在地面上它几乎不能承受自身的重量,但是在失重条件下的宇宙空间,却可以迅速而灵活地卸载 10 多吨的有效载荷。中段机身除了提供货舱结构之外,也是前后端机身的承载结构。它由机翼结构和有效载荷舱门组成,沿着中段等距离分布着 33 个加强环,支撑着中段的外壳和载荷舱门。另外还设有两个主着陆耳轴支撑结构。舱门由新型复合材料制成。机翼由波纹翼梁腹板、构架型翼肋和铆接的铝合金蒙皮及桁条结构组成。轨道器的尾段机身为整块铝板加工而成,并加装钛合金构架,系统及结构都比较复杂,主要装有 3 台主发动机,还装有 2 台机动发动机和反作用控制系统。在主发动机熄火后,机动发动机为航天飞机提供进入轨道、进行变轨机动和对接机动飞行,以及返回时脱离轨道所需要的推力。反作用控制系统用来保持航天飞机的飞行稳定和姿态变换,共有 38 个推力器。除此之外,尾段还有升降副翼、方向舵和减速板等气动控制部件。轨道器的设计寿命是可以飞行 100 次。外挂贮箱用于贮存轨道器主发动机使用的液氢和液氧。它是航天飞机最大的部件,总长 47.1 米,直径 8.38 米,重 33.5 吨,加注推进剂后重 740 吨。前部是液氧箱,后部是液氢箱,液氢箱是液氧箱容积的 3 倍。

外挂贮箱用铝合金制成,使用泡沫塑料和软木隔热,以防止低温推进剂蒸发。它是航天飞机唯一不回收的部件,只使用一次,航天飞机起飞后8.5分钟主发动机关机后18秒便抛落,随之再入大气层坠毁。两台固体火箭助推器每台可提供2.4万千牛推力,为航天飞机发射和飞出大气层提供78%的推力,工作时间长达117秒。助推器长45.5米,直径3.7米,内装高性能固体推进剂,有多种燃料组合而成,燃烧性能好,比冲为253秒。火箭助推器是可回收部件,每使用一次后进行维修,可重复使用20次以上。

(2)美国航天飞机技术特点 美国航天飞机是世界上第一个实用型航天飞机,经过20多年发展,已飞行110多次,其中有1次发射后爆炸,1次返回时解体。虽然两次事故非常惨重,但却使得航天飞机得以不断改进,性能不断提高,技术先进性也会更加突出。① 先进的气动结构,可获得所需升力。航天飞机的轨道器采用三角翼结构,在大气层飞行升阻比(升力与阻力的比值)大,能够获得很大的升力,高超声速升阻比1.2,亚声速升阻比最大时可以达到4.4。② 采用新型发动机,满足飞行需要。航天飞机的最大难点就是主发动机,它要求可以反复点火,即多次起动。因此,轨道器上的3台主发动机是全新研制的高压再生冷却式发动机。燃烧室压力为204个大气压,比一般火箭发动机高出2～3倍。主发动机的工作时间长达7.5小时,至少可重复使用55次。这种新型发动机的推力还可以根据需要,在预定推力的50%～109%之间调节,以满足航天飞机复杂的飞行需要。③ 研制新型防热系统,适应复杂环境。航天飞机轨道器所经历的飞行过程及其环境,比现代飞机要恶劣得多,故要求它既有适于在大气层中作高超声速、超声速、亚声速和水平着陆的气动外形,又有承受再入大气层时高温气动加热的防热系统。防热系统是整个航天飞机系统中设计最困难、结构最复杂、遇到难题最多的部分。要求它能承受再入时最高达1 260摄氏度的高温。新研制的防热材料价格低廉、质量轻、便于维修,一些材料还可以重复使用。④ 可回收的助推器,降低了成本。美国的航天飞机采用了两个固体可回收的助推器,在与航天飞机轨道器分离后,在海上回收,可重复使用20次,节省了经费,降低了发射成本。⑤ 保障复杂,发射准备时间长。航天飞机是目前最先进的飞行器,但飞行一次需要准备两三个星期,临发射时还要出动几千人的勤务保障大队为之服务,还经常由于天气等原因而推迟起飞。

俄罗斯的航天飞机

(1)俄罗斯航天飞机组成 "暴风雪"号是前苏联/俄罗斯拥有的惟一一架航天飞机。其轨道器大小与普通客机相差无几,外形同美国航天飞机极其相似,机翼呈三角形,机长36米,高16米,翼展24米,机身直径5.6米,起飞质量105吨,返回后着陆质量82吨。它有一个长18.3米,直径4.7米的大型货舱,能将30吨货物送上近地轨道,或将20吨货物运回地面。头部有一个容积70立方米的乘员舱,可载10人。

(2)俄罗斯航天飞机技术特点 虽然"暴风雪"号与美国航天飞机的外形相似,以至于许多人认为是模仿美国人的作品,但它却有许多独到之处:①"暴风雪"号的主发动机不是装在航天飞机尾部,而是安装在"能源"号火箭上,这样就大大减轻了航天飞机的入轨重量,同时腾出位置安装小型机动飞行发动机和减速制动伞。②"暴风雪"号着陆时,可用尾部的小型发动机做有动力的机动飞行,安全准确地降落在狭长跑道上;万一着陆失败,还可以将航天飞机升起来进行第二次着陆,从而提高了可靠性。而美国航天飞机靠无动力滑翔着陆,只能一次成功。"暴风雪"号1988年成功进行了首次不载人飞行。科学家认为,这次完全靠地面控制中心遥控飞机上的电脑系统,在无人驾驶条件下自动返航并准确降落,其难度比1981年美国航天飞机有人驾驶的第一次试飞大得多,也证明"暴风雪"号完全可以无人驾驶完成任务。③"暴风雪"号能像普通飞机那样借助副翼、操纵舵和空气制动器来控制在大气层内滑行,还备有减速制动伞,在降落滑跑过程中当速度减至每小时50千米后自动弹出,使航天飞机能在较短的距离内停下来。

航天飞机的军事应用前景

航天飞机不仅有巨大的经济和社会效益,在军事方面更是用途广泛,是具有独特能力的军用航天器:

(1)施放和回收军用卫星 在航天飞机施放的卫星中,军用卫星占有很大比例。这不仅节约发射费用,而且灵活机动,保密性更强。1985年1月24日,"发现"号航天飞机首次升空就施放了1颗绝密军用卫星。该卫星重达2.5吨,价值3亿美元,能截获前苏联向太平洋发射远程导弹的遥测信号,还

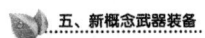

可窃听欧、亚、非三大洲大部分地区的军用信号情报。同年6月17日,"发现"号一次施放了3颗军用卫星;同年10月3日,"阿特兰蒂斯"号又连续施放了2颗军用通信卫星。另外,航天飞机还几次回收过军用航天器,或在太空轨道上对受损卫星进行修理,或秘密带回地面修理。

(2)试验新型空间武器　1985年6月21日,"发现"号成功地进行了高精度激光跟踪试验,用直径600微米的地面激光束照射370千米轨道上的航天飞机,时间长达3分钟,激光经过长距离传输后,射到飞机上直径已扩散到4.5米,被机载反光镜反射回去。这次测试验证了激光跟踪低轨道高速运动目标的能力。1985年7月29日至8月6日,"挑战者"号在太平洋上空280千米的轨道上用一台电子发生器对地面发射了电子束,夏威夷的观测站记录到了电子束在电离层中所引起的扰动。

(3)建造空间军事系统　航天飞机具有运载量大的突出特点,它一次最多可载29.5吨有效载荷,足以保证把一些特大型航天器运上轨道。1985年11月26日,"阿特兰蒂斯"号发射上天,宇航员在太空进行了装配大型建筑的演练,这标志着可在太空建造作战平台和指挥中心。美国航空航天局安排的航天飞机飞行任务中,2/3以上都与军事任务直接相关,其中半数纯属军事任务。同时,由于航天飞机具有往返天地之间的能力,也可作为后勤保障的重要工具,充当"太空后勤部"。

(4)直接进行作战行动　航天飞机有很大的军用潜力,在负担侦察任务时,在200千米高空拍摄到地面照片,可辨别1米大小的物体;可作为高能激光武器、粒子束武器和小型导弹的发射平台;可拦截飞行中的敌方导弹,也可直接攻击地面目标;可充当太空杀手,消灭别国卫星,或将其捕获据为己有;还可在太空试验各种武器系统。总之,航天飞机的各种军事应用活动充分证明了其军事价值,它所具有的更优越的机动能力,必将使太空争夺更加复杂和激烈,并将"制天权"的争夺提到军事航天大国的战略规划之中。可以预见,在未来的太空战中,航天飞机将承担重要作战任务。

英国"霍托尔"单级入轨空天飞机

英国"霍托尔"(HOTOL)空天飞机设计方案,采用了吸气式喷气发动机和液氧液氢火箭组合发动机,水平起降,单级入轨。其机长60米,翼展20

米,可携带 8 吨有效载荷,可重复使用 200 次。它装有 4 台主发动机,吸气式发动机首先启动,直至速度达到 5 马赫、高度 26 千米时再改由火箭发动机工作,使之进入 200 千米的轨道。

德国"桑格尔"两级入轨空天飞机

"桑格尔"(Sänger)空天飞机方案的第一级为载机,可在普通跑道上起飞,驮着轨道飞行器飞至 25 千米高空,速度达 6～7 马赫。载机是一架装有航空发动机的高超声速飞机,采用 6 台吸气式涡轮和冲压式组合喷气发动机,以液氢为燃料。载机总长 92 米,翼展 46 米,总质量 295 吨,其中燃料 150 吨。第二级是轨道器,采用氢氧火箭发动机,类似于美国的航天飞机,但自带液氢和液氧储箱,长 32.8 米,翼展 17 米,总重 87 吨,可乘坐 2 名航天员,携带 4 吨有效载荷。空天飞机从普通跑道起飞,涡轮发动机首先启动,使速度达到 2.8 马赫,然后冲压发动机启动,推动空天飞机达到 6.6 马赫的速度和 37 千米高度,此时一级和二级分离。第二级火箭发动机工作,使空天飞机进入轨道。

空天飞机的技术特点

两级空天飞机技术简单、易于实现,而单级空天飞机技术先进,使用方便,是未来空天飞机的发展方向。不管是两级还是单级,空天飞机均具有以下特点:① 采用吸气式发动机,可增大有效载荷。吸气式发动机与火箭发动机相比,使用性能明显提高,需携带的液氧少,既可以减轻飞机的重量,又可携带更多的有效载荷。② 重复使用,经济高效。空天飞机一般采用水平起降的方式,可重复使用,大大减轻了地面勤务的压力,提高安全可靠性,也可大大降低使用成本。③ 采用一体化结构,技术先进。采用防热结构与主体结构一体化设计,不但可减轻机身质量,而且能提高热防护系统的可靠性和耐久性,更适应高速飞行的需要。

空天飞机的军事应用前景

空天飞机除可以完成航天飞机的所有任务外,还有许多突出的优点,它必将会在军事上得到广泛运用,并对未来战争产生巨大影响。

(1)融空战和太空战于一体　迄今为止,空中与太空始终是两个割裂的战场空间。由于空天飞机具有航空与航天的双重功能和在两个空间层次作战的能力,因而将成为沟通空中与太空战场、将空战与太空战融为一体的新型高技术装备。当它加装各种先进太空武器,以及大气层内远距离攻击武器后,可根据作战需要灵活地寻找并击毁太空中的军用卫星、空间站,以及大气层内的各种航空器。这必将是未来空战成为敌对双方,以及空天飞机为骨干,在内外两层空间,为了保卫己方空间武器和设施,并攻击敌方空间武器和设施而展开的激烈争斗。

(2)空袭的突然性将更大　一方面空战将由亚声速空战向高超声速空战的方向发展,夺取制空权斗争的范围将大大扩展;另一方面,由于空天飞机速度极快,飞行高度极高,飞向目标所需的时间将大大缩短。因而,未来作战中的空袭将变得更加突然,空中远程奔袭在未来作战中运用的机会将大大增加。

(3)情报信息的时效性将进一步提高　空天飞机的出现无疑增添了一种新的获取情报信息的手段,它既可以像军用卫星一样在太空轨道运行的过程中获取情报信息资料,也可脱离轨道反复在目标区外层空间飞行,随时掌握作战地区敌情变化。

六、侦察与反侦察技术

侦察技术

侦察，"军事侦察"的简称，是为获取军事斗争所需的情报而进行的活动。按任务范围，分为战略侦察、战役侦察和战术侦察；按活动空间分为地面侦察、海上侦察和空中侦察；按活动方式分为武装侦察、技术侦察和谍报侦察。其主要手段有观察、窃听、搜索、捕获、战斗侦察、照相侦察、摄像侦察、雷达侦察、无线电侦听与测向、调查询问、搜索文件资料等。

电子支援侦察是指在作战准备和作战过程中，使用电子对抗侦察设备搜索、截获敌方电磁（或水声）辐射信号，实时确定辐射源的特征参数、方向或位置，判明辐射源的性能、威胁程度等，为实施电子攻击、电子防护和战场机动、规避等战术运用提供实时情报的电子对抗侦察。电子支援侦察属于战术侦察，它是在战役、战斗前夕及战斗过程中，对战场电磁辐射信号进行实时侦收、分析和识别，其主要目的是引导干扰机施放干扰，并及时向己方部队告警以采取机动规避行动，为摧毁敌方电磁辐射源提供目标位置信息，为己方采取电子反对抗措施提供情报支援。电子支援侦察的主要特点是战术性、实时性和针对性。

雷达侦察技术

雷达侦察技术是雷达对抗技术体系的组成部分。雷达对抗与雷达是一对"矛"与"盾"的关系。它是敌对双方在电磁频谱领域中围绕着军用雷达的有效使用与反使用而进行的一种电磁斗争。通俗地讲，雷达对抗就是利用电子干扰、电子欺骗和反辐射导弹攻击等软、硬杀伤手段，扰乱或阻断敌方雷达对己方目标(飞机、军舰等)的探测和跟踪,同时保障己方雷达的正常使用的一种作战行动。雷达对抗技术主要包括雷达报警技术、雷达侦察技术、雷达干扰技术、反辐射攻击技术以及综合雷达对抗技术等。而雷达侦察技术包括雷达情报侦察技术、雷达支援侦察技术、无源定位技术。

雷达侦察技术的显著特点是对复杂、多参数捷变、超宽频率覆盖范围和全空域的雷达环境信号进行搜索截获、测量、分析、识别和定位。雷达侦察的对象包括所有敌方的军用雷达。这些雷达的战术技术性能在侦察之前是不知道的,要获取有用的雷达情报,就要求侦察装备具有宽开的接收前端,以保证能接收所有的雷达信号;同时由于现代雷达信号波形十分复杂,要从高度复杂的雷达信号中识别出各种雷达的属性也是十分困难的,因此雷达侦察技术主要反映在接收技术和信号处理技术上。在接收技术方面,重点是采用超宽频带天线和先进的雷达侦察接收机,解决超宽频率范围内雷达信号的截获和雷达信号参数的瞬时高精度测量技术,特别是现代密集、复杂、捷变的雷达信号环境中,必须采用多体制综合接收机,并大量采用数字化技术和计算机,对雷达辐射源进行自动截获、分选、识别以及系统管理,实现系统的自动化、实时化和具有可重编程能力,以对动态变化的雷达威胁作出快速反应,提高对信号环境的适应能力。在信号处理技术方面,采用相关理论、模糊理论、模式识别技术、数据库技术和超高速集成电路,提高对高密集雷达信号进行实时处理的能力和处理速度,使未知的或潜在的雷达辐射源得到快速识别和威胁判断。

通信对抗侦察技术

通信对抗侦察技术是通信对抗技术体系的组成部分。通信对抗,即通信电子战,是电子战的重要组成部分。通信对抗可以分为三个主要部分:通信电子进攻、通信电子防护和通信对抗侦察。通信对抗侦察指的是搜索、截获、测量、分析和识别敌方通信目标辐射(或经反射、散射)的电磁信号以获取其技术参数、方向和位置、类型及相关武器平台的属性等情报信息的过程。它包括通信对抗情报侦察和通信对抗支援侦察两个方面。通信对抗情报侦察的目的是获取敌方军事、政治和经济情报;通信对抗支援侦察的目的是获取敌方通信系统的属性、配置和技术参数,为通信干扰引导提供支援。

通信对抗侦察的主要技术有：

(1)侦察接收机的技术体制　通行侦察接收机有很多类型,而且随着技术的进步,新体制、新类型仍在不断涌现。概略说来,通信侦察接收机的技术体制主要有以下几种：

① 超外差接收技术:这是最经典、最具生命力、应用最普遍的一种通信侦察技术,具有高灵敏度、高选择性和高动态范围的特点,不仅广泛应用于搜索接收机,也广泛应用于监测接收机和引导接收机。

② 中频信道化接收机技术:这是超外差接受技术的一种变形,特点是具有快的搜索速度和高的截获概率。

③ 数字信道化接收技术:数字信道化接收技术也称数字式快速傅里叶变换(FFT)接收技术。它采用数字滤波器组,具有非常高的搜索速度和截获概率,广泛用于跳、扩频通信侦察。其主要缺点是动态范围不够大,一般只有55～60分贝。

④ 压缩接收技术:这是利用快速微扫本振实现频率搜索,从而截获侦察频带内的所有信号,通过色散延迟线压缩,将目标信号的频域特性转换到时域进行测频的一种接收技术。其特点是搜索速度快,但目前所能达到的动态范围只有30～40分贝。

⑤ 声光接收技术:这是利用声光偏转器(即布拉格小室)使入射光束受信号频率调制发生偏转,偏转的角度与信号频率成正比,用一组光检测器件检测偏转之后的光信号,根据偏转角度的不同就能达到测频的目的。其特点是瞬时带宽宽、搜索速度快,可实现全概率截获信号,但动态范围较小。

(2)截获与分选

① 常规通信信号的截获与侦收:一般来讲,在实施通信对抗侦察的时候,我们并不清楚敌方的通信信号是否已经出现,也不知道它们会在什么时候和什么频率上出现,所以,要想侦收到敌方的通信信号就必须要经过"寻找"的过程。要找到目标的信号必须满足如下四个条件:频率要对准,方位要对准,时间要对准和信号强度要足够。作为通信对抗侦察设备,其开机工作的时间都很长,所以时域的对准通常不会有什么问题。但是,在空域和时域两方面的要求综合考虑的时候,时域的对准就要认真对待了。因为目标信号总是间断工作的,在方位搜索过程中,方位对准的那一时刻,时域可能

并未对准；而时域重合的时候，方位又对不准了。所以，千方百计地提高对目标信号的截获概率，是通信对抗侦察设备首先要解决的问题。对此，解决的唯一办法就是提高方位搜索速度。在短波和超短波波段，由于通信电台和通信对抗侦察设备通常都使用弱方向性天线，所以方位搜索速度也不会成为问题。

频域上的"寻找"方式，用得最多的是频率搜索法，此外还有宽开守候法等。宽开守候法要求的装备的代价比较高，所以用得不多。频率搜索法的实质就是通过改变侦察接收机本振频率的办法来实现侦察接收机工作频率的逐次扫掠。在扫掠过程中，一旦侦察接收机的工作频率与目标信号频率"碰撞"，信号便进入侦察接收机实现截收。

频率搜索方式通常有单程式和往返式两种。频率变化规律有连续式和步进式两种。连续式搜索的装备电路简单，但不便于数控；步进式搜索则可方便地实现数控。根据不同的侦察需要，步进式搜索可以做成等间距的频率递增或递降搜索，也可以实施可预置的重点频率的灵巧式搜索。现代的通信对抗侦察装备几乎都是数控步进式搜索的。

频率搜索速度，即单位时间内工作频率扫过的频带宽度或信道数。频率搜索速度的选择可依据下述原则进行：扫掠周期应不大于一个目标信号的平均持续时间，否则就有可能出现漏空；同时工作频率扫过一个信道的时间应不小于侦察接收机的信道建立时间，即接收机中频带宽的倒数，否则将无法实现截获。

② 跳频通信信号的截获与分选：在战场环境下，某一时刻同时工作的跳频网台以及常规定频网台可能有很多个。如果不能把常规定频信号一一剔除，如果不能把跳频网台的工作频率集一一分选，也就不能获得真正全面的情报信息。但由于跳频通信信号的瞬时频率是不断地快速跳变的，所以截获跳频通信信号不像守候定频通信信号那么容易。

跳频网台的分选是以跳频信号的分选为前提的。跳频通信信号分选可以得到的主要技术参数有：信号频率、信号的出现次数、信号电平、信号到达时间、信号驻留时间、跳频速率以及来波方位等。常规定频网台的通信信号在一个频率上出现的次数一般较多，信号的驻留时间一般也较长。根据这个特点可以从众多信号当中把定频信号剔除。同一个跳频台发出的跳频通信信号,其频率在频率集中的分布比较均匀,固定跳速的跳频通信信号驻留时间均匀相等,信号的结束与开始衔接准确,到达时间间隔均匀,来波方位固定不变。根据这些特点,就可以比较容易地实现非正交跳速固定的跳频通信网台的分选。正交跳频网台和随机跳速的跳频网台的分选在技术上要比前者复杂一些,实用的分选技术在目前还都不够成熟。在通信对抗侦察过程中,对调频信号的信息解调,目前还只能对模拟话音调制的跳频信号,通过信号拼接和信息解调实现信息监听。对数字调制的跳频通信信号,信息调解尚有困难,适用的技术尚在研究开发之中。

③ 直扩通信信号的检测与截收:直扩通信信号的接收要求接收机中的本地扩频码与信号的扩频码严格同步,这一点对于对目标信号毫无先验的通信对抗侦察接收机来说是没有办法做到的。所以,直扩通信信号的侦察十分困难。目前,虽已研究开发几种直扩信号的检测方法,但都不十分理想,应用局限性很大。譬如,平方倍频检测法虽然技术实现比较简单,可以测出信号载频,但无法获得其他技术参数;自相关检测法在一种扩频码周期的情况下监测直扩信号比较方便,而在不知道扩频码周期的情况下,因为需要搜索,所以监测直扩信号的实时性就很差;谱相关检测法对直扩信号有良好的监测性能,但计算量大,实时性差;倒谱检测法与自相关检测法差不多。这些方法在实践当中均已有应用,但尚需进一步完善。

(3)参数测量技术 每一种通信信号都有许多技术参数。一组特定的技术参数表征一个特定的通信信号。这些技术参数主要有:信号的中心频率、信号电平、调制参数、频带宽度、电波极化方式以及传输速率、跳频速率和频率集等等。下面简单介绍几种主要常用的参数测量方法。

① 信号中心频率的测量:信号的中心频率指的就是信号频谱的中心频率。一般来讲,信号的中心频率与信号的载频是一致的,因为在这些情况下信号的频谱都是对称的。但也有些情况,如单边带信号,它的频谱就是不对称的,所测得的信号频率就不等同于信号载频。

信号中心频率的测量方法用得最多的是快速傅里叶变换法。测频的主要步骤是:首先,对接收机输出的中频信号采样,经 FFT 处理后得到数字化信号平均频谱;其次,计算信号频谱的中心频率;第三,果需要,再根据信号频谱的中心频率计算目标信号的载频。

② 信号频带宽度的测量：频带宽度的测量一般都在信号频谱中心频率测量结果的基础上进行。从已测得中心频率在信号频谱中的位置起，分别向频谱高低端逐个累加各频谱分量的功率电平，当累加结果达到信号总功率的 90％时，信号频谱高低两分量之间的频率差就是频带宽度。

③ 信号电平的测量：由于到达侦察接收机输入端的信号电平受诸多因素的影响，譬如电波传播路径参数的不稳定、环境干扰等等，所以测得信号的绝对电平值是不太可能的。实用的信号电平测量都是相对电平测量，通常采用测量自动增益控制电压的方法进行。

④ 跳频速率的测量：跳频速率是指在单位时间内跳频通信信号的载频改变的次数。因为跳频电台的工作频率是在频率集的各个频率点上随机跳变的，因此不能用定频守候的办法测量跳频速率。对于固定跳频通信信号，通常都是通过测量各个频率点上信号的到达时间，然后根据信号驻留时间相等的原则算出目标信号的跳频速率。非固定跳速的跳频通信信号的跳频速率测量比较困难。

（4）信号特征的识别　所谓信号特征是指信号的信息内容、信号的技术参数以及通联特征的总和。但是，由于现代通信技术的飞速发展，通信信号信息内容的截获已经变得越来越困难。因此通信情报侦察越来越趋向于技术侦察。也就是说，情报信息的获取越来越依靠对信息的技术特征和通联特征的侦察。信号的技术特征包括频域内的工作频率、信号带宽、频谱结构、时域内的波形特征、传输速率、跳频速率，空域内的来波方位、电波极化，调制域的调制参数以及目标信号的细微特征等。信号的细微特征中也包含有多方面的内容，如信号载频的准确度和稳定度、语音信号的语音特征、信号的伴生杂散电平等。细微特征是信号的第二类技术特征。依据一般的技术特征可以对目标信号进行宏观的网台区分，而细微特征的提取也并不是一件很容易的事情，许多方面仍在研究之中。

光电侦察告警设备

光电侦察告警是光电对抗体系的组成部分。光电对抗是敌对双方在光波段的抗争，是指敌对双方在光波段（紫外、可见光、红外波段）范围内，为削弱、破坏或摧毁敌方光电侦察装备和光电制导武器的作战使用效能，并保证己方光电装备及制导武器作战使用效能的正常发挥而采取的战术行动。在现代高技术战场上,光电侦察、观瞄装备和光电制导武器异军突起,在战争中发挥着越来越大的威力。工作在红外或可见光波段的照相侦察卫星,能在200千米以上的高空拍摄到地面0.1米大小的物体;工作在红外和紫外线波段的导弹预警卫星,能根据导弹发射时排出的燃气辐射,及时侦察到敌方弹道导弹的发射,为己方防御争取宝贵的反应时间;夜视仪器能够利用夜晚微弱的星光或物体本身的红外辐射,将隐蔽在夜幕中的战场目标一览无余;激光制导武器更是弹无虚发,它能从大楼的通气道钻入后爆炸,令整座大楼顷刻间化为废墟。在现在和未来的战场上,光电对抗已成为战争能力的一个有机组成部分、克敌制胜的有效手段。光电对抗技术在发展中逐步形成了光电侦察告警技术、光电干扰技术、反光电对抗侦察与干扰技术三个分支。

光电侦察告警是实施有效光电干扰的前提。根据工作波段属性,一般分为激光侦察告警、红外侦察告警、紫外侦察告警等。将各单项告警综合起来就是光电综合告警。光电侦察告警能快速判明威胁,并将威胁信息提供给被保护目标,使其采取对抗措施或规避行动。

(1)激光侦察告警装备　激光侦察是指利用激光技术手段获取激光武器及其他光电装备技术参数、工作状态、使用性能的军事行为。激光告警是一种特殊用途的侦察行为,它针对战场复杂的激光威胁源,及时准确地探测敌方激光测距机或目标指示器等发射的激光信号,发出警报。

20世纪70年代初的激光告警器,仅可实时判断激光威胁的存在,并粗滤判断激光来袭方向。当前具有多种性能的高级形式的激光告警接收机,不仅能实时告警,而且能探测某些激光参数,包括激光威胁的位置(方向)、波长、能量、重复频率及编码等。激光告警装备不断向着高精度、低虚警、模块化、小型化、通用化的方向发展成为激光对抗技术发展的先导。

①地面激光告警装备:1993年,美国制定了21世纪的"陆战勇士"计划。"陆战勇士"未来士兵系统包括6个子系统:综合头盔子系统、软件子系统、计算机/无线电子系统、武器子系统、防护服和单兵装备子系统、系统接口和控制子系统。其中,综合头盔子系统是整个系统的核心部分,它与计算机/无线电系统配合操作,构成整套士兵装备的激光告警系统。激光告警系

统能探测360°水平范围内的激光威胁源,并对激光信号的能量、类型、方位以及位置进行分析识别,向士兵提供视频和声音的双重告警,使士兵能够及时采取相应措施,从而大大提高了士兵面对威胁时的作战能力和生存能力。

② 舰载激光告警装备:德国研制的通用光电激光探测系统(COLDS)是舰载激光告警装备的代表。COLDS 可为所有海军平台提供可靠的光电干扰/光电对抗多光谱激光告警系统。该系统采用了光纤延迟和偏振编码等多项专利技术,能探测 $0.4\sim2.0$ 微米、$2.0\sim5.0$ 微米和 $5.0\sim12.0$ 微米三个波段的激光威胁,并能精确测量和识别威胁激光束的方向、类型、脉冲重复频率和脉冲编码,是现有的较为先进的多波段激光告警系统。COLDS 与舰艇作战管理系统配合使用,可提高舰艇自身防御激光威胁的能力。

③ 机载激光告警装备:AN/AVR-2 是美国第一种投入生产的激光告警器,也是相干识别型告警器的代表产品,目前已广泛装备美军及其他国家的各种直升机。它能够探测低空防御系统的激光测距机、激光目标指示器和激光驾束制导武器的激光威胁,并提供告警。

AN/AVR-2 激光告警接收机具备威胁信号处理、程序逻辑、电子对抗措施综合及控制、与雷达告警接收机的接口以及内部测试(包括光学和电子)等特性。

整套 AVR-2 装备包括 4 个传感器元件和一个接口元件比较器,能从假信号和复杂信号中探测和识别激光威胁,测定威胁激光的波长,并确定威胁激光的类型和入射角度。该激光告警接收机可与 AN/APR-39 雷达告警接收机配套使用,对激光威胁源进行截获、定位和识别,从而为陆军、舰队以及海军直升机提供雷达/激光威胁的综合告警。

(2) 红外侦察告警装备　红外侦察告警是通过红外探测头探测飞机、导弹、炸弹或炮弹等目标本身的红外辐射或该目标反射其他红外源的辐射,并根据测得数据和预定的判断准则发现和识别来袭的威胁目标,确定其方位并及时告警,以便采取有效的对抗措施。

红外侦察告警装备可安装在各种固定翼飞机、直升机、舰船、战车和地面重点目标内,用于对来袭的威胁目标进行告警,并同其他设备一起构成多种光电自卫系统。红外侦察告警作为单独的侦察装备或监视装备时,多配有全景或一定区域的显示器,还可以与火控系统连接作为搜索与跟踪的指示器。

①机载红外侦察告警装备：美国的 AN/AAR-44 机载红外告警装备能连续对半球空域进行边搜索边跟踪，探测导弹的发射。它能及时向飞行员提供导弹的方位，并自动控制干扰装备。AN/AAR-44 采用扫描透镜型传感器，具有对付多种威胁的能力，对抗的目标主要是 SA-7、SA-9 和类似美国"红眼睛"的红外制导导弹。该系统的设计特点是自动向飞行员告警和提出对抗指令建议，连续地边搜索边跟踪处理，有对付多威胁的能力和选择对抗方案的能力。该系统具有多种鉴别模式以对付阳光辐射以及地面和水面反射，有效地消除虚警。

②舰载红外侦察告警装备：海面舰艇对来袭导弹的红外告警，多采用红外搜索与跟踪装备来完成。美国和加拿大联合研制的 AN/SAR-8 舰载红外搜索跟踪装备，采用全景红外探测器进行全方位扫描。它可探测空中目标，可产生水面舰艇和海岸线地形特征的红外图像，可告警、瞄准、传送、监视及进行战斗态势估计。该装备实现了红外搜索和告警一体化，可补充舰载雷达警戒系统功能，确保探测掠海飞行导弹。

③陆基红外侦察告警装备：从现役的装备来看，车载（或陆基）红外侦察告警的功能侧重于侦察，如法国研制的"威普瑞"（Vipere）红外监视装备和"波罗西"红外侦察告警装备。"威普瑞"用于测定处于中、低空仰角范围内的飞机；"波罗西"具有全方位侦察能力，能发现 1.5 千米内隐蔽的坦克和直升机。英国宇航公司还研制了可装在小型拖车上的红外侦察告警系统，用于低空防空系统，其探测概率为 96%。另外，俄罗斯的坦克载红外侦察告警装备还利用红外照明的方法增强目标的红外特征，构成红外主动侦察，提高对目标和景物的探测能力。

另外，除了上述装载平台，红外侦察告警装备还可以装载在卫星上，如美国的"曲棍球"系统，用 6 000 像素的红外探测器实现了大视场、高分辨率的远距离侦察。

(3)紫外告警装备 紫外告警是利用紫外波段来探测导弹的火焰与尾焰的辐射，并根据测得数据和预定的判断准则发现和识别来袭的威胁目标，确定其方位并及时告警，以采取有效的对抗措施。

①第一代紫外告警装备：第一代紫外告警装备称为概略型告警装备，其

紫外探测头主要由光学整流罩、滤光片、光电倍增管及其高压电源和辅助电路组成,以被动方式工作。典型装备是美国的 AN/AAR-47 导弹逼近告警系统。AN/AAR-47 是用于对抗红外寻的导弹的小型、轻型无源告警系统,可用于保护直升机、低空飞行飞机免遭来袭导弹的袭击。系统采用多个光学传感器探测来袭导弹羽烟,并把信号输送给计算机处理器进行处理,光学传感器安装在机身外部的不同部位以提供全方位保护。指示控制器显示最大威胁来袭方向,使飞行员能够实施人工操作。

② 第二代紫外告警装备:第二代紫外告警装备是一种成像告警装备,采用类似紫外摄像机的原理。光学系统以大视场、大孔径对空间紫外信息进行接收。若导弹出现在视场内,则以点源形式表征于图像上,通过解算图像位置,得出空间相应的位置并进行距离的粗略估算。典型的成像告警装备是美国的 AN/AAR-54(V)导弹逼近告警系统。AN/AAR-54(V)导弹逼近告警系统包括凝视型、大视场、高分辨率紫外传感器和先进的综合航空电子组件电路。它可提供 1 秒的截获时间和 1°的角精度,共有两种形式,一种是独立应用的被动式导弹逼近告警系统,另一种是作为 AN/AAQ-24(V)"复仇女神"定向红外对抗系统的一部分。该系统可装在各种战斗机、攻击机、宽体飞机、直升机和美国陆军坦克、布雷德利步兵战车上,当发现逼近的红外制导导弹时告警。AN/AAR-54(V)在高杂波环境下可同时对抗各种威胁,可在全天时、各种高度运行,可为战术和运输飞机、直升机和装甲战车提供先进导弹告警。

(4)光电综合告警装备　光电综合告警可对红外、紫外、激光不同波段的光电威胁信息进行综合探测处理,在探测头上有机结合,在数据处理上有效融合并充分利用信息资源,实现优化配置、功能相互支援及任务综合分配。近十几年来,国外出现了激光、红外、紫外、雷达等多种告警综合应用的装备。美国 F-22 战斗机上的告警装备,可对毫米波、红外、可见光一直到紫外波段内的威胁进行告警。光电综合告警主要包括激光、红外、紫外等各种形式的综合。

① 紫外激光综合告警装备:紫外激光综合告警通常以成像型紫外告警和激光告警构成一体化系统,以结构紧凑、安装灵活的阵列探测头实现紫外、激光威胁源的定向探测,满足机动平台定向干扰的需求。

紫外激光综合告警装备由探测头、信号处理器和显控盒等组成。紫外探测头对空间进行准成像探测，对激光波长进行识别。当激光威胁源或红外制导导弹出现在视场内时，产生告警信号并在显示器上显示出相应的位置。

20世纪80年代末期，美国研制了带有激光告警的AN/AAR-47紫外告警改进型，将探测头更新换代，采用4个激光探测器，装在现有紫外光学设备周围，同时使用了一套小型化实时处理设备。激光探测器工作波长0.4～1.1微米，可对类似于瑞典博福斯公司生产的RBS70激光制导导弹告警。同时，该公司研制了一种印制电路板，加装到AN/AAR-47紫外告警系统上后，不用改动原布线就能提供激光告警能力。

② 红外激光综合告警装备：红外激光综合告警通常采用共孔径、探测器分立设置的方式，接收的辐射经过统一光学系统会聚和分束器分光后，分别送到不同的滤光片上，经过滤光片选择滤波后，送至相应的探测器上，探测器每个像素视场内的光学信号随后转换成电信号。装备一般采用凝视型，以多元探测器件实现对光电威胁的精确探测，同时可抑制假目标。

红外激光信息量较大，通常采用分布式计算机系统进行数据综合处理。辅机以并行方式对来自探测器的红外、激光威胁信息处理后，通过数据链送到信息集成及融合处理器进行处理。经信息相关把原来数据库中的一部分数据同新来的信息一起进行处理，利用各种算法使结论达到所要求的目的。信息融合通过闭环控制，对红外、激光各信道输入的信息融合的最终结果和中间结果实施反馈控制，实时进行特征提取并对威胁进行综合处理判断，如威胁源分类、多目标处理、目标等级识别及自动排序等，对激光、红外威胁源的方向、种类自动进行战场威胁态势图显示，实时优先告警并提出对抗决策和建议。

③ 红外紫外综合告警装备：在导弹逼近告警过程中，红外紫外综合告警是大视场紫外告警和小视场红外告警的综合。紫外告警由多个成像型探测头构成，对空域进行全方位监视；红外告警则是一个小视场的跟踪系统。紫外告警探测、截获威胁目标后，把威胁方位信息传给中央控制器，中央控制器通过控制多轴转向设备完成对红外告警的引导。由于导弹发动机燃烧完毕后继续有较低的红外辐射能量，红外告警可对目标继续跟踪，它具有极高

的灵敏度和分辨率,能在任何方式下跟踪导弹。前者对威胁目标进行探测、截获,后者对目标进行跟踪,二者工作以"接力"方式进行。将导弹的精确来袭方向提供给光电干扰系统,对来袭导弹进行致盲或欺骗干扰。红外紫外综合告警效能互补,为先进红外对抗提供了一种新的行之有效的告警形式。它通过探测、截获、跟踪威胁目标,可使干扰装备更加有效地对抗制导导弹。美国1997年推出的AN/AAQ-24红外定向对抗系统采用的即是这种告警系统。

反侦察技术

电子反侦察实际上是一种主动的电子攻击,即使用电磁能、定向能等技术手段,扰乱、削弱、破坏、摧毁敌方电子信息系统及相关武器或人员作战效能的各种战术技术措施和行动。它包括电子干扰、反辐射攻击、定向能攻击、计算机病毒干扰和目标隐身等,其主要目的是使敌方不能有效地获取、传输和利用电子信息,影响、延缓或破坏其指挥决策过程和精确制导武器的运用。主要作战对象是敌 C^4I 军事信息系统和武器控制系统中的关键环节。

有源雷达干扰技术

雷达干扰是利用雷达干扰设备或器材辐射、反射(散射)或吸收电磁能,削弱或破坏敌方雷达对目标的探测和跟踪能力的一种战术技术措施。雷达干扰按产生的原理分为有源雷达干扰和无源雷达干扰。有源雷达干扰是使用雷达干扰设备辐射或转发干扰电磁波,使雷达不能正常发挥效能。无源雷达干扰是使用本身不产生电磁辐射的器材散射、反射或吸收敌方雷达辐射的电磁波,从而阻碍雷达对真目标的探测或使其产生错误跟踪。按干扰的性质可分为压制性型雷达干扰和欺骗性雷达干扰。压制性雷达干扰是以强烈的干扰使雷达不能发现目标或者使雷达信号处理设备饱和,难以获取目标信息,利用干扰设备或无源干扰器材都可以产生压制性干扰。欺骗性雷达干扰是模拟目标的回波特性,使雷达得到虚假的目标信息,作出错误判断或增大雷达自动跟踪系统的误差。欺骗性雷达干扰也可采用有源或无源的方法产生。

扰乱、阻断或欺骗敌方雷达对目标的探测和跟踪，是有源雷达干扰的主要特点。近年来许多新体制雷达，如相控阵雷达、脉冲多普勒雷达、合成孔径成像雷达等已投入战场使用。它们大多采用空间选择（低副瓣天线、副瓣对消等）、时间选择（重频捷变等）、频率选择（频率捷变、跳频等）和自适应抗干扰等技术。这些新的抗干扰技术可在一部雷达中综合应用，从而会使传统的雷达干扰措施失效。因此，为了对付各种新体制雷达的威胁，采用了一些新的雷达干扰技术，主要反映在新体制雷达和多目标的干扰方面。重点研究分布式干扰技术和灵巧技术。所谓分布式干扰技术，就是将众多的小功率雷达干扰机散布在被干扰雷达目标附近的空域、地域上。其干扰信号可以从雷达天线的主瓣进入（传统的干扰一般只能干扰副瓣），消除了雷达采用低副瓣抗干扰的影响，使干扰效率比传统的副瓣干扰高出上万倍到上百万倍。同时由于分布式干扰机散布在不同的空域和地域，它们可形成多方向的主瓣干扰扇面，这些干扰扇面的组合，便可形成区域的干扰压制，或实施多目标干扰。它可用于干扰雷达网以及空中预警机等高价目标。因此分布式干扰是一种高效率的干扰手段。灵巧干扰技术是指干扰信号的样式可根据干扰对象和干扰环境灵活地变化，或指干扰信号的特征与目标雷达回波信号非常相似的干扰。前者称为自适应雷达干扰，即通过对敌方雷达特征的分析，选择针对性最强、干扰效果最好的干扰信号样式，并能根据干扰效果检测分析，自适应改变干扰信号样式和参数，达到最佳干扰效果的技术。后者称为高逼真欺骗干扰，即利用数字射频存储等技术，对雷达信号精确地存储、复制，然后加以适当的干扰调制，再发出去，使干扰信号与目标回收信号的特征差异最小，以假乱真，令敌方雷达难辨真假。

无源雷达干扰技术

无源雷达干扰是利用本身不发射射频电磁波的器材，反射（散射）或吸收电磁能量，破坏或削弱敌方雷达对目标的探测和跟踪能力的一种电子干扰。按作用性质分为压制性干扰和欺骗性干扰；按干扰原理分为反射型干扰和吸收型干扰。反射型无源干扰是采用散射或反射特性好的器材，大面积投放，形成强烈的干扰杂波，以掩盖目标回波信号；或者断续投放、布设，形成假目标，对敌方雷达进行欺骗。吸收型无源干扰是采用电波吸收材料，把照射到目标上的电磁能量转换成其他形式的能量,从而把反射的电磁能量减至最小,导致敌方雷达对该目标的探测能力严重下降。常用的雷达无源干扰器材主要有箔条、角反射器、龙伯透镜反射器、假目标、电波吸收材料以及气悬体等。雷达无源干扰的优点是:制造简单,使用方便,干扰可靠,易于大量生产和装备部队;具有同时干扰不同方向、不同频率、不同形式的多部雷达的能力;能够对付新频段、新体制雷达。雷达无源干扰是最基本、最普遍应用的雷达电子对抗手段,在战争中发挥了重要作用。当今世界上几乎所有作战飞机、舰艇都装有雷达无源干扰设备。不断开发新型雷达干扰材料和干扰物是雷达无源干扰的重要任务。研究的技术包括从箔条的气动特性(形状、散开与下降速度、姿态、留空时间、风的影响)、频带宽度、雷达截面积、综合特性、极化形式、投放时间、效率材料等基本特性,到生产、包装工艺和运用的技术;研究新型箔条,如空心箔条、充气箔条、V型箔条、配重箔条、红外综合箔条等的应用潜力,开发毫米波箔条、毫米波角反射器和等离子体等新型无源干涉器材;发展在射频及运动特性等多方面拟真性能更好的假目标和诱饵技术;研究由计算机控制与雷达告警装备交链,能自动确定干扰对象、干扰器材的种类和数量、投放方式、投放方向和投放时机等,以取得最佳效果的投放装置、技术等。

反辐射攻击技术

反辐射攻击是截获和跟踪敌防空体系中的辐射源信号,利用反辐射武器系统直接将其摧毁的战术技术行动。反辐射攻击是电子对抗的硬杀伤手段。其特点是对辐射源具有摧毁性打击能力,攻击速度快,攻击方式灵活,攻击范围大。反辐射攻击武器的主要作战对象是敌空中、海上和地面的各种防空雷达,包括预警雷达、目标指示雷达、地面防空引导雷达、地空导弹和高炮雷达、空中截击雷达以及相关的运载体(如飞机、军舰和地面雷达站)和操作人员。根据不同的攻击方式,可分为反辐射导弹、反辐射无人机和反辐射炸弹三大类。

反辐射攻击技术主要反映在无源探测导引头上,它是反辐射武器的核心技术。无源探测导引头实际上是一部无源探测定位装备,用于接收雷达信号,测量其参数、到达方向和位置。其关键技术包括小型化、高精度、宽频带、高灵敏度、大动态范围的测频、测向技术,自适应雷达参数搜索与跟踪技术,抗雷达关机跟踪技术,抗雷达诱饵技术以及现场重编程对付新雷达威胁技术等。此外,还需研究新型导引头,如无源探测与红外成像复合的双模导引头技术;采用微波集成电路和数字信号处理技术,提高导引头对雷达信号的存储、分析、识别和记忆能力,增强在复杂信号环境中攻击目标的能力等方面的技术,以及用于提高反辐射武器反应速度的制导和控制数字化技术。

通信干扰技术

通信干扰是利用干扰设备发射干扰信号,破坏或扰乱敌方无线电通信设备正常工作能力的一种战术技术措施,主要是指用人为辐射电磁能量的办法对敌方获取信息的行动进行的搅扰和压制。通信干扰按干扰样式可分为:① 搅扰式干扰:利用噪声、音响、脉冲等干扰样式给敌接收终端的人、机信息判断制造困难,致使无法判决,无法通信;② 压制式通信干扰:运用通信干扰设备,发射强干扰电磁波,将敌通信接收设备欲接收的通信信息完全压制,使其不能正常接收信息;③ 欺骗式通信干扰:在敌方使用的通信信道上,利用敌人的通信方式和语言发送伪造的消息从而造成敌方接收的信息差错和判断失误。通信干扰按干扰方式还可分为瞄准跟踪式干扰和宽带拦阻干扰。瞄准跟踪式干扰是指瞄准敌方的通信信号载频并跟踪其变化而集中干扰能量对其进行的干扰。宽带拦阻式干扰只在敌方通信信号的某一工作频带内,均匀地使用干扰能量对其进行的干扰。通信干扰的发展趋势是:通信侦察、测向定位与干扰设备一体化;开发对新通信体制的对抗技术;通信干扰设备将朝多功能化、模块化、数字化、软件化方向发展。

通信干扰系统的干扰对象是敌方的通信接收系统。通信干扰削弱和破坏的是敌方的通信接收系统对通信信号的接收能力,而不是削弱和破坏通信信号的发射和信号本身。

通信干扰的有效性的表现形式有三种:① 由于干扰,实际的通信接收机可能完全被压制,在给定时间内收不到任何信息或者只能收到零星的极少量信息,接收终端所得到的有用信息量近似于零。这样的干扰称为有效干扰,这时的通信可以说是被压制了。② 由于干扰,实际的通信接收机虽然没有被完全压制,但其在复制信息的过程中产生了大量的错误,使得消息总和的内含信息量减少,接收终端可获取的信息量不足,通信效能降低,造成决策困难。这样的干扰也称为有效干扰,这时我们说通信被干扰了。③ 由于干扰,通信信道容量减小,信息的传输速率降低。单位时间内接收机终端所获得的信息量减少,传送一定的信息量所花费的时间延长,使得接收终端不可能及时获取信息,专家系统(人或机)决策迟误,造成贻误战机。现代战场上时间就是生命,战机就是胜利。通信干扰能够从敌方那里夺取时间,争取到主动。这样的干扰也称为有效干扰,我们说这时的通信是被阻滞了。

为了实现有效干扰,首先必须尽量减少干扰与信号时域特性的差别,即尽可能采取有效的措施保证其时域上的一致性;第二必须保证干扰与信号频域特性相近似,能与信号一样通过接收机选择系统进入接收机。相近的频域特性包含干扰载频与信号载频重合、干扰带宽与信号频谱宽度一致两方面的含义;第三,干扰功率的量值必须达到通信系统完全被压制的要求;第四,必须有符合和适于最佳干扰的调制样式。

压制系数(用 K 表示)等于通信接收系统输入端所必需的干扰功率与信号功率之比。这里的干扰功率是指在保证完全压制的情况下,通信接收机输入端上所必需的干扰功率;信号功率是接收输入端上的信号功率。这里所说的"完全压制"是一个边界比较模糊的概念。一般来讲,若想在完全压制与非完全压制之间划一条界限的话,其位置与通信接收机终端容许的信息复制差错率(误码率)、干扰目标的重要程度等因素有关。所以,压制系数的量值与干扰的形式、接收的方法、信号的结构以及信号的特征(如信息在频率轴上的位置、信息内涵的先验水平等)有关。

现代军事通信系统多种多样,其通信体制、信号形式、接收机的工作方式等各不相同。因此一种通用的、万能的、理想的干扰样式是不存在的。一般所说的最佳干扰是指对于给定的信号形式和通信接收方式,为使干扰有效所需压制系数最小的那种干扰(干扰样式),也就是说,是对于给定的信号形式和通信接收方式为获得有效干扰所需代价最小的那种干扰(干扰样式)。

实际上,在通信干扰的实施过程中,只能在一定程度上知道干扰对象的信号形式,因为我们可以对其进行搜索截获、分选识别、分析处理和参数测量,但是不可能确知敌方通信接收机的工作方式以及敌方在此次通信中是否使用了这种或那种抗干扰措施。所以最佳干扰样式的确定是困难的。

通信干扰系统在战场环境中是否能够成功地对敌方无线电通信链路进行干扰和压制,其程度怎样,需要进行通信干扰作战效能的检测与评估。检测是指为了对通信干扰系统的干扰效能作出鉴定性结论或评价所进行的演习或靶场试验中,针对人为设定的环境所做的测试与数据统计工作。评估则是当给定的通信干扰系统在战场上使用之后,根据其对战争进程和战斗结果所产生的影响,而进行的全面的、综合的评价和估计。

通信干扰效能有三种表现形式:① 单纯性评价的通信干扰效能,即一个无线电通信干扰系统对一条无线电通信链路实施干扰时所表现出来的干扰效能。② 综合性评价的通信干扰效能,即多个通信干扰系统对多个通信系统实施干扰时所表现出来的干扰效能。在一次战术行动中,可能会发射很多次通信干扰,有的干扰效果可能很好,有的干扰效果可能不好,要进行全面的"综合评价",要看通信干扰系统对战斗结果产生的总的影响方面所表现出来的干扰效能。③ 间接表现的通信干扰效能,即通信干扰系统作为一种进攻性武器装备,其应用所产生的影响是多方面的,譬如对双方作战部队士气的影响等等。总而言之,一切由于通信干扰的实施,但并非由电波直接作用而引起的敌我双方力量对比的变化统称间接干扰效果,这是评价通信干扰效能的不可忽视的方面。

在检测与评估通信干扰效能时需要遵循下述准则:① 信息准则是根据通信干扰使通信管道通过能力降低的程度来衡量干扰效果的准则;② 功率准则为用测量通信接收系统输入端干扰与信号功率比的办法来推断通信干扰系统干扰效能的准则;③ 时间准则是用检测通信系统完成给定传输任务所消耗时间的变化量,从而完成干扰效能评价的准则;④ 战术运用准则是根据通信干扰系统在战术使用过程中,对战斗进程和作战结果产生的影响来评价通信干扰效能的准则;⑤ 广义关联准则,通信干扰效能与各种各样的因素有关,有装备的、技术的、操作方面的以及战术使用的方式与时机、敌我双方的人员的心理与水平等。干扰效能的表现也是多方面的,有直接的,有间接的,有速效的,也有经较长时间才能体现的。通信干扰效能的影响有的当干扰消除后也立即消除;有的则在干扰消除后仍持续相当时间。故对通信干扰效能的评估,应遵循广义关联准则。

光电有源干扰技术

光电干扰是利用辐射、散射、吸收特定的光波能量或改变目标的光学特性,破坏或削弱敌方光电设备及光电制导系统正常工作的一种电子干扰技术。光电干扰分为光电有源干扰和光电无源干扰两种方式。光电有源干扰采用发射或转发光电干扰信号的方法,对敌对双方光电设备实施压制或欺骗的一种干扰方式。光电有源干扰技术包括红外有源干扰技术(红外干扰弹、红外有源干扰机)、强激光干扰技术和激光欺骗干扰技术。红外干扰弹又称红外诱饵弹或红外曳光弹,用以欺骗或诱惑敌方红外侦测系统或红外制导系统。红外有源干扰机主要干扰对象是红外制导导弹。强激光干扰用于破坏敌方光电传感器或光学系统,使之饱和、迷盲,以至彻底失效,从而极大地降低敌方武器系统的作战效能。激光欺骗干扰是通过发射、转发或反射激光辐射信号,形成具有欺骗功能的激光干扰信号,扰乱或欺骗敌方激光测距、观瞄、跟踪或制导系统,使其得出错误的方位或距离信息。

(1)激光有源干扰设备 激光干扰包括激光有源干扰(迷惑型、欺骗型、致盲型、摧毁型)和激光无源干扰(烟幕、箔条、伪装),另外还有激光复合干扰。激光有源干扰欺骗干扰的手段之一是使用激光干扰机和假目标,当收到敌方指示器使用的激光波长、光强、脉冲时间参数后,干扰机立即发射与敌方信号参数相同的或相似的激光干扰信号,照射重点目标附近的假目标或非重点目标,寻的武器探测到由假目标或非重点目标反射回来的光波,便咬住它们直到命中,从而保护重点目标。这种干扰迷惑性强,设备简单,功率利用率高。

大气散射干扰也是激光有源干扰的有效方式。这种干扰是用激光干扰机瞄准被干扰的激光频率,向大气发射激光能量,利用大气的散射效应,使其背景恶劣,激光探测器无法区分背景反射光和目标反射光。例如,采用多台激光干扰机组成大视场的大气散射干扰机,干扰机发射的激光能量通过大气散射到敌方激光目标指示器与光电接收设备上,可使传感器失效。激光致盲干扰可破坏敌方光电侦察装备和光电制导武器的光电传感器。激光致盲干扰系统的主要装备是低能激光武器或中能激光武器。低能激光武器可以直接将激光射入人眼,或将激光射到敌方正在操纵瞄准的光学仪器进而达到肉眼,入射到视网膜上的激光密度大到一定值时,人眼将致盲。美国陆军研制的一种近战便携式激光对抗武器系统,可使1.5千米内人眼失明,还可使坦克的潜望镜等机械光学敏感元件失效,这种便携武器的激光束可来回扫描,是直接看到它的任何人永远失明。中能激光武器的作用是,当目标被激光制导武器照射时,立即朝可逆发射相同频率的激光辐射,压制敌方目标指示器的正常工作,使之饱和、过载甚至碎裂,由于激光目标指示器均有光学系统,在其表面的激光强度达到一定值时,就会炸裂。

① 激光欺骗干扰装备:激光欺骗干扰是利用己方激光干扰机对敌方激光制导武器或激光测距机发射激光欺骗信号的一种干扰方式。对于不同干扰目标,其干扰系统的组成和工作原理也各不相同。

激光测距机是当前装备最广泛的一种军用激光装备。它的测距原理是利用发射激光与回波激光的时间差异与光速的乘积来推算目标的距离。对激光测距机实施欺骗干扰,可采用两种方法:一种是采用某种措施控制回波产生一定时间的延迟,从而产生大于实际距离的测距结果。这就要求干扰装备具有激光接收和延迟转发的功能,可采取两种措施来实现,其一是在被测距目标附加放置激光干扰机,同时,将被测距目标隐身,使到达被测目标的激光测距信号全部被吸收,而无返回的激光回波信号,激光干扰机沿激光测距信号的辐射方向,发射延迟的激光干扰信号,让测距机接收此信号;其二是将敌方的激光测距信号全部接收,延迟一段时间后,再沿原方向反射回去,如采用光纤延迟线等。对激光测距机的另一种干扰方法是采用高频脉冲激光器作为欺骗干扰机,使高频激光干扰脉冲能够在激光测距的回波信号之前进入激光测距机的激光器,从而使测距机的测距结果小于实际的目标距离。

激光有源欺骗干扰的主要对象就是激光制导武器,包括激光制导导弹、炸弹和炮弹。激光制导武器的制导方式依据激光目标指示器在弹上或不在弹上分为主动式或半主动式两种。目前装备较多的是半主动式比例导引激光制导武器。半主动式激光制导武器多为机载,用来攻击地面上的重点军事目标。典型的半主动式激光制导武器有美国的"宝石路"炸弹、"海尔法"和"幼畜"导弹等。制导系统主要由弹上的激光导引头和弹外的激光目标指示器两部分组成,激光目标指示器可以装在飞机上,也可以装在地面上。激光导引头利用目标反射的激光信号来寻的,通常采用末端制导方式。对半主动激光制导武器可采用激光假目标有源欺骗干扰方式。具体地说,就是在被保卫目标附近放置激光漫反射假目标,用激光干扰机向假目标发射与制导信号相关的激光干扰信号,该信号经漫反射假目标反射后,形成漫反射干扰信号,进入激光导引头的接收视场,当导引头上的信息识别系统将干扰信号误认为指导信号时,导引头就受到欺骗,控制弹体向假目标飞去。典型的激光欺骗干扰系统有美国的 AN/GLQ-13 车载激光对抗系统和英德联合研制的 GLDOS 激光对抗系统。AN/GLQ-13 系统采用转发式激光有源干扰模式,通过对激光威胁信号有关参数的识别与判断,实施相应的对抗。GLDOS 系统具有对来袭威胁目标的方位分辨能力和威胁光谱的识别能力,可测定激光威胁信号的重复频率和脉冲编码,并可自动实施干扰。

激光欺骗干扰技术将随着激光制导技术的不断发展而发展。另外,在努力发展对激光指示器制导欺骗干扰技术的同时,也在积极开展对激光驾束制导、激光主动制导的欺骗干扰技术的研究,而多光谱综合干扰技术则是激光欺骗干扰技术发展的必然趋势。

② 激光致盲干扰装备:激光致盲干扰技术作为光电对抗的一种重要手段,在高技术的现代战争中,受到各国军界的重视。所谓激光致盲干扰就是利用激光束来破坏敌方光电传感器、光学系统和伤害敌方士兵的眼睛,从而使敌方的军事武器丧失功效,起到干扰、压制和攻击等作用。激光致盲装备是由激光器、侦察/告警定位设备、精密瞄准跟踪设备等组成的武器系统。作为一种实施主动攻击的光电干扰装备,激光致盲装备可在光电对抗中发挥重要作用。例如除了能使人眼致盲外,还可以用激光束干扰或损伤潜望镜、瞄准镜、头盔瞄准具、微光夜视仪、红外成像仪、激光测距机、激光目标指示器和激光自动跟踪仪等光电侦察设备的光电传感器和光学系统,甚至可直接破坏电视、红外、激光制导武器的光电导引设备。因此,激光致盲武器在高技术战争中是一种非常有效的光电攻击武器,已用于实战的有机载和地面两种激光致盲装备。

地面激光致盲装备有车载式和手提式两种。车载式激光致盲装备可作为一种主动进攻型的强激光干扰装备,对光电侦察装备和光电精确制导武器的光电传感器进行强激光干扰,使其失去探测、指导或工作能力,保护地面的重点军事目标和战略目标。1982年,美国陆军实施了AN/VLQ-8"魟鱼"激光致盲装备研制计划。"魟鱼"有两种重要的功能:一是能产生幅度较宽的激光束,像雷达那样对传感器进行搜索,但它不会伤害目标;二是能产生极细的激光束,用来破坏敌方的潜望镜、望远镜、夜视装备和瞄准装备,当然也会使人眼致盲。美国的"骑马侍从"车载激光对抗系统,是在"魟鱼"系统的基础上研制的一种轻型车载式激光光电对抗系统,可用来提供防御状态下的光电对抗能力,干扰敌方由红外警戒、光电跟踪仪、指挥控制和武器控制系统组成的光电火控通道,使之不能捕获和跟踪目标,从而增强陆军作战部队的战场生存能力。该系统的传感器综合设备由前视红外传感器、微光电视等光电探测设备组成。系统能同时跟踪多个目标,精确确定目标的位置,发射定向的激光能量摧毁目标,还能将信息和图像以数据方式传回给更高级的梯队。

手提式激光致盲装备可作为士兵使用的一种进攻性的光电武器,可探测和破坏光电传感器,并能暂时致盲人眼。美军的AN/PLQ-5激光对抗系统,是一种先进的手提式激光致盲装备。该装备由激光照射器、昼/夜瞄准镜和电池包组成。作战时射手用瞄准镜搜索目标,当目标在视场中出现时,射手立即发射激光脉冲。系统发射的激光能量可使距离2千米的光学和光电传感器失能。美国"军刀"(Saber)203激光眩目器,是一种著名的手提式激光致盲装备。该眩目器由两部分组成:一部分是装在硬塑料壳中的激光发射机,另一部分是小型控制盒。激光发射机的形状和尺寸使它可以装填到M16步枪的榴弹发射器中。控制盒则可连接在榴弹发射器下部。激光发射机有镍镉电池供电,能照明整个目标,使用时采取传统的瞄准方法,可将刺眼的红外光投射到270米远的人体上,持续工作时间达30分钟,能使人产生强烈的不适感而迅速逃开。该眩目器曾在索马里首次装备使用。

(2)红外有源干扰装备　现代局部战争表明,红外制导导弹对各种军事作战平台构成了严重的威胁。据统计,从1973年到1997年,遭受各种武器系统攻击而损失的飞机共有1 434架,其中738架是红外制导空-空或地-空导弹的牺牲品,所占比例为51.5%。红外制导导弹同样也是海上和陆上军事作战平台的主要威胁。因此,对抗红外制导导弹的威胁,提高各种军事作战平台的生存能力,就成为现代战争中平台自卫对抗技术的重要研究内容。

红外有源干扰技术是用来抑制、干扰、削弱、破坏敌方红外系统的正常工作，使其探测能力下降、跟踪目标失败的一种红外对抗技术。红外有源干扰技术常用于对红外跟踪系统实施干扰，如对红外制导导弹的红外导引头进行干扰，目前采用的干扰方法有红外诱饵弹、红外干扰机和定向红外干扰机三种。

① 红外干扰弹：这是一种用于对抗非成像的红外制导导弹的点源式红外有源假目标，一种主动欺骗式的红外干扰弹药，依靠所产生的红外辐射能在3～5微米的光谱区间内模拟被保护目标的热特征而形成假目标，实施欺骗性干扰，迷惑、扰乱或干扰敌方武器系统的观瞄、探测功能。作为红外对抗的重要组成部分，红外干扰弹在历次现代战争中都发挥了重要作用。经过几十年的发展，各国开发出各种红外干扰弹已由单一诱饵，发展到红外/射频复合诱饵，新型的对抗红外成像导弹的红外干扰弹已研制成功。与各种红外干扰弹配套的红外/箔条干扰弹投放/发射装置，已形成机载、舰载、车载系列，广泛装备部队。MJU-47B是一种运动型红外诱饵弹，它采用改进型的MAGTEF颗粒（镁与特夫隆的混合物）作为烟火材料。这种烟火材料既产生诱使敌方导弹远离飞机的红外能量，同时也起推进剂的作用，能产生足够的推力，使诱饵弹跟随飞机飞行而不会迅速下落。该诱饵弹可从美国空军的标准投放系统如AN/ALE-47上投放。MLU-48B采用了两种材料产生红外辐射，除了传统的MAGTEF材料外，还使用了合金表面公司发明的所谓"自燃"材料。这种"自燃"材料通过氧化而不是通过燃烧产生红外辐射。MJU-50B是为运输机、战斗机和直升机应用而研制的。在发射点火前完全密封，当氧化金属薄片从圆筒中弹出后与空气接触就迅速氧化并辐射热量。在有效持续时间上，MJU-50B与标准燃烧式诱饵弹相差无几，但它辐射热量时不会产生可见光。MJU-51B是为战斗机应用而研制的。它产生的红外辐射特征可很好地覆盖战斗机的发动机红外频谱区。

② 红外有源干扰机：这是一种能发射红外干扰信号，破坏或扰乱敌方红外探测系统或红外制导系统正常工作的光电干扰装备。红外有源干扰机安装在被保护平台上，保护平台免受红外制导导弹的攻击，既可单独使用，又可与告警设备以及其他设备一起构成光电自卫系统。红外干扰机既可安装在飞机上用来对抗攻击飞机的空—空和地—空红外制导导弹，也可安装在

军舰和地面设备上,用来对付红外制导的反舰、地—地和空—地导弹。目前已服役的红外干扰机主要采用非相干的红外光源,用于对红外制导导弹进行欺骗式干扰。采用欺骗干扰方式的红外干扰机覆盖的波段大多在1~3微米和3~5微米。其工作特点是由于红外干扰机与被保护目标一体,使来袭红外制导导弹无法从速度上把目标与干扰信号区分开。

红外有源干扰机按其红外辐射的形式分为燃油型、电热型和电光源型。燃油型红外干扰机是用燃油加热陶瓷棒产生红外辐射并经光机扫描调制后发射实施干扰。其典型装备是美国的AN/ALQ-132。电热型是用电能加热陶瓷棒或石墨棒产生红外辐射并经机械调制后发射实施干扰,AN/ALQ-144是其典型装备。电光源型是用铯蒸气灯、氙弧灯或燃料喷灯作红外源并经电调制后发射实施干扰。

③ 定向红外干扰机:定向红外干扰技术是将干扰机的红外(或激光)光束指向探测到的红外制导导弹,以干扰导弹的导引头,使其偏离目标方向的一种新型的红外对抗技术。发展定向红外干扰,是红外干扰技术发展的必然趋势。随着定向红外干扰技术的不断发展,国外正在大力开发非相干光(红外光)和相干光(激光)两种定向红外干扰系统,主要对付远红外和中红外两个波段的红外制导导弹。其中,相干光(激光)定向红外干扰系统(也称激光定向红外干扰系统),是采用激光作为定向红外干扰系统的干扰光源,利用工作于红外波段的方向性极强的激光束对红外导引头的光电敏感器进行干扰、致盲或破坏,是对抗各种红外制导导弹的一种很有效的新型红外对抗系统。激光定向红外干扰系统巧妙地利用了红外导引头光电敏感器件易损的特点,将一定能量和频率的激光束精确地照射到敏感器件上并保持一段时间。因为敏感器件对入射的激光特别敏感,即使激光能量不太强,也能使其结构和功能遭到破坏。这种软杀伤武器具有以光速传输能量,瞬间杀伤的能力,可有效地对付采用各种抗干扰措施红外制导导弹,并可重复使用,是21世纪新一代的光电攻击性武器。美国和英国共同开发研制的"复仇女神"AN/AAQ-24(V)定向红外干扰系统,用来防护战术空运飞机、特种作战飞机、直升机及其他大型飞机,对抗地—空和空—空红外制导导弹对飞机的威胁。该系统是第一个可供作战部署的定向红外干扰系统。

光电无源干扰技术

光电无源干扰技术是通过采用无源干扰材料或器材,改变目标的光波反射、辐射特性,降低保护目标的和背景的光波反射或辐射差异,破坏和削弱敌方光电侦测和光电精确制导武器系统正常工作的一种干扰技术。光电无源干扰技术以遮蔽技术、融合技术和示假技术为核心,以"隐真"、"示假"为目的。"隐真"即为隐蔽目标或降低目标的显著特征,以减少探测、识别和跟踪系统接收的目标信息;"示假"即为显示假目标,迷惑、欺骗侦察、识别系统,降低其对真目标的探测识别概率,进而攻击假目标。

光电无源干扰技术主要包括烟幕干扰技术、光电隐身技术和光电假目标技术。光电隐身技术就是减小被保护目标的某些光电特征,使敌方光电探测设备难以发现目标或使其探测能力降低的一种光电对抗技术。光电假目标就是利用各种器材或材料仿制成假设施、假兵器和诱饵等,以迷惑、欺骗光电侦察、识别系统,降低其对真目标的探测识别概率。

(1)烟幕干扰技术　烟幕是一种古老的、原始的自卫手段,作为一种特殊的武器,在漫长的战争岁月中曾屡建奇功。烟幕可以在目标与背景之间构成一种浑浊的大气,这种大气就是气溶胶微粒,可用于军事遮蔽和伪装。通过在空中施放大量气溶胶微粒,改变电磁波介质传输特性,实施对光电探测、观瞄、制导武器系统的干扰,是烟幕的主要功能。当导引头跟踪被"扭曲"的光电信号后,光电制导武器就会脱靶或因导引头得不到足够的能量而在目标前坠落。实践证明,烟幕不仅能对抗电视制导和红外制导,也可对抗激光制导。烟雾对激光具有强烈的干扰和衰减作用,一定浓度和厚度的烟雾可使激光制导武器无法正常工作。

(2)光电隐身技术　光电隐身技术,又称光电低可探测技术,是通过降低武器装备的光电信号特征,使其难以被敌方光电侦察和制导系统发现、识别、跟踪和攻击的技术。光电隐身包括可见光隐身、红外隐身、激光隐身和综合隐身等。

① 可见光隐身技术:可见光隐身,就是降低军事装备本身的目标特征,使敌方的可见光相机、电视摄像机等光学探测、跟踪、瞄准系统不易发现目标的可见光信号。采用可见光隐身技术的目的,是通过减少目标与背景之

间的亮度、色度和运动的对比特征,达到对目标视觉信号的控制,以降低可见光探测系统发现目标的概率。可见光隐身通常采用以下三种技术手段:

一是涂料迷彩。任何目标表面材料都是处在一定的背景上,目标与背景又总是存在一定的颜色差别,迷彩的作用就是要消除这种差别,使目标融于背景之中,从而降低目标的显著性。按照迷彩图案的特点,涂料迷彩可分为保护迷彩、仿造迷彩和变形迷彩三种。保护迷彩是近似背景基本颜色的一种单色迷彩,主要用于保护单色背景上的目标;仿造迷彩是在目标或遮障表面仿制周围背景斑点图案的多色迷彩,主要用于保护伪装斑点背景上的固定目标,或停留时间较长的可活动目标,使目标的斑点图案与背景的斑点图案相似,从而达到迷彩表面融合于背景之中的目的。变形迷彩是有与背景颜色相似的不规则斑点组成的多色迷彩,在预定距离观察能歪曲目标的外形,主要用于伪装多色背景上的活动目标,能使活动目标在活动区域内的各背景上产生伪装效果。试验表明,涂敷迷彩具有相当好的隐身效果,如用微光夜视仪观测1 000米处的坦克的发现概率,无迷彩时为77%,有迷彩时只有33%。现代迷彩兼有吸波作用,不仅可降低坦克的可见光探测概率,还可减弱坦克的红外辐射。

二是伪装网(幕)。这是一种通用性的伪装器材,一般说来,除飞行中的飞机和炮弹外,所有的目标都可使用伪装网。伪装网主要用来伪装常温状态的目标,使目标表面形成一定的辐射率分布,以模拟背景的光谱特性,使之融于背景之中,同时在伪装网上采用防可见光的迷彩,可更有效地对抗可见光侦察、探测和识别。红外伪装网可以使目标和背景融为一体,使敌方红外热像仪难以发现。红外伪装网还具有变形的效果,如果在目标表面覆盖上涂有不同红外发射特性涂料的伪装网后,那么在热像仪上屏幕上,目标就会变得面目全非。伪装网最初使用天然纤维,后来改用尼龙或塑料,因而更轻、体积更小。如美国的轻型伪装网,分为林地型、荒漠型、雪地型三种,装饰面为乙烯基尼龙布,网络绳为聚酯网格绳,重量为0.27千克/米(不带网格绳)。其中Ⅱ型伪装网可有效对抗可见光、红外和雷达的侦察。

三是伪装遮障。遮障可模拟背景的电磁波辐射特性,使目标得以遮蔽并与背景相融合,是固定目标和运动目标停留时伪装的最主要手段,特别适合于有源或无源的高温目标。伪装遮障综合使用了伪装网、隔热材料和迷彩涂料等技术手段,是目标可见光隐身、红外隐身的集中体现。伪装遮障主要由伪装面和支撑骨架组成。支撑架具有特定的结构外形,通常采用重量轻的金属或塑料杆件做成,起到支撑、固定伪装面的作用。伪装效果取决于伪装面对电磁波的反射和辐射特性与背景的接近程度,这与伪装面的颜色、形状、材料性质、表面状态及空间位置有关。法国费拉里技术织物公司研制的一种快速伪装遮障,主要用于伪装装甲输送车。该遮障做得像裙子,使用时须套在目标上,其特点是重量轻、架设撤退非常方便,现已装备法国的快速反应部队。

② 红外隐身技术:为了对抗红外成像系统的侦察,实现对红外热成像的隐身,需要尽可能地降低目标的热辐射强度,改变目标的热辐射特性,可以用涂料做成伪装网或伪装覆盖于目标表面或架在目标周围或上方,从而改变目标的热特征。还要减少目标与背景之间的热辐射差别,调整热辐射的传输过程,即根据背景条件进行红外迷彩设计,使目标的热图像很好地融合于背景中,使红外热成像系统看不见或看不清目标。当舰船采用红外隐身技术后,其红外辐射的能量降低90%。红外探测装备发现目标舰船的有效距离可缩短60%。当飞机采用红外隐身技术后,使辐射降低66%~75%。俄罗斯的苏-39飞机,发动机喷口安装了专门的换气设备,可使喷气最炽热的部分冷却,从而首次解决了强击机在飞行过程中易被红外制导导弹发现和袭击的难题。

③ 激光隐身技术:激光隐身的主要对象是受到激光探测、跟踪或测距的一些军事装备和设施,如飞机、舰艇、坦克、导弹及地面的重点目标等。激光隐身就是要降低目标的反射截面。其出发点是降低目标的激光反射率和目标的表面积。目前常采用的是激光隐身涂料技术。激光隐身涂料可以降低目标表面的反射系数,减少目标的回波功率,是对抗激光探测、制导的有效手段。它有三大优点:经济、方便、应用广泛。它可涂敷在静态目标或动态目标上;可制成各种迷彩色,进行隐身;还可涂在织物上面,制成特殊的隐身服、隐身罩等等,是一种很有前途的自身防护手段。激光隐身涂料的性能要求是:对常用的红外激光(1.06 或 10.6 微米)具有高的吸收率;有较好的化学稳定性、热稳定性和力学稳定性。实际使用中常选用某些金属氧化物或有机高分子等材料,来制作激光隐身涂料,有时在涂料中加入多种吸收剂,

以提高吸收率。

④ 综合隐身技术：由于侦察手段的日益多样化，单一针对某种侦察手段的隐身已达不到战术要求，因此必须综合运用各种技术手段，研究和发展能够同时对抗可见光、红外、激光、雷达侦察的综合隐身技术。

未来的光电隐身技术将向着以下几个方面发展：

一是多波段隐身材料。各种军事目标在战场上可能同时面临可见光、红外、激光和雷达等多波段侦察的观瞄装备的威胁，因此，研究能够对抗多种侦察探测的多波段兼容的隐身材料，是今后光电隐身技术的发展方向。

二是红外隐身照明弹。能发出很强的肉眼看不见的红外线，它可作为工作在近红外波段光电器材的辅助光源，特别适用于隐身、伪装等工作的夜战场。它在扩展光电器材使用范围、提高战场夜视能力的同时，还具有很好的自隐身效果，从而使夜战场变得对己方单向"透明"，使对敌侦察、监视、观瞄、跟踪与攻击等作战行动得以顺利地实施。

三是隐身士兵。目前，国外在研制一种新型的能变色隐身军服。这种军服采用一种"有源"系统，以近似迷彩图案的金属涂层置于织物表面，用电源来调节金属涂层的温度和热辐射强度。士兵穿上这种军服，在任何情况下都能根据环境温差的变化及时调整自己军服的颜色，向外发出红外辐射，使自己的红外特征与周围环境保持一致。这样，不但肉眼难以发现，而且连热成像仪也难以探测。

(3) 光电假目标　光电假目标就是利用各种器材仿制成假设施、假兵器。这些假目标在光电探测跟踪、导引的电磁波段中与真目标具有相同特征。光电假目标包括：可见光假目标、红外假目标、激光假目标、复合光电假目标。

① 可见光假目标：这是在可视(即人眼可见)范围内设置的各种假目标，可对人眼、可见光照相装备、电视侦察装备进行欺骗。特别是对卫星的可见光照相侦察，可见光假目标具有很大的欺骗性。在现代局部战争中，可见光假目标是使用最多的一种，是制作复合假目标的基础。

② 红外假目标：不但在外形上要类似于真目标，而且内部要配置热源，使假目标的外表与真目标具有类似的温度特性，形成与被保护目标相似的空间热图像。红外假目标不仅要"形"似，而且要"神"似。

③ 激光无源假目标:有金属箔条、角反射器等形式。金属箔条干扰是利用金属箔条对光波的反射作用进行欺骗干扰。金属箔条可对付攻击空中、海上目标的激光制导武器。角反射器是一种用以欺骗敌方光电装备的反射体,可引诱激光制导武器误炸。

④ 光电复合假目标:这是将目标的可见光特性、红外特性、激光反射特性等光电特性结合起来,进行综合分析,设计、制作的一种与真目标的可见光、红外、激光等光电特性相近或相同的假目标。

七、支援保障装备

运输装备

军事运输即军队运用各种运输方式输送人员和物资，是军队机动和后勤保障的必要手段。按运输方式分为公路军事运输、水路军事运输、航空军事运输等。按作战规模和目的分为战略运输、战役运输和战术运输。运输装备即军队完成军事运输任务的装备，主要包括军用运输机、运输船、运输直升机、地面运输车辆等。

军用运输机具有快速、机动、远程远、受地理条件限制小等特点，是部队快速机动、运送和补给物资装备等的重要手段。第二次世界大战后，运输机发挥了越来越大的作用。1973年第四次中东战争中，美军先后向以色列紧急空运补给物资2万余吨，对以军取得战争的胜利发挥了重要作用。1982年英阿马岛战争中，英军出动运输机600余架次，空运人员5万余人，物资7 000余吨。1990～1991年海湾战争中，美军在动员部署阶段的5个多月中，共出动运输机1.3万余架次，空运人员38.5万人和装备物资约50余万吨。因此，各国空军都十分重视军用运输机的发展与研制，强调发展战略空运、战术空运能力；研制大型、重载、远程运输机；装备中程运输机作为战术空运力量的骨干；此外，空中加油能力对于增加运输机的航程，节省飞行时间具有重要作用。

运输船具有运量大、成本低、航线不易被破坏等特点，也是物资供应的重要手段。第二次世界大战中，苏军通过水路运输物资约2 150万吨；美军通过海运向欧洲战场运输人员729万余名、汽车150万辆、飞机4万余架、弹药1 146万余吨及大量其他物资，海运量占美军总运量的80%以上。1990～

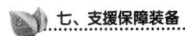
七、支援保障装备

1991年海湾战争,美军在动员部署阶段的5个多月中,动用军队的运输船135艘,后备船队的商船170艘,租用14个国家的商船35艘,共运送重型武器装备和补给物资600万吨。

地面运输车辆具有机动灵活、适应性强等特点,是战役、战术及后方实施部队机动和物资供应的重要手段。地面运输车辆的发展趋势是:军民通用,提高车载重量,增强越野性和防护能力,提高车速,统一车型,增加大吨位以及发展自装自卸等车辆。目前,地面运输车辆仍然是陆军地面运输的主要手段,预计在不久的将来,战勤直升机将和地面运输车辆一样,成为发达国家陆军常规战勤运输工具。

军用运输机

军用运输机即用于运送军事人员、武器装备和其他军用物资的飞机。它有完善的通信、导航设备,能在昼夜复杂气象条件下飞行,有些军用运输机还装有自卫武器,有些为军、民两用型。军用运输机按运输能力和任务分为战略运输机和战术运输机。前者主要用来在全球范围载运部队和重型装备,实施全球快速机动。后者用于在战役战术范围内执行空运、空降、空投任务。

军用运输机由机体、动力装置、起落装置、飞行控制系统、通信和导航设备等组成。军用运输机的机身大多为宽体结构,其横截面多呈双圆形、圆形或方形。机翼一般采用大展弦比上单翼布局,机翼前、后缘装有高效增升装置,以改善起落性能。动力装置一般为2～4台涡轮风扇式或涡轮螺旋桨式大功率发动机。现代军用运输机大都采用多余度液压助力操纵系统或多余度电传操纵系统,以确保飞行安全,并装有完善的电子系统和导航设备,如气象雷达、航行雷达、多功能全色显示系统、卫星通信导航设备等。

从目前各国的发展情况看,军用运输机的发展特点与趋势是:现役运输机的改进主要是提高其电子信息能力;新型运输机的研制将广泛采用高新技术;研制超声速运输机。

运输补给船

运输船是指从海上向陆上基地或岛屿运送部队、武器装备和军需物资的勤务舰船,满载排水量一般在几百到几万吨,航速一般在 20 节左右,装备有自卫武器或备有安装这些武器的基座。运输船按装载对象分为人员运输船、液货运输船、干货运输船和冷藏运输船等。从本质上说,运输船与补给船是相同的,只是承担的使命不同。军事运输船承担由点(指基地或码头)到点的运输任务,而补给船和供应船承担由点到舰(受补舰)的运输任务。

根据战争经验,战时对军事运输船的需要量很大。如果战区远离本土,人员和装备的运输量更是大得惊人。光靠海军运输船往往不够,必须动用民间运输船。在 1991 年的海湾战争中,美国军事海运司令部不仅动用了自己的海运力量,还租用了 45 艘本国商船和 78 艘外国民船。

从目前各国的发展情况看,运输补给船的发展特点与趋势是:新船型不断出现;研制与装备可执行多种任务的综合补给舰;隐身成为舰艇发展的方向之一。

地面运输车辆

地面运输车辆用于牵载武器装备、输送人员物资和实施军事特种作业,是军队,尤其是陆军执行地面运输任务的骨干装备,是军队运输人员、武器装备、各种军用物资的主要手段之一。军用汽车按编配用途分为载重车、牵引车、特种车、指挥车和乘坐车。其中特种车分为通用特种车和专用特种车。通用特种车包括救护车、加油车、运油车、消防车、起重车等;专用特种车包括通信车、雷达车、导弹运载车、导航车、舟桥车、洗消车等。按汽车的使用条件分为越野汽车和非越野汽车。越野汽车按总质量(自重加载重)分为:轻型($\leqslant$5 吨)、中型($>$5 吨$\sim$$\leqslant$13 吨)、重型($>$13 吨$\sim$$\leqslant$24 吨)和超重型($>$24 吨)。按汽车的机动性分为高机动性、标准机动性和低机动性汽车。

从目前各国的发展情况看,运输车辆的发展特点及趋势是:注重建立结构更加合理的军车体系,提高军用车辆的标准化、通用化、系列化水平;更加广泛地应用民用汽车技术;重装备运输车的发展将备受各国重视。

工程保障装备

工程保障装备是工程兵用于执行工程保障任务的专用装备,主要分为渡河桥梁器材(含路面器材)、军用工程机械(含工程侦察机械)、工程伪装器材、地雷爆破器材等。

工程保障装备的发展历史十分悠久。我国春秋战国时期就有简易渡河器材以及拒马等障碍器材用于战争。南宋时期,金兵围攻蓟州时曾使用过震天雷。在国外,据史料记载,公元前9世纪曾有渡河器材用于战争。17世纪,法国军队首次装备了舟桥器材。其后,随着科学技术的发展,工程保障装备的发展明显加快了速度。第二次世界大战后,尤其是从20世纪70年代以来,工程保障装备的品种迅速增加,性能明显提高,相继出现了装甲战斗工程车、自行舟桥、机械化桥、多用途伪装网、可撒布地雷、火箭布雷系统、直升机布雷系统、非金属探雷器等现代工程保障装备。这些装备的出现大大提高了工程兵执行工程保障任务的能力。在战争中,特别是在近几次的高技术局部战争中,工程保障装备发挥了巨大作用。比如在海湾战争中,美军M9装甲战斗工程车在实施工程保障作业时降低武器系统损失概率达22.45%;在科索沃战争中,工程伪装器材及防护设施使南联盟军队保持了较为完好的战斗力。地雷爆破器材在历次战争中更是发挥了不可替代的作用。

目前,世界各国,特别是西方发达国家军队对工程保障装备的发展仍然十分青睐。工程装备的发展趋势是进一步提高工程保障装备的机械化、自行化、系列化水平,注重高效率、多用途和增强防护能力以及广泛使用计算机等高新技术和新型材料。

渡河桥梁器材

渡河桥梁器材是军队开设渡场,架设桥梁,克服江河、沟谷、泥泞等障碍所使用的工程器材,主要包括舟桥器材、机械化桥、拆装式金属桥、坦克架桥车(也称冲击桥)、门桥器材、两栖渡河车辆、轻型渡河器材、架桥作业车、路面器材、打桩设备及其他桥梁器材等。

目前,外军已研制和装备了许多性能先进的渡河桥梁器材,例如德军FSB2000折叠式浮桥是当今世界上性能最好的四折带式桥;德军最近装备的FFB折叠式固定桥也引起了世界许多发达国家军队的极大兴趣;同法国合作研制的FSG折叠式路面器材和同英国合作研制的M3自行舟桥,均可称为是跨世纪的工程保障装备。此外,俄军装备的PP-91舟桥纵列和履带式自行舟(门)桥等,也属当今世界上最为先进的渡河桥梁器材之列。

从目前各国的发展情况看,渡河桥梁器材的发展特点及趋势是:重点发展和改进冲击桥;研制模块构件的装配式桥;对带式舟桥、机械化桥进行改进。

军用工程机械

军用工程机械是军队装备的,用以执行工程保障任务的工程机械,一般由基础车和作业装置两部分组成。战时,军用工程机械可保障部队以有限的兵力,在短时间内完成大量复杂、繁重的工程作业任务;平时,绝大部分军用工程机械可用于国防工程建设和支援国民经济建设。军用工程机械一般分为机动保障机械(包括战斗工程车、军用推土机、工程支援车等)、阵地作业机械(包括挖壕机、挖坑机、挖掘机等)、野战给水机械(包括钻井机、净水设备等)、工程侦察机械(各种工程侦察车)、电工器材等。

目前,外军研制和装备的军用工程机械已具有快速机动和高效作业能力,可以适时完成各项工程保障任务。

从目前各国的发展情况看,军用工程机械的发展特点及趋势是:重视发展军用工程机器人;研制带数字化设备的新一代装甲工程车;继续重视选用民用建筑机械并加以改进。

工程伪装器材

工程伪装器材是军队用于隐蔽自己和欺骗、迷惑敌人所使用的器具和材料的统称。通常分为迷彩伪装器材(包括光学迷彩涂料、热伪装涂料、微波吸收材料、迷彩伪装作业机具等)、遮障伪装器材(包括伪装网、伪装盖布、成套专用遮障、变形遮障和遮障作业车等)、单兵伪装器材(包括对付光学侦察和热红外侦察的伪装服、伪装头盔和伪装油膏等)、模拟伪装器材(包括各种假目标,模拟光源、声源、热源和微波辐射源的装置)、无源干扰伪装器材(包括角反射器、干扰箔条和其他悬浮干扰物)等。

从目前各国的发展情况看,工程伪装器材的发展特点及趋势是:开发新型迷彩伪装涂料;发展高机动性伪装系统;发展新一代单兵伪装器材;发展

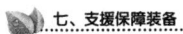

对付激光制导武器的发烟伪装器材;发展坦克车辆隐形技术。

地雷爆破器材

地雷爆破器材是军队用于设置和克服地雷障碍物,加快工程作业速度和实施破坏作业的器材。地雷器材包括地雷战器材和反地雷战器材,通常分为地雷(包括防坦克地雷、防步兵地雷等)、布雷器材(包括单兵布雷器材、机械布雷器材、火炮火箭布雷器材、飞机布雷器材等)、探雷器材(包括单兵探雷器、车载探雷系统、机载探雷系统等)、扫雷器材(包括单兵扫雷爆破器、机械扫雷车、火箭爆破扫雷系统等)。爆破器材是军队实施破坏作业用的炸药、爆破器、核爆破装置以及爆破工具等的统称。

从目前各国的发展情况看,地雷爆破器材的发展特点及趋势是:争相发展防步兵地雷替代品;发展灵巧型防坦克地雷和反直升机地雷;不断拓展扫雷新技术研究范围,发展新型扫雷装备。

野战修理装备

野战修理装备主要用于战场上对于战伤和发生技术故障的装备实施检测、修理等。早在第一次世界大战时期,英军就在坦克连装备了载有专用工具和设备的修理保养车,担负车辆保养、换件修理及一般战损的抢修工作。在役的坦克修理分队装备有小型的修理工程车,具有快速修理能力。第二次世界大战时期,一些国家努力将先进的科学技术引入技术保障领域,设计并生产新型修理工程车装备部队。20世纪60年代,前苏联发展了系列的轮式坦克修理工程车,有些国家则注重发展装甲修理车。70~80年代,随着新型坦克及其他装甲车辆的列装,许多国家对技术保障车辆的发展越来越重视,出现了多种新型的坦克修理工程车,对车厢、车内设备和工具等都做了改进和增添。有的装有电动拆装工具;有的增装了氧弧焊设备,以焊接铝合金零件;有的装有检测火控系统、微光夜视仪器、光学及通信系统的设备,提高了工程车对现代坦克的修理能力。

在过去的几十年里,随着高技术武器系统的出现,作战武器火力、精度和射程的增大,战场成了一个情况瞬息万变,物资、装备消耗巨大的场所。

例如，1973年中东战争造成的损失已接近核武器所达到的程度。在这次中东战争中，阿军损失坦克2 100辆。而到了海湾战争，伊军损失坦克数量便达到了3 800辆。随着战争中物资及武器装备损耗的增加，战场修理成为保持部队战斗力和提高装备战备完好性的重要手段。

中东战争中，以色列参战的约2 000辆坦克有840辆被阿拉伯国家军队击中，以色列将战伤的坦克修复了420辆，修复率达50%；阿军参战的约4 000辆坦克，被击伤2 500辆，修复了850辆，修复率34%。修复的坦克又重返战场，增强了部队的战斗力。中东战争的经验表明，每五辆损坏的坦克可以拼修成3辆能用的坦克。一支拥有1 000辆坦克的部队，假设每天战损的坦克为100辆，如果没有有效的战场抢救和修理系统，10天以后这个部队的坦克就将消耗一空。反之，如果有一套野战抢修系统能将5辆坦克修复为3辆，10天以后仍有600辆作战坦克。毫无疑问，野战抢救车和修理车是这个系统中的主体。

野战修理装备中，装甲修理车的出现和发展是现代化战争特点所导致的必然结果。在未来战争中，轮式无防护野战维修支援车辆，很难完成战时的抢修任务。装甲修理车具有机动能力强、防护性好等特点，可以排除一切障碍，到达作战装备所在的位置，能为车内乘员和设备提供有效的保障，并安装有起重设备，以进行现场换件抢修，因此成为野战修理装备的发展重点。

野战修理装备的功用及组成

野战修理装备大体上包括：轮式修理工程车、修理方舱、修理挂车/半挂车、履带式装甲修理车等几种类型。

（1）轮式修理工程车　轮式修理工程车主要功能是用于机加工作业、钳工作业、故障检测诊断和损坏零部件的更换等。一般都是采用汽车底盘，装备有较全面的故障诊断和修复工具，但自身的防护能力较弱，容易遭受攻击。

（2）修理方舱　维修方舱由于其良好的使用特点，在野战方面得到了大量应用。其特点突出地表现在它特有的机动性和节约经费两个方面。当运载车辆损坏时易于更换，使该修理车可以继续随部队执行修理任务，它可单独使用,可选择最佳运输方式,大大缩短从一地到另一地的运输时间;便于平时存放和保养,占地小,不占用运载车辆,可大大减少设备保养费和储存费,减少装备费投入。

(3)修理挂车/半挂车　修理挂车/半挂车是汽车式修理工程车的重要补充,它可节约运载车辆,比较机动灵活,在公路发达地区使用较多,它是野战修理装备中一个不可分割的重要组成部分。

(4)履带式修理工程车　这种车一般是装甲车辆,其突出特点是防护能力和越野能力较强,能安全到达地形复杂的现场实施维修。由于许多装甲抢救车辆都具有一定的修理功能,因此纯修理用的装甲修理车型号并不多,更多的履带式修理工程车在具有修理功能的同时具有一定的抢救功能,如美国的 7A1 型装甲登陆抢救/修理车、M113 装甲修理车等。

野战修理装备的发展趋势

野战修理装备是完成装备维修任务的骨干装备,也是未来发展的重点。其发展趋势体现在以下几个方面:进一步提高轮式修理车的越野机动性,努力发展履带式修理车和重型修理车;更新车内设备工具,提高维修作业能力;广泛使用修理方舱;重视"三防"能力。

战场抢救装备

战场抢救装备是指装有专用救援设备的履带式或轮式车辆,主要用于野战条件下对于淤陷、战伤和发生技术故障的装备实施抢救、牵引到前方维修站,或牵引后送,必要时也可用于排除路障和挖掘掩体等,许多抢救装备具有一些简单的修理功能,如利用起重装置更换总成或大件。

战场抢救装备都安装有起重装置和绞盘牵引装置。靠这两种装置及其附属设备(外伸支撑腿和牵引杆等),野战抢救车不但能将任何故障或战损装备拖至安全地带或修理场所,必要时,还可以利用其起重设备进行大件或总成的换件修理。有时,野战抢救车还可与重装备平板运输车配套使用,以执行大型战损或故障装备的后送任务。作业时,前者负责抢救和装车,后者负责运输。这有利于充分发挥各自特长,也可大大加速故障或损坏装备的后撤。

装甲抢救车是野战抢救车中的重要组成部分,它大多采用相应坦克或装甲车的基型底盘,只是去掉炮塔和火炮,加装抢救或牵引和修理设备。如在原来炮塔的位置装上吊车;在车体内设绞盘舱、备有钢绳;有的还配备辅助绞盘和起重绞盘,起重绞盘用于吊起炮塔、发动机、传动装置等部件。抢救修理车除备有抢救牵引设备外,还有发电机、电焊机、切割机以及必要的修理工具和备件。装甲抢救车的绞盘是其主要部件,绞盘的拉力是保证抢救任务能否顺利完成的主要指标。拉力一般应为被抢救坦克重量的1倍以上,如德 BPZ2 型装甲抢救车的主绞盘拉力为 343 千牛(35 吨),加滑轮后拉力可提高 1 倍,即 686 千牛(70 吨),而被抢救的豹式坦克的战斗全重("豹"Ⅰ)约 40 吨。为保证装甲抢救车与被抢救坦克或战车的连接,装甲抢救车均配备了使用方便而且可靠的牵引装置和缓冲装置;为保证进行必要的装配和修理,车上携带足够的修理备件;有的车后还可支起车篷作为修理间。此外,一般装甲抢救车都没有主要武器,只配备 1 挺自卫机枪。

典型战场抢救装备的功用及组成

抢救车按底盘的结构形式可分为履带式和轮式。轮式抢救车主要用于抢救轮式车辆;履带式抢救车则既可抢救轮式车辆,也可用于抢救履带式车辆。

(1)履带式战场抢救车 当战场环境为泥地、沙地或雪地等非公路地段时,履带式装甲抢救车在机动性、越障性能、灵活性等方面都有良好的性能,具有很强的抢救能力。

(2)轮式战场抢救车 轮式装甲抢救车是采用轻型装甲车底盘研制生产的。此外,还有一种非装甲的轮式抢救车,它们一般采用各型汽车底盘研制生产。

战场抢救装备的发展趋势

重视发展"一车多功能"的抢救车。从功能上,抢救车应能进行技术状况检查和保养,运送损坏或抛锚的车辆,诊断部队撤换下来的装备,完成焊接和起吊工作。这种车既可进行抢救牵引,又可完成基本的修理任务。如

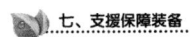

美国 20 世纪 90 年代采用 Ml 坦克底盘的抢救车,英国正在研制的"挑战者"抢救和修理车等都属此类。

进一步完善车上设备。除必要的抢救设备外,还要装备诊断、焊接、金属切割设备、专用工具和仪表系统及相应的零备件,以便在完成抢救任务的前提下,再尽量多地完成一些修理任务,实现多功能化。从性能上,车上具有相应的武器装备(机枪、火箭筒)、乘员防护措施(防护装甲,大规模杀伤武器的综合防护系统)、单独的能源供应系统(电站变压器)、空气压缩机、防火栓、抽水泵和贮水槽等。

在底盘选择上强调与主战装备配套。履带式主要以最新一代的坦克和装甲车底盘为基础,轮式以多用途汽车底盘为基础,并尽量做到与主装备同步研制开发。美军已装备的 5 吨和 10 吨抢救车及"艾布拉姆斯"抢救车都是按这一原则生产的,目的是保证其与被抢救装备有相同的工效指标、机动性、越野能力和灵活性。随着主战坦克的车重不断增加,抢救车应装备拉力更大的绞盘和牵引装置。

重视对车辆进行信息化改造。加装通信和导航系统,以保障抢救车在能见度很低的情况下最大限度地扩大寻找和准确判断部队损坏装备存在的地域。

图书在版编目(CIP)数据

国防科技奥秘/王超英,祝志春主编.—济南:山东科学技术出版社,2013.10(2020.10重印)
(简明自然科学向导丛书)
ISBN 978-7-5331-7043-1

Ⅰ.①国… Ⅱ.①王… ②祝… Ⅲ.①武器－青年读物 ②武器－少年读物 ③军事装备－青年读物 ④军事装备－少年读物 Ⅳ.①E92-49 ②E23-49

中国版本图书馆 CIP 数据核字(2013)第 205794 号

简明自然科学向导丛书

国防科技奥秘

主编 王超英 祝志春

出版者:山东科学技术出版社
地址:济南市玉函路 16 号
邮编:250002 电话:(0531)82098088
网址:www.lkj.com.cn
电子邮件:sdkj@sdpress.com.cn
发行者:山东科学技术出版社
地址:济南市玉函路 16 号
邮编:250002 电话:(0531)82098071
印刷者:天津行知印刷有限公司
地址:天津市宝坻区牛道口镇产业园区一号路 1 号
邮编:301800 电话:(022)22453180

开本:720mm×1000mm 1/16
印张:15.5
版次:2013 年 10 月第 1 版 2020 年 10 月第 3 次印刷

ISBN 978-7-5331-7043-1
定价:29.60 元